高等学校应用型本科创新人才培养计划指定教材

高等学校网络商务与现代物流管理外包专业"十三五"课改规划教材

SEO 搜索引擎优化

青岛英谷教育科技股份有限公司 编著

枣庄学院

西安电子科技大学出版社

内 容 简 介

本书以培养应用型本科人才为指导思想，结合现代教学理念，采用理论与实践相结合的方法，系统地介绍了 SEO 工作的各个知识点。

本书分为理论篇与实践篇。理论篇共 10 章，分别为：认识搜索引擎、搜索引擎工作原理与搜索指令、SEO 概述、SEO 准备工作、关键字优化、网站建设优化、网页内容优化、链接优化、SEO 作弊、百度产品优化。实践篇设计了 8 个案例，是理论篇内容的延伸与补充，有助于提高学生的实践能力。另外，书中重点部分还配有微视频，方便学生在线学习。

本书结构清晰、语言精练、内容充实，可作为高等院校电子商务专业、市场营销专业和其他相关专业的教材，也可作为相关培训机构的教材或专业读者的参考书。

图书在版编目（CIP）数据

SEO 搜索引擎优化 / 青岛英谷教育科技股份有限公司，枣庄学院编著. —西安：西安电子科技大学出版社，2018.7(2019.4 重印)

ISBN 978-7-5606-4997-9

Ⅰ. ① S…　Ⅱ. ① 青…　② 枣…　Ⅲ. ① 搜索引擎—系统最优化　Ⅳ. ① G254.928

中国版本图书馆 CIP 数据核字(2018)第 157169 号

策划编辑　毛红兵

责任编辑　王　瑛

出版发行　西安电子科技大学出版社(西安市太白南路 2 号)

电　　话　(029)88242885　88201467　　　邮　编　710071

网　　址　www.xduph.com　　　　　　电子邮箱　xdupfxb001@163.com

经　　销　新华书店

印刷单位　咸阳华盛印务有限责任公司

版　　次　2018 年 7 月第 1 版　　2019 年 4 月第 2 次印刷

开　　本　787 毫米×1092 毫米　1/16　印　张　16.5

字　　数　385 千字

印　　数　1001～3000 册

定　　价　40.00 元

ISBN 978-7-5606-4997-9/G

XDUP 5299001-2

如有印装问题可调换

高等学校网络商务与现代物流管理外包专业"十三五"课改规划教材编委会

主　　编　　刘振宇

副主编　　王　燕　　沙焕滨　　刘建波

编　　委　　（以姓氏拼音为序）

❖❖❖ 前　　言 ❖❖❖

　　随着信息技术的发展和普及，互联网产生了大量的信息，人们逐渐习惯通过搜索引擎查找信息，这让企业发现了新的营销机会，因此产生了针对搜索引擎开展的一系列营销活动。SEO(Search Engine Optimization，搜索引擎优化)是最常用的方法之一，也是本书介绍的主要内容。

　　百度作为全球最大的中文搜索引擎，是用户进入互联网的重要入口。因此，本书主要围绕百度搜索引擎进行讲解。全书分理论篇和实践篇，理论篇共 10 章，实践篇包含 8 个案例。章节的顺序是按照网站优化实施的流程及步骤制定的，每一章都对知识点进行了通俗、详尽的讲解，便于读者理解和学习。

本书内容简要概括如下：

篇	章　名	主要内容
理论篇	第 1 章　认识搜索引擎	介绍了搜索引擎的概念、分类、发展历程、常见搜索引擎等基本内容，并简单介绍了搜索引擎营销的概念、特点及方法
	第 2 章　搜索引擎工作原理与搜索指令	介绍了搜索引擎的工作原理(页面抓取、页面分析、页面排序、用户查询)及常用搜索指令
	第 3 章　SEO 概述	介绍了 SEO 的基本概念和利益均衡理论、SEO 的现状与发展趋势，以及常用的 SEO 工具
	第 4 章　SEO 准备工作	介绍了网站优化前的各项准备工作，包括域名相关知识及优化要点、网站空间相关知识及优化要点、网站备案的方法及站长平台的使用
	第 5 章　关键字优化	介绍了关键字搜索指数、密度、分类、表现形式、布局等基本知识，重点讲述了挖掘关键字、评估关键字、筛选关键字的方法
	第 6 章　网站建设优化	介绍了网站建设过程中需要注意的优化细节，包括网站结构优化、URL 优化、代码优化、图片优化
	第 7 章　网页内容优化	介绍了网页内容的组成与分类、网页重要区域分布，重点讲述了原创内容优化和 404 页面优化
	第 8 章　链接优化	介绍了链接概述、评价链接的标准、链接权重投票原理与分配原理等基本知识，重点讲述了内部链接与外部链接的优化
	第 9 章　SEO 作弊	介绍了 SEO 作弊的概念、特点、处罚等基本知识，常见搜索引擎作弊方法，以及防止搜索违规算法和应对算法改变的方法
	第 10 章　百度产品优化	介绍了百度产品的使用方法、优化注意事项以及排名规则，百度产品包括百度知道、百度口碑、百度经验、百度贴吧、百度百科、百度文库
实践篇		共 8 个案例，与理论篇有对应关系，旨在提高实践操作技能

需要特别说明的是，书中的插图为写作时截取，因为百度的搜索算法随时在调整，有可能会出现部分插图信息与读者查询结果有所出入的情况。

编写本书时，作者充分听取了一线专家的意见，并融入了自己多年的工作经验，内容以实用性为主，结构上精益求精：每章的开始设有学习目标，让学生在学习过程中做到有的放矢；书中的"知识拓展"部分可帮助学生开阔视野；在重点、难点处还配有微视频，便于学生理解和学习。

本书由青岛英谷教育科技股份有限公司和枣庄学院共同编写，参与编写工作的有杨宏德、于扬、杜继仕、于志军、耿卓、刘娅琼、石鑫、梁妍、黄丽艳、金成学、邓宇等。本书在编写期间得到了各合作院校专家及一线教师的大力支持与协作。在此，衷心感谢每一位老师为本书出版所付出的努力。

本书在编写过程中参考了大量的书籍和资料，在此向其作者表示衷心的感谢。有些资料由于疏忽没有注明出处，作者如有发现请联系我们，我们将予以补充。另外，十分感谢诸多企业管理人员和专家对本书提出的建议和意见。

由于编者水平有限，书中难免有不足之处，欢迎大家批评指正。读者在阅读过程中如发现问题，可通过 E-mail(yinggu@121ugrow.com)联系我们，或扫描右侧二维码进行反馈，以期不断完善。

教材问题反馈

本书编委会
2018 年 3 月

❖❖❖ 目　录 ❖❖❖

理　论　篇

实　践　篇

理论篇

第 1 章　认识搜索引擎

本章目标

- 了解搜索引擎的概念
- 熟悉搜索引擎的分类
- 了解搜索引擎的发展历程
- 了解常见的搜索引擎
- 了解搜索引擎营销的概念
- 熟悉竞价排名的内容

　　随着互联网信息的爆发式增长，人们在互联网上查找信息如同大海捞针。但是，使用搜索引擎可以帮助用户快速找到需要的信息。目前，搜索引擎早已成为用户查找信息不可缺少的工具，很多企业也围绕搜索引擎开展了一系列的营销工作，搜索引擎优化是最常用且最主流的几种方法之一，它是本书讲解的重点内容。要做好搜索引擎优化，首先要认识搜索引擎。

1.1　搜索引擎概述

　　搜索引擎为用户查找信息提供了方便。认识搜索引擎，首先要从搜索引擎的概念、分类以及搜索引擎的发展历程开始。

1.1.1　搜索引擎的概念

　　搜索引擎(Search Engine)是指根据一定的策略、运用特定的计算机程序从互联网上搜集信息，在对信息进行组织和处理后，为用户提供检索服务，并将相关信息展示给用户的系统。

　　搜索引擎可以让用户快速、准确地找到目标信息，同时也是企业通过用户的搜索习惯研究用户行为，进行网络营销的一个有效工具。企业可以通过搜索引擎更精准地向客户展示产品(服务)，促进销售，提升企业的知名度。企业还可以通过对网站访问者的搜索、浏览等行为的分析，制定更有效的网络营销策略。

　　用户从互联网获取信息，主要通过搜索引擎的四个部分来完成，其顺序为搜索器、索引器、检索器和用户接口，如图 1-1 所示。

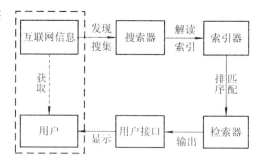

　　其中：

◆ 搜索器用来在互联网中发现和搜集信息；

◆ 索引器用来解读搜索器所搜集的信息，从中抽取出表示文档的索引项和生成一个文档库索引表；

◆ 检索器根据用户的查询信息在索引库中

图 1-1　搜索引擎各组成部分功能简图

检测出文档，进行文档与查询信息的相关度匹配，对预输出的结果进行排序，并根据用户的查询需求合理反馈信息；

◆ 用户接口用于提供用户查询入口、显示查询结果、提供个性化查询等。

1.1.2　搜索引擎的分类

　　不同的搜索方式对应不同的搜索引擎，但概括起来主要有以下三种：全文搜索引擎、目录搜索引擎和元搜索引擎。

1. 全文搜索引擎

　　全文搜索引擎是根据一定的策略、运用特定的计算机程序，对从网络中抓取的各网站原始网页文章中的每一个字或词建立索引，为用户提供检索服务，并将相关信息展示给用户的系统。全文搜索引擎是目前应用最广泛的搜索引擎。人们常说的搜索引擎一般都是指全文搜索引擎，典型的代表有 Google、百度、搜狗搜索、AltaVista、Inktomi、AllTheWeb 等。

全文搜索引擎将从网络中抓取的各网页存放于本地数据库中，通过计算机程序扫描网页文章中的每一个字或词，对每一个字或词建立索引，指明该字或词在文章中出现的次数和位置。当用户在搜索引擎网站输入关键字查询时，搜索引擎根据事先建立的索引，查找与用户查询条件相匹配的网页，并按照相应规则排序后将结果反馈给用户。

全文搜索的方法主要包括按字检索和按词检索两种。按字检索是指计算机程序对网页文章中的每一个字都建立索引，检索时将词分解为字的组合。对于不同的语言，字有不同的含义，比如，中文的字在不同的语言环境中，意思差别很大。按词检索是指计算机程序对网页文章中的词(即语义单位)建立索引，检索时按词检索，并且可以处理同义项等。以中文按词检索为例，需要计算机程序先切分字词，然后才能进行检索，因此这也成为中文全文检索技术的一个难点。

2．目录搜索引擎

目录搜索是互联网上最早提供 WWW 资源查询服务的方式，其主要根据互联网中网页的内容，将网址分配到相关分类主题目录的不同层次的类目之下，形成类似图书馆目录一样的分类树形结构索引。目录搜索引擎是一种建立在目录索引基础上的搜索系统。严格意义上讲，目录搜索引擎不能称为真正的搜索引擎，它实质上是按目录分类的网站链接列表，用户无需输入关键字，只要根据网站提供的主题分类目录，层层点击进入，便可查到所需要的信息。如果用户使用关键字查询，目录搜索引擎只会在摘要信息中搜索。目录搜索引擎主要有雅虎、LookSmart、About、DMOZ、Galaxy 等。DMOZ 中文网站目录搜索引擎如图 1-2 所示。

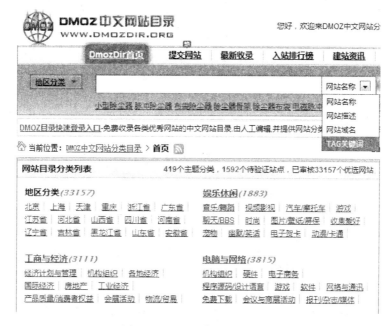

图 1-2　DMOZ 中文网站目录

5

目录搜索引擎主要通过两种方式收录网页信息：方式一，以人工手动方式或半自动方式搜集信息，形成摘要信息，并将摘要信息和网站链接置于事先确定的分类框架中；方式二，接受用户提交的网站链接和摘要信息，编辑人员审核通过后，会将其添加到合适的目录类别中。

由于人工的参与，因此目录搜索引擎对所收录网站的要求较高，需要网站的内容清晰明确，才能保证用户获得准确度相对较高的信息内容。但这种方式的缺点是：人工成本较高，信息收录量偏少，信息更新不及时。

现将全文搜索引擎与目录搜索引擎做比较分析，结果如表 1-1 所示。

表 1-1　两种搜索引擎的比较分析

项　目	全文搜索引擎	目录搜索引擎
检索方式	自动检索	手工、半手工操作
收录方式	特定算法、自动归类	依据一定标准，主观判断
信息容量	信息量大，覆盖面广	信息量偏少
信息搜索质量	质量偏低	质量更高
信息更新速度	快	慢
搜索速度	快	稍慢
收录网页效率	高	低
收录网页难易度	较容易	稍难
是否考虑网站分类	一般不考虑	需要考虑
网站自主权	更多自主权	受限制较多
代表网站	Google、百度、搜狗搜索	Yahoo!(雅虎分类目录)
应用范围	非常广泛	范围偏小
搜索方式	以关键字为主	以目录为主

注：两者并非互不关联。一些纯粹的全文搜索引擎也提供目录搜索，如 Google 借用 Open Directory 目录提供分类查询，而 Yahoo!则通过与 Google 等全文搜索引擎合作扩大搜索范围。

3．元搜索引擎

元搜索引擎是指将用户的搜索请求同时提交给多个独立搜索引擎，然后集中处理搜索结果，按一定规则反馈给用户结果的系统。元搜索引擎主要有 InfoSpace、Dogpile、Vivisimo 等。Dogpile 的首页如图 1-3 所示。

图 1-3　Dogpile 的首页

元搜索引擎本身不保存网页信息内容，而是把用户输入的查询请求转换成其他搜索引擎能够接受的命令格式，同时访问多个搜索引擎查询该请求，最后将各搜索引擎返回的结果按照一定的规则处理后提交给用户。

元搜索引擎通常由三部分机制组成：请求提交机制、接口代理机制和结果显示机制。请求提交机制用来实现用户的个性化检索要求。接口代理机制用来将用户的检索要求转换成满足不同搜索引擎要求的格式。结果显示机制用来整合各种搜索结果，仅向用户显示满足一定规则的部分结果。

元搜索引擎的运行机制能够在一定程度上弥补不同搜索引擎的不足，但其搜索效率较慢，展现结果比较杂乱，仍需要不断改进。

1.1.3　搜索引擎的发展历程

随着互联网信息量的不断增多，搜索引擎技术也在逐步发展。搜索引擎的发展经历了由简单到复杂、由本地化到全网化的过程。本节将从时间轴和发展阶段两个角度，分别介绍搜索引擎的发展历程。

1. 按时间轴划分

1990 年，万维网还未出现，使用网络进行文件的传输却已逐渐频繁。受此影响，加拿大麦吉尔大学的三名学生共同开发了可以用文件名查找文件的系统，用于搜索 FTP 服务器上的文件，于是出现了互联网上的第一个搜索引擎——Archie。用户使用 Archie 搜索某文件，必须输入精确的文件名，才能得到下载该文件的 FTP 地址。因此，Archie 还不是严格意义上的搜索引擎。

1993 年 6 月，出现了世界上第一个 Web 搜索引擎——World Wide Web Wanderer。它由美国麻省理工学院马修·格雷(Matthew Gray)开发，只能用来统计互联网上的服务器数量，不能索引文件内容。10 月，出现了第二个 Web 搜索引擎——ALIWEB。它由马汀·考斯特(Martijn Koster)开发，相当于 Archie 的 HTTP 版本。网站管理者需要提交每一个网页的简介和索引信息，才能被 ALIWEB 收录。

1994 年 1 月，出现了最早允许网站管理者提交网址的搜索引擎——Infoseek。值得一提的是，百度的创始人李彦宏就是 Infoseek 的核心工程师之一。4 月，华盛顿大学的学生布赖恩·平克顿(Brian Pinkerton)开发了 WebCrawler 搜索引擎，该引擎成为了第一个支持搜索文件是文字的全文搜索引擎，发布时仅包含来自 6000 个服务器的内容。同在 4 月，斯坦福大学的两名博士生——杨致远(Jerry Yang，美籍华人)和大卫·费罗(David Filo)共同创办了雅虎。随着访问量和收录链接数的增长，雅虎目录开始支持简单的数据库搜索功能，但还不能真正被归为搜索引擎。6 月，卡内基梅隆大学的迈克尔·莫尔丁(Michael Mauldin)创建了 Lycos 搜索引擎。Lycos 第一次在搜索结果中使用了网页摘要，数据量也远超其他搜索引擎。它除了对搜索结果进行相关性排序外，还提供了前缀匹配和字符相近限制。

1995 年，华盛顿大学的两名硕士生开发了元搜索引擎模型。9 月，美国加州伯克利分校助教埃瑞克·布鲁尔(Eric Brewer)和博士生保罗·高迪尔(Paul Gauthier)创立了 Inktomi

搜索引擎。它通过一些顶级的门户网站和目标站点向全世界半数以上的互联网用户提供最新、最相关的搜索结果。12 月，迪吉多公司开发了 AltaVista 搜索引擎，它成为第一个支持多种语言搜索的搜索引擎。它提供的内容丰富，既能检索网页全文，又能提供分类目录。

1998 年，美国斯坦福大学的两名学生——拉里·佩奇(Larry Page)和谢尔盖·布林(Sergey Brin)共同开发了 Google 搜索引擎。Google 以网页级别为基础，判断网页的重要性，使得搜索结果的相关性大大增强，迅速在全球范围内传播和使用。目前 Google 被公认为全球最大的搜索引擎。

1999 年 5 月，Fast 公司发布了 AllTheWeb 搜索引擎。它更新速度快，搜索精度高，能够支持 225 种格式的文件搜索，数据库存有 21 亿个 Web 文件，包含 49 种语言。

2000 年 1 月，北京大学的李彦宏与校友徐勇在北京中关村创立了百度公司。2001 年 10 月 22 日正式发布 Baidu 搜索引擎，专注于中文搜索。

2009 年 5 月，微软公司推出 Bing(必应)搜索引擎，它是用于取代 Live Search 的全新搜索引擎服务。通过在 Windows 等微软产品中整合必应搜索，该引擎迅速成为北美地区第二大搜索引擎。

搜索引擎的发展历程可以按时间轴的形式表现出来，其结果如图 1-4 所示

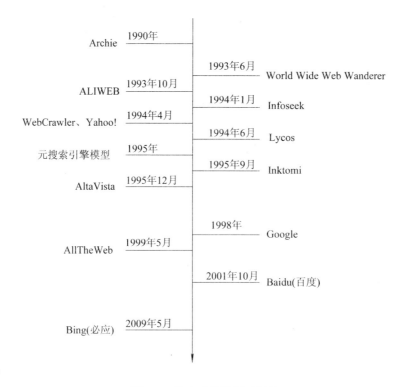

图 1-4　搜索引擎发展时间轴

2．按阶段划分

结合实践中的应用和发展，上述从时间推进角度介绍的搜索引擎发展史又可大致归纳为以下三个发展阶段。

1) 第一代搜索引擎

第一代搜索引擎以人工分类目录为主，通过手工的方式，分类收集网站、编辑提交，让用户能够快速找到相应网站。其中最典型的代表是雅虎分类目录。现在的导航类网站也是分类目录搜索引擎，如网址之家 hao123。

2) 第二代搜索引擎

随着信息量和网站数量的膨胀，简单的分类目录搜索已经不能满足用户的需求。用户希望能够查找相关的网页内容，于是第二代搜索引擎应运而生，即全文搜索引擎。第二代搜索引擎能够覆盖互联网上大量的网页内容，通过对网页链接进行技术分析，将重要的网页优先呈现给用户，如百度、搜狗搜索等。

3) 第三代搜索引擎

第三代搜索引擎依然是在信息量爆炸式增长的前提下，为了使用户能更快速、更准确地查找到所需要的信息而出现的。相比前两代搜索引擎，第三代搜索引擎更加注重检索的个性化、专业化和智能化。第三代搜索引擎的典型代表是 Google。它采用人工智能技术，以大数据分析为背景，利用内容智能识别及分析技术，增强了搜索引擎的查询体验。随着人工智能技术的不断发展，相信第三代搜索引擎会在信息覆盖率及搜索性能上更上一层楼。

1.2　常见搜索引擎介绍

截至 2017 年 1 月，百度独享我国搜索引擎市场 77.03%的份额，360 搜索、神马搜索、搜狗搜索则分别为 8.02%、6.94%和 4.65%，两家海外搜索巨头 Google 与 Bing 则只占有 1.57%和 1.12%。值得一提的是，某些大型网站为了方便用户查询网站的信息，也内置了自己的搜索引擎，比如京东商城的商品搜索引擎。

1.2.1　百度

"百度"二字，来自南宋词人辛弃疾的一句词："众里寻他千百度"。2000 年 1 月，李彦宏从美国硅谷回到中国，创建了百度公司。经过十余年的努力，百度(www.baidu.com)已发展为全球最大的中文搜索引擎和第二大独立搜索引擎，这使得中国与美国、俄罗斯、韩国并列成为拥有搜索引擎核心技术的 4 个国家。百度首页主体部分截图如图 1-5 所示。

图 1-5　百度首页主体部分截图

百度公司除了提供搜索服务外，还提供了其他丰富的产品。常用的百度产品有：百度糯米(提供多种生活服务)、百度金融(提供多种金融服务)、百度贴吧(中文交流平台)、百度文库(知识分享平台)、百度杀毒(专业的杀毒软件)等。

百度是中文用户从互联网中查找信息的重要入口。随着移动互联网的发展，百度还提供了基于移动端的搜索服务，由连接人与信息扩展到连接人与服务。用户可以在 PC、Pad、手机上访问百度主页，通过文字、语音、图像等多种交互方式快速找到所需要的信息和服务。手机百度应用依托百度网页、百度图片、百度新闻、百度知道、百度百科、百度地图、百度音乐、百度视频等专业垂直搜索频道，方便用户随时随地使用百度各类搜索服务。

1.2.2　360 搜索

360 搜索(www.so.com)由奇虎 360 公司开发，原名"好搜搜索"，是安全、精准、可信赖的搜索引擎。360 搜索具有便捷、安全、本地化、社交功能等突出特点，可以满足用户在不同环境下使用搜索的习惯和需求。360 搜索首页的部分截图如图 1-6 所示。

图 1-6　360 搜索首页的部分截图

360 搜索不仅掌握通用搜索技术，而且还开发了多项特色搜索技术。比如，在互联网的海量信息中，搜索引擎无法考察网站的具体服务质量，360 搜索把网民评价加入到搜索权重中，能让服务好、评价好的网站得到更优的展现位置。

360 搜索除了提供搜索服务外，还提供了其他丰富的产品和服务。常见的产品有：360 视频(提供多种影视资源)、360 图片(提供大量图片搜索服务)、360 新闻(聚合海量新闻资讯)等。

1.2.3　神马搜索

神马搜索是专注移动互联网的搜索引擎，它创造了相对方便、快捷、开放的移动搜索新体验。神马搜索由 UC 优视与阿里巴巴共同组建，吸纳了相当一部分来自微软、Google、百度、360 等企业的工程师。神马搜索具有 APP 搜索、购物搜索、小说搜索等针对移动搜索的特色功能，因而积累了良好的口碑。神马搜索首页截图如图 1-7 所示。

图 1-7　神马搜索首页截图

作为专注移动端搜索的神马搜索，与侧重 PC 端搜索的竞争对手是有一定区别的，其主要体现在以下三个方面：

1．搜索输入方式不同

用户在传统 PC 端的搜索方式，主要是输入文本，然后得到搜索结果。从输入方式的变化趋势来看，文本输入的比重势必逐渐下降，围绕着移动特性，语音输入、拍照输入、点击输入等方式所占的比重将会增长。

2．搜索结果的取舍不同

移动端呈现的搜索结果将会更精准，更契合用户对信息的需求。移动端搜索的结果必然是通过移动端呈现给用户，这虽能充分体现其便利性，但其展示的效果也易受移动端设备的禁锢——较小的人机对话窗口。因此，移动端搜索结果的取舍更需要精心设计。神马搜索专注移动端，在纷杂的互联网信息中，推送有效内容，屏蔽无用信息，就显得格外重要。

3．对用户的关怀不同

传统搜索引擎基于关键字的搜索，呈现的结果具有普适性，忽视了个体间的差异。移动端的搜索会更注重体现个性化搜索的差异，展示的搜索结果与用户的需求更匹配。

1.2.4　搜狗搜索

搜狗搜索(www.sogou.com)属于交互式中文搜索引擎，由搜狐公司于 2004 年 8 月 3 日正式推出，致力于中文互联网信息的深度挖掘。搜狗搜索首页的部分截图如图 1-8 所示。

搜狗搜索从用户需求出发，以一种人工智能算法，分析和理解用户可能的查询意图，对不同的搜索结果进行分类，对相同的搜索结果进行聚类，在用户查询和搜索引擎返回结果的过程中，引导用户更快速、准确地定位所需要的内容。

图 1-8　搜狗搜索首页的部分截图

在搜索引擎抓取网页速度方面，搜狗搜索通过智能分析技术，对不同网站、网页采取了差异化的抓取策略，利用带宽资源来抓取高时效性信息，以确保互联网上的最新资讯能够及时被用户检索到。

搜狗搜索还推出了对接全球英文信息的搜索引擎——海外搜索。在搜狗海外搜索频道中，用户可以双语输入，系统会从英文网页中选出相关信息，并自动翻译，为用户提供英文原文、中文译文、中英双语三个页面的搜索结果。搜狗搜索还提供了微信搜索功能。

1.2.5　Google

Google(谷歌，网址 www.google.com)成立于 1998 年 9 月，被公认为全球最大的搜索引擎，在全球范围内拥有 10 亿以上的用户。Google 于 2005 年进入中国市场，推出Google 搜索中国版。2010 年 3 月，Google 宣布关闭在中国大陆市场的搜索服务。Google中国首页的部分截图如图 1-9 所示。

图 1-9　Google 中国首页的部分截图

Google 允许以多种语言进行搜索，在操作界面中提供多达 30 余种语言选择。Google的搜索结果没有人工干预或操纵，是一个广受用户信赖、不受付费排名影响且公正客观的信息来源。

Google 的主要业务包括互联网搜索、云计算、广告技术。它开发并提供了大量基于互联网的产品与服务、线上软件、应用软件，还开发了移动设备的 Android 操作系统。

Google 在搜索引擎方面的技术处于领先地位。比如，Google 使用一种名为 PageRank的技术检查整个网络链接结构，并能客观评价哪些网页的重要性高。搜索引擎根据用户的查询信息进行超文本匹配分析，以确定哪些网页与正在执行的特定搜索相关，在综合考虑多种因素后，Google 可以将最优的搜索结果放在首位。比如，Google 在分析网页内容时，会涉及字体、分区及每个文字的精确位置等多种因素，同时还会分析相邻网页的内容，以确保返回与用户查询最相关的结果。

1.2.6　雅虎(Yahoo!)

雅虎(www.yahoo.com)是美国著名的互联网门户网站，也是 20 世纪末互联网奇迹的创造者之一。雅虎创建了最早的分类目录搜索数据库，也是最重要的搜索服务网站之一。其数据库中的注册网站，无论是在形式上还是在内容上，质量都非常高。雅虎英文网站首页的部分截图如图 1-10 所示。

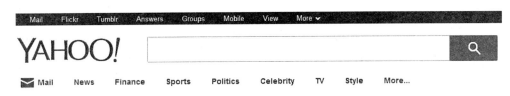

图 1-10　雅虎英文网站首页的部分截图

雅虎的业务遍及 24 个国家和地区，有 12 种语言版本，各版本的内容互不相同，提供目录、网站及全文检索功能。雅虎所收录的网站丰富，提要清楚，全部使用人工按照类目分类编辑，目录分类比较合理，层次深，类目设置好，检索结果精确度较高。

2005 年，阿里巴巴收购雅虎中国全部资产。2016 年 7 月，雅虎公司以 48 亿美元的价格将其核心资产卖给 Verizon，从此退出历史舞台。

1.2.7　内置搜索引擎

前面介绍的搜索引擎都是大型的独立网站，除为用户提供搜索服务外，还提供了其他多种服务产品。有些规模大的企业网站包含的信息量巨大，为了方便用户查询信息，通常会提供站内搜索服务，即需在网站内置搜索引擎。比如京东商城、淘宝网、阿里巴巴国际站等大型购物网站，都内置了搜索引擎。这种搜索引擎只能搜索网站内部的信息，搜索显示的结果除了与用户的真实需求相匹配外，也存在一定的排名规则。下面以京东为例介绍这类搜索引擎的相关内容。

京东(www.jd.com)是中国最大的综合网络零售商之一，也是中国电子商务领域较受消费者欢迎的网站之一，在线销售家电、数码通讯、电脑、家居百货、服装服饰、母婴、图书、食品、在线旅游等 12 大类数万个品牌百万种商品。消费者要在京东数量众多的商品中快速找到自己需要的商品，就需要借助一种简单、便捷、快速的搜索服务。实现这种服务的就是京东网站内部的搜索引擎，如图 1-11 所示。

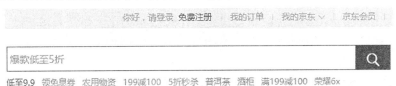

图 1-11　京东商城的搜索引擎截图

由图 1-11 可知，消费者在搜索框内输入所需商品品类的关键字，点击"放大镜"搜索按钮，就可以得到京东商城上所有与关键字相关的商品。

由于产品数量、访问人数、网站研发水平等多种因素的限制，有些内置搜索引擎的搜索结果可能达不到用户的要求，显示的结果与需求有一定差距。因此，内置搜索引擎还有其需要完善的一面。例如：用户在某电商平台想购买"牛奶"，通过该网站的内置搜索引擎进行搜索，其搜索结果如图 1-12 所示。

图 1-12　某电商平台内置搜索引擎的搜索结果

1.3　搜索引擎营销概述

随着互联网信息量的不断增多，人们越来越多地使用搜索引擎查找信息，对搜索引擎的信任度也日渐提高。因此，企业利用搜索引擎推广产品和品牌也就成为一种重要的营销手段。

1.3.1　搜索引擎营销的概念

搜索引擎营销(Search Engine Marketing, SEM)是指企业利用用户使用搜索引擎检索信息的机会，尽可能地将信息传递给目标用户的一种营销方式。简单来说，搜索引擎营销就是基于搜索引擎平台的网络营销，利用人们对搜索引擎的依赖和使用习惯，在人们检索信息的时候将企业相关信息传递给目标用户。

搜索引擎营销的基本思想是：让用户发现信息，并通过点击进入网页，吸引用户进一步了解所需要的信息。因此，企业要想通过搜索引擎取得比较好的推广效果，必须注重网站页面内容的建设。

企业通过搜索引擎营销有利于增加企业网站的曝光度，获得更多人的了解和关注，为企业带来更多的商业机会，树立企业形象，提升品牌知名度。

1.3.2　搜索引擎营销的特点

搜索引擎营销充分利用了互联网信息传播的特点，是企业网络营销的重要手段。综合来看，搜索引擎营销主要具备下面几个特点。

1．广泛性

不管企业有没有网站，都可以把企业的信息放在互联网中，供客户"发现"。当然，如果企业有自己的网站，而且网站内容丰富、价值较高，将会带来更好的营销效果。

2．主动性

搜索引擎营销的主动性主要体现在两个方面：企业的主动性和用户的主动性。企业的主动性是指企业通过一定的方式主动地把相关信息放在互联网上，并推动其在网上传播。用户的主动性是指用户通过搜索引擎主动搜索并点击企业的相关信息。用户在互联网上搜索信息不受外界因素的影响，是一种自主行为。比如，用户使用搜狗搜索还是百度搜索引擎，使用什么关键字搜索，点击哪个网页等行为，都按自己的想法而定。

3．精准性

用户有需求才会选择搜索引擎查找信息，而且用户的需求一定与所搜索的关键字高度相关。精准性主要是指搜索引擎展现的搜索结果与关键字相匹配，用户搜索的关键字与自己的需求相匹配。搜索引擎收录页面信息，提取页面中的关键字，只有当用户搜索的关键字与页面中包含的关键字相匹配时，搜索引擎展现的结果才是有效的结果。搜索引擎还会将这种匹配结合相关因素进行综合分析，以确保搜索结果是精准的。

4．灵活性

搜索引擎营销方式依赖于搜索引擎的工作原理、提供的服务模式等因素。当搜索引擎检索方式和服务模式发生变化时，搜索引擎营销方式也应随之变化。因此，搜索引擎营销方式具有一定的灵活性，需要与网络营销服务环境相协调。

5. 竞争性

搜索引擎是一个开放的平台，任何企业不论规模大小，也不论品牌知名度的高低，都可以通过搜索引擎进行营销推广活动，机会均等。因而，搜索引擎营销的门槛较低，市场竞争激烈。

1.3.3　搜索引擎营销的方法

搜索引擎营销的方法多种多样，有些从传统经典的营销方法演变而来，有些伴随互联网的特性发展而来。其中，常用的有竞价排名、搜索引擎优化等方法。前者属于付费方式，后者基本属于免费方式。

1. 竞价排名

竞价排名是指网站(网页)在关键字搜索结果中的展现位置与网站所有者向搜索引擎付费的情况相关，付费越高者可能排名越靠前。比如，在百度中搜索关键字"网络推广"，排在第一位的网站参与了百度搜索引擎营销活动，并且在右侧会有"广告"标记，如图1-13 所示。下面从竞价排名的计费方式和费用的计算方法两个方面介绍相关内容。

图 1-13　百度搜索引擎营销举例

1) 计费方式

竞价排名服务通常采用按点击量计费的方式。即网站所有者为自己的网页购买关键字排名，网站的推广信息出现在搜索结果中，如果没有被用户点击，则搜索引擎不收取费用。网站所有者可以通过调整每次点击付费的价格，控制自己在特定关键字搜索结果中的排名，并可以通过设定不同的关键字捕捉到不同类型的目标访问者。

2) 计费方法

以百度竞价排名服务为例，竞价排名服务的计费方法采用下面的公式：

$$每次点击价格 = 下一名关键字出价 \times \frac{下一名关键字质量度}{自己关键字质量度} + 0.01元$$

其中，质量度的数值由百度根据特定规则给出，满分为 10 分。质量度并不是一个固定的数值，而是一个动态变化的数值。质量度一般与关键字和页面内容的相关性以及用户点击该网页的情况等多种因素相关。

从公式可以看出，百度搜索推广排名与两个因素直接相关：一是关键字出价；二是关键字质量度。关键字出价决定了网页在搜索结果中的排名，而质量度决定了每次点击所花的费用。

需要注意的是：当关键字排在所有结果的最后一名，或是作为唯一结果展现时，点击价格为该关键字的最低展现价格。此外，即使出价不变、排名位次不变的情况下，关键字的点击价格也不是固定的，而是跟随质量度的波动而变化。

【知识拓展】关键字广告　直通车推广　网销宝

1. 关键字广告

关键字广告是一种文字链接型网络广告，通过对文字进行超级链接，让感兴趣的网民点击进入公司网站、网页或公司其他相关网页，实现广告目的。链接的关键字既可以是一个词，也可以是语句。企业购买关键字广告，即在搜索结果页面显示广告内容，实现高级定位投放；用户可以根据需要更换关键字，相当于在不同页面轮换投放广告。

2. 直通车推广

直通车推广是淘宝为卖家量身定制的，按点击付费的效果营销工具，实现宝贝的精准推广。它是由阿里巴巴集团下的雅虎中国和淘宝网进行资源整合，推出的一种搜索竞价模式。淘宝对每件商品设置若干个关键字，卖家可以针对每个竞价词自由定价，并按实际被点击次数付费。

另外，淘宝直通车还推出了"个性化搜索"服务，即消费者搜索同一关键字，搜索结果将根据不同消费者的特征，将商品进行个性化展示投放。

3. 网销宝

网销宝原名为"点击推广"，是 2009 年 3 月阿里巴巴在中国市场推出的按效果付费关键字竞价系统。网销宝有下列四种计费方式：

(1) 按点击付费：在阿里巴巴中文网站上，客户指定的供应信息每被点击一次，系统将自动从客户的预付服务费用中扣除一次点击费用。每次被扣除的点击费用最高不超过客户为关键字预先设定的单次点击价格。

(2) 参加活动付费：根据客户参加的营销活动，按照活动相关规则支付一定的费用。

(3) 产品推广位置付费：根据产品信息具体出现的位置，由系统按推广信息与买家搜索的相关度以及客户出价的排名综合评定后进行付费的一种方式。

(4) 标王付费：根据关键字的价格固定排名的一种付费方式。每个关键字仅开放一个位置，成为标王后，客户的产品信息将在此位置展现约定的时长。客户可以通过两种方式获标王：一是竞价，就某一关键字进行竞拍，一定时间段内价高者胜；二是份额抢拍，就某一关键字设置一个固定价格，先得者胜。

2. 搜索引擎优化

竞价排名是一种收费的搜索引擎营销方式，而搜索引擎优化是一种免费的营销方式。它是通过对影响网站排名的因素进行优化，如网站域名、关键字、链接、页面内容等，使之符合搜索引擎的"喜好"，提高网站的自然搜索排名。搜索引擎优化是搜索引擎营销的重要内容之一，也是本书后面章节重点介绍的内容。

本 章 小 结

☆ 搜索引擎可以让用户快速、准确地找到目标信息，同时也是企业通过用户的搜索习惯研究用户行为的一个有效工具。企业可以通过搜索引擎更精准地向用户展示产品(服务），促进销售，提升企业的知名度。企业还可以通过对网站访问者的搜索、浏览等行为的分析，制定更有效的网络营销策略。

☆ 按搜索方式划分，搜索引擎主要分为以下三种形式：全文搜索引擎、目录搜索引擎和元搜索引擎。

☆ 了解常见搜索引擎，如百度、360 搜索、神马搜索、搜狗搜索、Google、雅虎及其他内置搜索引擎。

☆ 企业通过搜索引擎营销有利于增加企业网站的曝光度，得到更多人的了解和关注，为企业带来更多的商业机会，树立企业的形象，提升品牌知名度。

☆ 竞价排名服务是网站所有者为自己的网页购买关键字排名，按点击量计费的一种服务。网站的推广信息出现在搜索结果中，如果没有被用户点击，则不收取费用。

本 章 练 习

一、填空题

1. 按搜索方式划分，搜索引擎主要分为以下三种形式：_____、_____和_____。

2. 常用的全文搜索引擎有：_____、_____。常见的目录搜索引擎有：_____、_____。

3. 搜索引擎主要由_____、_____、_____和用户接口四个部分组成。

4. 竞价排名是网站所有者为自己的网页购买_____排名，按_____计费的一种服务。

5. 百度竞价排名与_____和_____两个因素直接相关，_____决定了网页在搜索结果中的排名，_____决定了每次点击所花的费用。

二、简述题

1. 简述竞价排名计费公式。

2. 列举常见的搜索引擎，说明其优缺点及分类。

第2章　搜索引擎工作原理与搜索指令

本章目标

- 掌握页面抓取的流程及方式
- 掌握页面分析的流程
- 掌握页面排序的影响因素
- 熟悉用户查询的步骤
- 熟悉常用的高级搜索指令

搜索引擎优化实际上是对搜索引擎工作过程的逆向推理。想要学习搜索引擎优化就应该从了解搜索引擎的工作原理开始。

2.1 搜索引擎的工作原理

掌握搜索引擎的工作原理，有利于更好地利用搜索引擎满足用户的需求。搜索引擎在收录与分析网页、匹配关键字与网页内容、搜索结果排序展现等方面，有其自身的逻辑和规则。下面分别从页面抓取、页面分析、页面排序、用户查询四个方面介绍搜索引擎的工作原理。

2.1.1 页面抓取

页面抓取也称页面收录，是指搜索引擎通过特定程序(蜘蛛程序英文 Spider)在互联网上采集网页数据。页面抓取是搜索引擎的基础工作。搜索引擎抓取页面的能力直接决定了其可提供的信息量，以及覆盖互联网的范围，进而影响用户的查询结果。下面分别从抓取流程、抓取方式、更新方法和页面存储四个方面介绍搜索引擎的页面抓取工作。

【知识拓展】与搜索引擎相关的几个概念

(1) 蜘蛛程序。蜘蛛程序又称网络爬虫、网络蜘蛛、网络机器人等，是按照一定规则，自动抓取互联网信息的程序或者脚本。由于搜索引擎专门用于检索信息的程序像蜘蛛一样在网络间爬来爬去，因此，这种程序就被称为"蜘蛛"程序。此类程序往往属于搜索引擎的核心技术，通常属于商业机密。

(2) 域名。域名是互联网络上识别和定位计算机层次结构的字符标识，与该计算机的互联网协议(IP)地址相对应。域名是上网单位和个人在网络上的标识，便于他人识别和检索某一单位或个人的信息，还可以起到引导、宣传等作用。以青岛英谷教育科技股份有限公司的网站—— www.121ugrow.com 为例，www 是服务器名，121ugrow.com 是域名，其中 121ugrow 是域名主体，.com 是域名后缀。

(3) URL。URL(Uniform Resource Locator)是网页地址，也称为统一资源定位符，是对互联网上标准资源地址和访问方法的一种标识。互联网上每个文件都有唯一的 URL，它包含文件的位置信息以及此文件的属性。上网浏览网页时，显示在浏览器地址栏中的信息就是网页的 URL。比如，访问英谷教育网站的主页时，浏览器的地址栏上会显示 http://www.121ugrow.com/，这就是英谷教育网站主页的 URL。

(4) HTML 标签。HTML(Hyper Text Markup Language)即超级文本标记语言，它可以创建网页并且可以描述与规定各类信息的属性特点等，比如字体的颜色、大小。HTML 标签就是网页浏览器的识别符。通过这些标签，浏览器可以显示网页的内容。比如，"英谷教育"表示"英谷教育"在网页中要加粗显示。

1. 抓取流程

域名对于一个网站的作用，相当于家庭住址对于一个家庭的重要程度。域名是一个网站的入口，URL 是页面的入口。搜索引擎通过域名进入网站，抓取网站首页的内容并存储，同时提取网站首页的 URL；然后层层递进，通过提取的 URL 再抓取下一级网页的内容并储存，同时再提取 URL，如此反复。只要网页存在有效链接，搜索引擎就会不断抓取。可以看到，搜索引擎之所以能给用户提供大量的信息，就是因为其不断抓取各类网站，积累信息所致。搜索引擎页面抓取流程如图 2-1 所示。

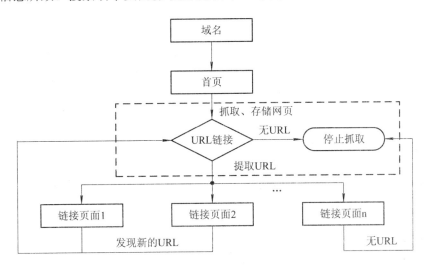

图 2-1　搜索引擎页面抓取流程

注意： 本节为了便于读者理解，采用了"首页"的说法。在这里首页既可以理解为某网站的主页面，也可以理解为搜索引擎到达某网站时接触到的第一个页面。

网站能够被搜索引擎抓取，通常需要做好以下两种工作：

(1) 建立外部链接关系。

为了保证搜索引擎呈现给用户的信息具有新鲜性和准确性，即使面对已经收录过的网站，也会不定时继续抓取更新。因此，可以通过为网站建立外部链接的方式，帮助搜索引擎不定时抓取已更新的内容。

一般来说，与流量大、权重高的网站建立链接是最有价值的外部链接，如新浪、搜狐等门户网站；也可以将网站提交到搜索引擎重视的分类目录，比如将某网站提交到网址之家——hao123 的相关目录，以促使百度尽快收录。

(2) 合理使用站长管理平台。

网站管理者可以通过搜索引擎站长管理平台，主动向搜索引擎提交新网站的域名或 URL。搜索引擎会根据所提交的信息按相关规则抓取网站的页面内容。

常用的搜索引擎站长平台有以下几个：百度站长平台(zhanzhang.baidu.com)、360 站长平台(zhanzhang.so.com)、搜狗站长平台(zhanzhang.sogou.com)和 Google 中国站长平台(http://www.google.cn/webmasters/)。

2．抓取方式

搜索引擎抓取网页的方式主要分为广度抓取和深度抓取。

1) 广度抓取

广度抓取也称平行抓取，是一种横向的抓取方式。当搜索引擎程序收录一个网站首页时，先抓取与首页直接链接的页面，抓取完毕后，再抓取此链接页面指向的其他页面，照此层层递进。一般来说，与首页直接链接的页面重要性更高，因此通过广度抓取的方式，搜索引擎可以发现网站中相对重要的页面。广度抓取的流程如图 2-2 所示。

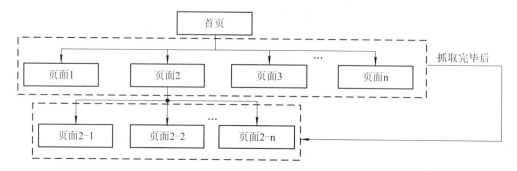

图 2-2　广度抓取流程图

2) 深度抓取

深度抓取也称垂直抓取，是一种纵向的抓取方式。搜索引擎先跟踪首页的某一个链接，逐步抓取该链接指向的深层次页面，直到最底层页面，然后按照此规则抓取下一个有效链接。通过深度抓取，搜索引擎可以抓取到网站中隐藏比较深或者较为冷门的信息。深度抓取的流程如图 2-3 所示。

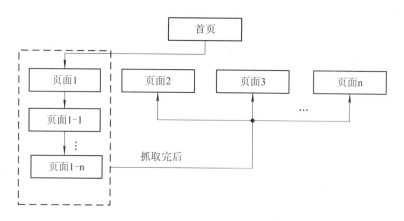

图 2-3　深度抓取流程图

视频：页面抓取流程。

通过观看本视频，掌握搜索引擎抓取页面的规则，了解页面抓取流程，理解广度抓取和深度抓取。

扫一扫

3．更新方法

随着时间的推移，互联网上不断涌现出许多新网站，很多已被搜索引擎抓取的信息(如页面的数量、内容等)都发生了变化。当然，为了保证提供信息的有效性，搜索引擎也必然会不定时抓取最新的内容。下面以搜索引擎如何更新已抓取内容为研究对象，介绍几种常见的更新抓取方法：定期更新、增量更新、分类更新和智能更新。

1) 定期更新

定期更新是指搜索引擎对已经抓取的网站定期进行更新。定期更新可以发现网站新增加的页面，删除不存在的页面记录，也会用新页面替换旧页面。定期更新的周期一般比较长，适用于维护页面少、内容更新频率低的网站。

2) 增量更新

增量更新是指搜索引擎对已经抓取的页面进行实时监控，发现页面内容有变化时，及时更新抓取。增量更新是在原有页面基础上进行的，可以有效减少更新等待的时间，一般用于相对重要的页面。

3) 分类更新

分类更新是指搜索引擎根据已抓取的页面的类别制定相应的更新周期。比如，更新新闻资讯类页面的周期可能需要精确到分钟，而更新下载类网站的周期需要一周左右或更长时间。

4) 智能更新

智能更新是指搜索引擎评估目标网站的重要性及其页面更新的频率，智能推算出合适的更新周期。比如，某企业网站缺少日常维护，内容更新慢，搜索引擎可能每 30 天更新一次页面；如果企业重视网站的作用，内容每天都更新，此时搜索引擎也会提高抓取该网站页面的频率。

4．页面存储

页面存储指的是搜索引擎将抓取的页面内容处理后，把内容存储到搜索引擎服务器中，以便进行页面分析，为用户提供查询服务。搜索引擎除了存储原始页面的内容，还会存储其他有价值的信息。这些信息可能包括文件的类型、大小、抓取时间、最后修改时间等。

2.1.2　页面分析

搜索引擎抓取页面内容，实际上抓取的是页面的源代码等信息。搜索引擎需要将这些页面信息进行分析后才会为用户呈现出来。搜索引擎分析页面，主要从以下五个方面着手：内容提取、分词、去重、关键字索引和关键字重组。

1．内容提取

内容提取是指搜索引擎从页面源代码中提取信息的过程。搜索引擎抓取的信息，除了用户可在浏览器上有效阅读的外，还有大量 HTML 标签等无法有效使用的内容。搜索引擎将会去除各类无价值的信息，提取可以用于排名处理的页面信息。经过内容提取后，搜索引擎才会获得一个连续的文字序列。

对搜索引擎来说，并不是页面所有的信息都要进行抓取，比如，页面上对排名计算不产生影响的导航条、版权文字说明、广告等区块。因为搜索引擎需要处理海量的网页数量，所以对于大量的无价值信息采取了忽略的方式，这样可以有效地节省计算资源，提升响应速度，剔除无价值信息。我们称这个过程为降噪。当前，主流的降噪技术有：网页结构法、模板法和可视化信息法。

1) 网页结构法

网页结构法是根据 HTML 标签对页面进行分区，分出页头、导航、正文、广告等区块，只抓取正文中重要的部分。

2) 模板法

模板法是从一组网页中提取出相同的模板，而后利用这些模板从网页中抽取有用的信息。

3) 可视化信息法

可视化信息是利用页面中元素的布局信息划分页面，保留页面中间区域，其他区域则认为是"噪音"。

【知识扩展】如何人工降噪

针对搜索引擎基于网页结构识别"噪音"的情况：SEO 人员在处理网页结构时可以引入 JS(JavaScript 的简写，一种编程语言)代码，将页头、广告、版权声明等不想被搜索引擎抓取的内容通过 JS 调用来实现降噪。因为这些内容一旦被收录，很容易造成重复堆积，拉低网站整体的内容质量评分。

针对搜索引擎基于网页模板识别"噪音"的情况：SEO 人员在建网页时应尽量采用同一套模板，在改板时不要轻易改换模板，以帮助搜索引擎识别"噪音"区域。

针对搜索引擎基于可视化信息识别"噪音"的情况：SEO 人员在创建网页时应尽量遵循网页布局的通用原则，将正文内容安排在页面中间区域。而个性化比较强的页面，会增加搜索引擎识别"噪音"的难度。

2. 分词

分词也称切词，是指搜索引擎将内容提取后，按照一定的原则重新组合成文字列表的过程。经过分词得到的文字列表，一般都能满足用户的查询需求。这个文字列表也称为关键字列表。

在英文页面中，单词之间以空格和标点作为自然分隔符，搜索引擎会以这些自然分隔符作为分词依据。在中文页面中，字、句和段都能通过明显的分隔符来简单划界，但词没有形式上的分界符。可见，中文分词要比英文复杂得多。中文分词方法主要有字符串匹配分词法、统计分词法和理解分词法。

1) 字符串匹配分词法

字符串匹配分词法是搜索引擎基于一个大而权威的"词典"进行切词，只要页面上的词与"词典"中的词匹配，则分词成功。

2) 统计分词法

统计分词法是根据相邻的两个(或多个)字出现的概率来判断是否组合成词。比如"学"和"习"两个字经常同时出现，那么搜索引擎就会认为"学习"是一个词。

3) 理解分词法

理解分词法是指搜索引擎可以通过模拟人对句子的理解，以达到分词的效果。搜索引擎在分词的同时，还分析句法、语义，以处理歧义信息。由于汉语语言具有复杂性、多变性、与语境相结合的特点，这种分词方法面临一定的困难。

这三种分词方法并不是独立使用的，而是可以同时混合应用的。比如，统计分词法经常与字符串匹配法结合使用，以提高分词的效率。以词"微信"为例，在腾讯没有推出微信 APP 之前，这两个字很少出现在一起。假设"词典"收录了"微信"，当"微"和"信"经常一起出现时，搜索引擎就会判断这是一个"新词"。

在分词的时候，搜索引擎还要去除停止词。停止词通常是出现频率高，但却对内容没有影响的词，比如"的""地""得"等助词，"啊""哈""呀"等感叹词，"从而""以""却"等介词，英文中常见的"the""a""an""to""of"等词。搜索引擎在索引页面之前会去掉这些停止词，使索引信息的主题更突出，减少无谓的计算量。

3. 去重

页面内容经过降噪、去停止词等过程之后剩下的内容，还需要面对重复的问题。这就要求搜索引擎采用算法对重复的内容进行屏蔽处理。

4. 关键字索引

搜索引擎会从页面的有效信息中提取关键字，同时记录每组关键字出现的频率、次数、格式、位置等。为了提高关键字的检索效率，搜索引擎通常会为关键字建立索引，这样一来，搜索引擎就可以快速定位到某个关键字。此时，页面与关键字之间是一对多的关系，一个页面可能会包含多个关键字。关键字索引的工作原理如图 2-4 所示。

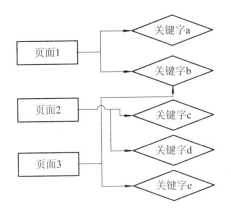

图 2-4　关键字索引的工作原理

5. 关键字重组

我们经常会遇到搜索某个关键字后，会出现很多包含该关键字的页面。这是因为对页面中的关键字进行了重组，并且将重组结果合并为一个关键字集合，最后才形成了关键字与页面间的一对多关系。其结果就是搜索某个关键字，会找到与之相关的所有页面。关键字重组的工作原理如图 2-5 所示。

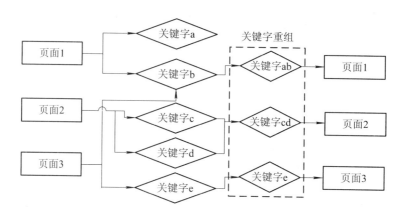

图 2-5　关键字重组的工作原理

2.1.3　页面排序

搜索引擎接受用户的查询指令后，通过一系列的算法及既定流程，将最终结果呈现给用户。其搜索结果中，出现部分靠前的页面，剩余页面都展示在后面。由于越靠前的页面越能引起用户的重视，因此涉及页面的排序问题。页面排序受多种因素的影响，下面介绍比较重要的三种因素：页面相关性、链接权重和用户行为。

1. 页面相关性

页面相关性是指页面内容与用户所查询关键字之间的接近程度。接近程度由关键字匹配度、关键字密度、关键字分布和关键字的权重标签等因素决定。

1) 关键字匹配度

关键字匹配度是指页面内容与用户所查询关键字之间的匹配程度。通常，一个页面中出现了某个关键字，说明页面内容符合关键字的查询要求；如果多次出现某个关键字，则说明页面内容与查询要求的匹配度更高，页面更重要。但关键字出现的次数过多也不能完全说明页面内容与关键字更相关。比如，被查询的关键字在页面的某一段重复出现，却没有表达出任何有意义的信息。

2) 关键字密度

关键字密度是指关键字在某个页面出现的次数和该页面总词汇量的比例情况。关键字密度主要是指关键字在页面中出现的次数是否合理。需要注意的是，关键字出现频率的高与低，并不能完全引导搜索引擎判定相关页面与此关键字的相关性。

3) 关键字分布

关键字分布是指关键字在页面出现的位置情况。关键字在页面中的位置不同，重要性也不同。比如，人们浏览网页时更倾向于从页面的上部开始，那么搜索引擎就认为关键字出现在页面的上部会相对重要一些。再比如，关键字均匀地分布在页面中，说明页面内容与关键字的相关性较高；而关键字过多地出现在页面的同一区域，搜索引擎有可能会判定这是一种违规行为。

4）关键字的权重标签

关键字的权重标签是指影响网页权重或者相关性的 HTML 标签。权重标签常用于突出页面中相对重要的内容，提高页面相关性，增加页面权重。常见的权重标签包括标题标签\<h\>、字体标签\<font\>、加粗标签\<b\>、斜体标签\<i\>及下划线标签\<u\>。假如网页的正文内容都是普通的黑色字体，则通过 HTML 标签把标题显示为加粗红色字体，标题的视觉效果将变得更强烈。搜索引擎也会相应重视标题的内容。

搜索引擎对上述因素的判定会结合定量的计算，最终得出一个值，通过这个值来确定关键字与页面内容的相关性。关键字在页面不同的位置与不同的权重标签一样，都对应不同的值。对于搜索引擎如何赋值、如何计算、参考多少因素及各自的占比等情况，这里不做深入介绍。

如果页面中的关键字密度值适当，分布均匀，并且使用了权重标签来突出关键字，则可能更受搜索引擎的青睐。如：页面关键字为"应用型人才培养"，其在页面中的表现和分布如图 2-6 所示，这会在页面相关性方面起到更有效的作用。

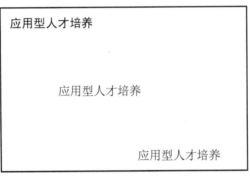

图 2-6　页面相关性举例

2．链接权重

链接也称超级链接，是指从一个网页指向一个目标的连接关系，所指向的目标可以是另一个网页，也可以是相同网页上的不同位置，还可以是图片、电子邮件地址、文件，甚至是应用程序。链接指向的网页，通常是重要的网页。指向某网页的链接越多，说明该网页越重要。链接权重是指搜索引擎根据页面导入链接的数量和质量而反映页面重要程度的一个指标。链接可以分为内部链接和外部链接，链接权重也可以分为内部链接权重和外部链接权重。

1）内部链接权重

内部链接是指某网站内部页面之间的链接关系。内部链接权重反映了网站内部某个页面的重要程度，页面得到的链接数量越多，页面权重越高，页面就越重要。

2）外部链接权重

外部链接是指某网站内部的页面与网站外部页面之间的链接关系。网站内部页面得到外部链接的数量越多，说明此页面权重越高，页面也就越重要。相比内部链接，外部链接更能反映页面的重要程度，是决定页面权重的关键因素。搜索引擎在评价页面链接权重的时候遵循一定的算法，以使评价结果更客观。比如，搜索引擎新收录的页面，如在短期内没有得到多少链接，则此页面将不能按照链接权重确定其重要性。再比如，两个页面的外链接数量和质量相当，但两者得到链接用的时长不同，那么用时短的那个页面将被赋予更高的权重。

3．用户行为

搜索引擎将每个页面的相关性和链接权重计算完成后，就进入了向用户展示排序结果的阶段。搜索引擎此时需要综合多个因素，做最后的排序优化。这里主要介绍与用户行为相关的两个因素：点击和浏览。

1）点击

点击是用户查看搜索结果的行为之一。同一个关键字，用户不同，点击行为也有区别。在关键字搜索结果中，点击次数多的页面，反映了该页面是大部分用户所需要的，搜索引擎会根据用户的点击次数，分析和判断页面的相关性和重要性，再通过一定的算法，最终将点击次数多的结果优先展示给用户。

2）浏览

浏览是用户点击行为发生后，进入详细页面查看页面内容的行为。搜索引擎会记录用户浏览页面的相关数据，包括浏览时间和浏览轨迹等。如果用户浏览时间较长，搜索引擎就会认为该页面是用户喜欢的内容，在页面排序时，会给出更靠前的排名。

最后，搜索引擎综合页面相关性、链接权重和用户行为等方面的因素，以及这些因素的动态变化，调整搜索结果排名顺序，按照重要性由高到低的顺序，向用户显示最终排名结果。

2.1.4　用户查询

用户查询是指用户通过搜索引擎查询关键字而得到结果的过程。这主要涉及输入、选择、点击、查看等几种行为。

1．输入

输入是指用户在搜索引擎的搜索框内描述搜索内容的行为。用户可以根据个人意向输入任何一个关键字，但并不意味着搜索引擎能够认知所有关键字。搜索引擎认知用户输入的关键字有两种结果：能认知和不能认知。

能被搜索引擎认知的关键字，说明其已经过搜索引擎分词系统的分析，是有效的；不能被搜索引擎认知的关键字，说明其是无意义的或者是新的关键字。比如，用户查询关键字"搜擎"，由于搜索引擎无法将其与现有的词库相匹配，则认为这个词无意义。再比如，用户查询"洛天依"，搜索引擎同样无法将其与现有的词库相匹配，但由于这个词被频繁搜索，搜索引擎就会认为这可能是个新词。搜索引擎对新词的理解、学习以及匹配页面的能力，在一定程度上反映了其技术水平。

2．选择

通常，用户在搜索引擎的搜索框输入内容时，搜索框会出现与内容相关的下拉关键字表，用户可以直接选择与需求匹配的关键字。以在百度搜索"应用型人才"为例，结果如图 2-7 所示。

图 2-7　"应用型人才"下拉关键字表

下拉框中体现的关键字是搜索引擎根据用户搜索习惯智能推荐的选项，可能符合多数人搜索的内容。如果下拉框中的内容不符合用户的查询需求，用户可以继续输入自己定义的关键字。

3. 点击

此处的"点击"包含两层含义：一层是用户输入关键字后，点击"百度一下"，给搜索引擎发出搜索的指令；另一层是根据搜索引擎展现的搜索结果，点击用户满意的页面链接。不是所有的搜索行为都需要点击"百度一下"，搜索引擎才会展示结果。比如，图 2-7 中的"应用型人才　百度百科"页面链接，就是用户在搜索框输入"应用型人才"时，搜索引擎自动呈现的结果。

即使不同用户输入同样的关键字，搜索引擎展现同样的结果，页面被点击的情况也因人而异。在一定程度上，那些被点击次数多的页面，可能更符合多数人的需求；那些靠前排列的页面，如果不能得到更多的点击，或许说明其不够重要；那些靠后排列的页面，如果能得到更多的点击，则说明其足够重要。搜索引擎通过分析用户点击页面的情况，会智能调整展现结果。

【知识拓展】搜索引擎的缓存机制

为了在极短的时间内响应用户的查询要求，搜索引擎建立了一套缓存机制。在某种程度上，这套机制与电商在"双十一"期间的发货类似。电商卖家根据以往的销售数据，预测买家的下单情况，将某些商品先打包完毕，待客户下单后，直接贴快递单发货即可。卖家把客户下单后的发货处理程序预先处理，缓冲了部分集中下单带来的发货压力。

搜索引擎在用户提交查询信息前就生成关键字对应的页面排序列表，并且将那些查询最频繁的关键字对应的页面排序列表建立缓存。用户搜索时，搜索引擎直接调用缓存中的信息返回给用户。当然，缓存中的信息并不是一成不变的，搜索引擎会根据互联网信息的更新和用户的搜索情况，及时更新缓存页面，提升用户的搜索体验。

4. 查看

查看是指用户点击搜索结果的链接，跳转到相关页面中阅读信息的行为。搜索引擎通过用户在页面停留的时间以及该页面转向的链接等行为判断页面的价值。比如，用户打开某页面后，又迅速关闭了页面，可能页面内容对用户没有意义。如果多数用户都出现类似操作，搜索引擎就可能认为这是一个"垃圾"页面。

总之，可以用下面的一句话来理解搜索引擎的工作原理：搜索引擎致力于将最真实的信息以公平的方式展现出来，以满足用户对信息的需求，并提升用户的使用体验。

2.2 常用高级搜索指令

高级搜索指令可以帮助用户更快速、更准确地找到想要的信息。本节主要介绍几种常用的高级搜索指令。

2.2.1 双引号

用户给搜索词加上双引号，表示完全匹配搜索。使用双引号进行搜索，能够准确查找到指定的信息。百度和 Google 等搜索引擎均支持该指令。搜索引擎返回的搜索结果页面包含双引号中出现的所有词，而且页面中搜索词的顺序与双引号中词的顺序完全一致。比如，搜索"搜索排名优化"，如果不加双引号，则其在百度的搜索结果如图 2-8 所示。

图 2-8 不带双引号的搜索结果

从图 2-8 中可以看出，返回结果中，大部分搜索结果页面出现的搜索词并不是完整的"搜索排名优化"，而是"搜索""排名""优化"出现在搜索结果页面不同的位置，中间有间隔，顺序也不同。如果把"搜索排名优化"加上双引号，则其在百度的搜索结果如图 2-9 所示。

从图 2-9 中可以看出，搜索结果只显示完整出现"搜索排名优化"的网页，而仅含"搜索""排名""优化"等情况的网页没有显示。

图 2-9　带双引号的搜索结果

2.2.2　减号和星号

用户在使用减号和星号搜索指令(即"–"和"*")时，通常表示不想让搜索结果显示什么和让搜索结果显示与什么相关的内容。

1. 减号

用户使用搜索引擎搜索某个词时，会把与该词有关联的网页一并显示出来，这样会给用户带来很多困扰。如果我们给搜索词的适当内容辅以减号，就可以解决此问题。百度和Google 等搜索引擎均支持该指令。

用户使用减号高级指令进行搜索，可以更准确地找到需要的网页。需要注意的是，用户在使用减号指令时，减号前面必须是空格，减号后面没有空格，后面紧跟需要排除的词。例如：在百度中搜索"小米"，不使用减号的返回结果如图 2-10 所示。

图 2-10　不使用减号的搜索结果

31

从图 2-10 中可以看出，不使用减号搜索"小米"时，排名第一位的是小米公司的网址。如果搜索"小米 –手机"，则其返回结果如图 2-11 所示。

图 2-11　使用减号的搜索结果

2．星号

星号是通配符，能匹配所有的字符。用户在搜索信息表述不全的情况下，可以使用星号代替进行搜索。百度和 Google 等搜索引擎均支持该指令。比如，在百度中搜索"搜索*优化"，其搜索结果如图 2-12 所示。

图 2-12　使用星号的搜索结果

2.2.3　Inurl 和 Intitle

顾名思义，Inurl 搜索指令与 URL 有关，而 Intitle 搜索指令与标题有关。两个搜索指令可以满足不同的搜索需要。

1. Inurl

Inurl 是指 URL 链接包含的意思，用于查询 URL 链接中是否包含查询的关键字。百度和 Google 等搜索引擎均支持该指令。比如，在百度中搜索"inurl:abc"，其搜索结果如图 2-13 所示。

图 2-13　使用 Inurl 指令的搜索结果

由图 2-13 可以看出，在百度搜索"inurl:abc"时，返回结果的 URL 链接中均包含"abc"。如果期望查询的 URL 链接中包含"abc"，且网页内容包含关键字"优化"，那么可以在搜索栏输入"优化 inurl:abc"，其搜索结果如图 2-14 所示。

图 2-14　使用 Inurl 指令高级用法的搜索结果

关键字出现在 URL 中对网站排名会有一定影响，用户使用 Inurl 搜索指令可以更准确地找到竞争对手，分析竞争对手的网站优化情况，以便制定适合自己网站的优化方案。

另外，一个与 Inurl 用法相似的 Allinurl 指令，其作用是限定在 URL 中搜索特定关键字。比如，在百度中搜索"allinurl:SEO 123"，其搜索结果中的 URL 就同时包含 SEO 和 123 两个关键字。

需要注意的是：Allinurl 后面同时包含几个词时，这几个词的关系是"且"的关系；而 Inurl 后面同时包含几个词时，这几个词的关系是"或"的关系。Inurl 的搜索范围比 Allinurl 的搜索范围更广。

2．Intitle

Intitle 是标题包含的意思。使用 Intitle 搜索指令，可以返回标题中包含特定关键字的网页。比如，在百度中搜索"intitle:SEO"，其搜索结果会显示标题包含"SEO"的网页，如图 2-15 所示。

图 2-15　使用 Intitle 指令的搜索结果

另外，还有一个与 Intitle 用法相似的 Allintitle 指令，其作用是搜索结果页面的标题中包含多个特定关键字。比如，"allintitle:SEO 搜索引擎优化"指令表示搜索结果页面的标题中既包含"SEO"，也包含"搜索引擎优化"。

SEO 人员在研究某个关键字的竞争程度时，可以在搜索引擎中使用 Intitle 指令，查看以关键字为标题的全部竞争对手，从而筛选出最主要的竞争对手。

2.2.4　Filetype

Filetype 指令用于搜索特定的文件格式，返回与搜索类型相匹配的文件。但并不是所有的文件格式都会被支持。Google 支持所有的文件格式，包括"html"等；百度支持的格式有"pdf、doc、xls、all、ppt、rtf"等，其中"all"表示所有百度支持的文件格式。用户使用"all"搜索时，搜索引擎将返回更多的结果。

例如，在百度中搜索"filetype:ppt seo"，表示返回结果是包含"seo"的所有 PPT 文件，其搜索结果如图 2-16 所示。

图 2-16　使用 Filetype 指令的搜索结果

2.2.5　Site

Site 指令用来查看搜索引擎对某个域名下收录的所有网页。比如，在百度中输入"site www.sohu.com"，搜索引擎返回的结果是百度收录搜狐网的页面个数，如图 2-17 所示。

图 2-17　使用 Site 指令的搜索结果

由图 2-17 可以看出，百度共收录了搜狐网 1 120 000 个网页。通过 Site 指令查询搜索引擎收录网页的数量只是一个约数。如果搜索引擎收录某网站网页的数量有大幅度变化，这就需要网站优化人员给予足够的重视。

视频：常用搜索指令。

通过视频的学习，掌握常用搜索指令的使用方法。

扫一扫

本 章 小 结

☆ 页面抓取是搜索引擎的基础工作。搜索引擎对页面的抓取能力直接决定了搜索引擎可提供的信息量，以及覆盖互联网的范围，从而影响用户的查询结果。

☆ 页面抓取结束后，搜索引擎需要对页面进行分析后才能为用户提供搜索服务。搜索引擎分析页面，主要从以下五个方面着手：内容提取、分词、去重、关键字索引和关键字重组。

☆ 搜索结果中，有些页面靠前展示，有些页面靠后展示，越靠前的页面越能引起用户的重视。页面排序受多种因素的影响，重要的因素有页面相关性、链接权重和用户行为三种。

☆ 用户在搜索引擎输入关键字，通过关键字查询能快速、准确地找到需要的信息。在用户查询过程中，主要涉及输入、选择、点击、查看等行为。

☆ 用户除了使用关键字查找所需信息，还可以使用一些高级搜索指令，帮助用户更快速、更准确地找到想要的信息。这些高级指令有：双引号、减号、星号、Inurl、Intitel、Filetype、Site 等。

本 章 练 习

一、填空题

1. 搜索引擎工作的主要内容包括：_____、_____、_____和_____四个方面。

2. 搜索引擎抓取网页的方式主要分为_____和_____。

3. 搜索引擎抓取页面内容，实际上抓取的是页面的_____等信息。搜索引擎需要对信息进行分析后才能为用户提供搜索服务。

4. 搜索引擎分析页面，主要包括以下五个方面的内容：_____、_____、去重、关键字索引和关键字重组。

5. 搜索结果中，有些页面靠前展示，有些页面靠后展示，越靠前的页面越能引起用户的重视，这就涉及页面的排序问题。页面排序受多种因素的影响，比较重要的三种因素为：_____、_____和_____。

二、应用题

1. 使用高级搜索指令，搜索关键字"搜索引擎"，且搜索结果中不能含有"教程"的网页。

2. 使用高级搜索指令，搜索 URL 地址中含有"SEO"的网页。

3. 使用高级搜索指令，搜索网页标题中含有"SEO 学习"的网页。

4. 使用高级搜索指令，搜索关于"搜索引擎"且扩展文件名为".doc"的网页。

第 3 章　SEO 概述

本章目标

- 了解 SEO 的基本概念
- 了解 SEO 的应用领域
- 熟悉 SEO 的优缺点
- 掌握 SEO 的核心要素
- 了解 SEO 的进阶之路
- 了解 SEO 的现状与发展趋势
- 掌握 SEO 利益均衡理论
- 熟悉常用的 SEO 工具

利用搜索引擎进行网络营销是企业最常用的方式，其中以 SEO 为重点。本章主要介绍 SEO 的基本知识、相关理论和常用工具。通过学习这些内容，可以让网站管理者更好地掌握 SEO 工作的核心思路。

3.1 SEO 简介

互联网的普及让很多企业都建立了自己的网站，也有部分企业通过其他网络平台展示自己的产品或服务。对企业来讲，如何让自己的产品或服务在互联网中获得更高的曝光率，优先展示给用户，已成为 SEO 被关注的主要原因。

3.1.1 SEO 的基本概念

SEO 是英文 Search Engine Optimization 的缩写，中文意译为"搜索引擎优化"。利用 SEO 技术，网站管理者对网站的内部和外部进行优化，提高网站关键字的搜索结果排名，获得更多的免费流量，使更多的目标客户访问网站，从而产生直接的销售或品牌的推广。

以超市销售商品为例，商家都倾向于把商品放在超市最有利于销售的位置。对于超市货架上的商品来讲，商品放在与视线平行的位置，更容易被顾客发现，卖出的概率更高；而靠近货架下方摆放的商品，不便于顾客的浏览和挑选，卖出的概率相对较低。如果把搜索引擎比作超市导购，把企业的网站比作超市里的商品，那么如何让商品占据有利的位置，很大程度上取决于网站实施 SEO 的策略。

人们利用搜索引擎在互联网上寻找信息时，搜索结果中最容易看到的位置往往是首页面的第一位。因此，SEO 的核心工作就要围绕如何提高网站的搜索排名展开。SEO 人员要通过各种优化方法，在搜索引擎显示结果中，使自己的网站或产品展现在客户容易看到的位置。

例如，在百度搜索"网络购物"，其搜索结果如图 3-1 所示。处于前两位的搜索结果分别是淘宝网和当当网。如果想让京东商城也出现在排名的前列，则通过 SEO 一系列的技术操作，是一种非常有效的方法。

图 3-1 百度搜索"网络购物"的结果展现

(注：截至 2017 年 11 月，在百度搜索"网络购物"，京东商城网站出现在搜索结果第三页的第四位)

3.1.2 SEO 的主要应用

SEO 技术作为互联网信息的一种"优化机制",越来越受到人们的重视,其主要应用体现在以下三个方面。

1．企业网站

企业网站是企业为了宣传、展示产品,与客户互动等目的而设立的网站,是企业在互联网中的一张名片。网站经过优化后,可以大大增加企业向目标客户展示商品或服务的机会,从而提高企业的影响力和品牌知名度。比如,某客户想购买一批便携式水壶,通过百度搜索"便携式水壶",百度提供的相关结果大约有 2 670 000 个(2017 年 12 月 1 日的搜索结果),可以想象此类产品的竞争强度。作为一家生产便携式水壶的企业,想要在众多搜索结果中排名靠前,就需要对网站进行优化,以增加搜索引擎的"好感"。

2．电子商务型网站

电子商务型网站主要是指提供商品交易平台的网站,如淘宝网、京东商城、苏宁易购等。为了方便用户搜寻所需要的商品,这些网站都有各自的搜索引擎。以京东商城为例,其搜索引擎如图 3-2 所示。用户在搜索框内输入商品名称,这些电子商务型网站都会按各自的排名规则,把优质商品推荐给用户,商家通过优化商品的排名,促成商品交易,进而获得利润。

图 3-2　京东商城的搜索引擎

3．其他电商平台

其他电商平台如腾讯的 QQ 群、滴滴打车、赶集网、58 同城等,这些电商平台同样也可以做 SEO。比如,我们想加入学习 SEO 的 QQ 群,通过 QQ 群的"查找"功能搜索"SEO",会查找到众多带有"SEO"关键字的群。有的群排在前面,有的群排在后面,这样的排名结果与搜索引擎优化也有一定的关系。

3.1.3 SEO 的优缺点

SEO 作为搜索引擎营销的一种重要方式,被众多企业采用,其在优化网站时的优缺点如下。

1．优点

SEO 是一种免费的网络推广方式,相对收费的推广方式,有以下优势。

1) 通用性强

SEO 人员通过对网站结构、网页布局、网页内容、关键字等要素的合理设计,使网站更符合搜索引擎的搜索规则。虽然各大搜索引擎网站分属不同的运营公司，但它们的搜索排名机制有类似之处。即使网站只针对百度搜索引擎进行了优化，其在谷歌、360 搜索、搜狗搜索等搜索引擎的排名往往也会有一定程度的提高。

2) 成本较低

利用 SEO 技术优化企业网站，可以提升搜索引擎对网站的友好性。企业除支付相关人员的劳动费用外，一般不需要投入其他费用，所以企业的成本较低。

3) 稳定性好

通常来说，采用正规方法优化后的网站，排名效果都会比较稳定。只有搜索引擎的算法有重大改变或遇到更有优势的对手时，才会导致网站排名出现比较明显的变化。

4) 有效规避无效点击

企业有时会采用在搜索引擎上做付费广告的方式来提高企业和产品的知名度，以扩大销售额。搜索引擎网站通常对广告主采用"点击计费"的方式，即客户每点击一次广告，企业就需要向搜索引擎支付一定的费用。因此，无效点击甚至恶意点击广告的情况会导致企业支付额外的费用，而利用 SEO 就可以有效规避这个问题。由于通过 SEO 优化的网站排名通常都是自然排名，因此任何点击都不会导致企业为此付出费用，而且点击越多，越能增加搜索引擎的"好感"，进而提高排名的位置。

5) 公平竞争

在搜索引擎自然排序的结果中，搜索引擎给互联网上所有网站展示的机会是均等的，提供给 SEO 人员公平竞争的平台。用户在使用搜索引擎查找信息时，只需输入关键字，点击"搜索"即可得到查询结果。这个简单操作的背后，搜索引擎需要进行大量的数据计算、分析，才能显示出排名顺序。

从用户简单的查询操作到搜索引擎的分析数据，搜索引擎不是简单地以网站的规模、知名度等作为排名依据，而是综合多方面因素，将所有网站放在同一平台规则下进行排名显示，对所有网站来说，是一个较为公平的竞争环境。

2. 缺点

虽然 SEO 有很多优点，但也存在被动性、不确定性、见效慢等缺点。

1) 被动性

企业网站与搜索引擎之间是一种被动的排名关系。企业网站的优化需要符合搜索引擎的排名规则，才有可能使排名靠前。搜索引擎展现排名结果的规则并不是一成不变的，它会不定期地修改算法，将更优质的内容靠前展现，更好地满足用户的需求。因此，需要对网站的优化方法做相应调整，以应对各种变化。

2) 不确定性

SEO 人员不是搜索引擎程序的开发者，无法确切掌握搜索引擎的运行规则，更多情况下，SEO 人员是通过经验和规则对网站进行优化的，因而他们无法保证在指定时间内，实现某一个关键字的指定排名。另外，网站在搜索结果中的排名受到多种因素的综合影响，可能会出现对网站实施优化后并没有带来排名提升的现象。

3) 见效慢

SEO 的不确定性并不会影响到它的实用性，但通常不会收到立竿见影的效果。一般来讲，从开始优化网站到实现关键字的目标排名，需要 2～6 个月的时间；对于竞争激烈的关键字，可能需要更长的时间。

3.1.4　SEO 的核心要素

一个网站的内容、结构、布局等因素，不仅影响用户对网站的体验感，也影响搜索引擎对网站收录的友好性。SEO 工作的核心主要有两个方面：一是提升用户体验；二是提升搜索引擎友好性。

1. 用户体验

用户体验就是用户在使用不同产品(本节的产品主要是指网站及其提供的服务)的过程中，所产生的主观感受。我们大体可以将用户体验由低到高分为四个层次：能用、易用、好用和品牌。SEO 工作就是要不断提升用户体验，增强网站对用户的黏度，方便用户从网站中提取各种信息，同时不断增加新用户。

1) 能用

能用是指产品能够提供某些具体的基本功能，能够被使用。在这个层次上，产品仅仅带给用户能够使用的感受，使用过程不一定顺畅，用户基本处于凑合使用或忍受产品的状态。比如，网站主页的打开，需要较长的时间；或者网站服务器的不稳定导致有时不能被访问等。如果经常出现以上情况，网站的用户体验肯定不佳，也就无法得到用户的认可。一家仅仅处于能用阶段的企业网站，如果没有规律性地进行 SEO 优化，很有可能会被搜索引擎淘汰。

2) 易用

易用是指产品的功能使用起来更便捷、更顺畅。易用阶段针对产品在能用阶段存在的问题进行稳定性、安全性、兼容性等方面的加强，使产品功能使用更加方便，不会出现因产品质量问题而导致无法顺畅使用的情况。比如，网站主页动画在 IE、火狐、谷歌等浏览器中都能流畅地打开，不会因为兼容性问题，使其在其他浏览器中无法打开。

3) 好用

好用是指超出用户心理预期的体验，即产品提供的功能效果远远超出用户的想象。这种体验会给用户带来很大的冲击，使其品牌形象迅速深入用户的内心。比如，某用户想搜索关于 SEO 方面的知识，在百度的搜索框内输入"seo"，其下拉框就会出现："seo 教程""seo 是什么""seo 优化""seo 培训"等四组选项，如图 3-3 所示。用户可以根据个人情况自由选择。这是搜索引擎自动推荐的结果，方便用户使用，可提升用户的搜索体验。

对于图 3-3 所示的例子，百度搜索引擎可以分析大量用户搜索 SEO 相关内容时经常用到的关键字，把这些关键字优先显示在搜索下拉框中。甚至，搜索引擎可以根据用户日常的使用习惯，智能地推荐最适合用户自身的关键字，极大方便了用户的使用。

图 3-3 搜索 "seo" 时百度推荐的关键字

这里需要注意的是，能够使用户感觉有意义的功能不一定属于产品的核心功能，因为此类功能可能不符合搜索引擎的"喜好"，甚至被搜索引擎忽略。比如，用户喜欢的动画类网页，搜索引擎无法完全识别动画所表达的意思。

4) 品牌

从市场营销角度来看，品牌是用于识别产品或服务，并使之与竞争对手的产品或服务区别开来的一种标识。用户使用产品获得的体验，会形成正面传播和负面传播。正面传播形成正向刺激，导致用户不断使用带来良好体验的产品，并且向周围推荐，同时在心中逐渐形成对品牌的认知。每提及某种产品或者某个品牌，就会立刻产生联想。比如，提及汽车，可以联想到奔驰和宝马；提及耐克和阿迪，会使人意识到运动服饰。这种心理的认知是长期口碑与宣传的积累，是牢不可破也难以攻取的认知高地。同样地，形成恶劣的用户体验，也必然导致负传播，进而将此类产品逐出市场。

2. 搜索引擎友好性

搜索引擎友好性是指某网站的结构、网页内容、布局等要素符合搜索引擎对网页的检索原则。适合搜索引擎检索的网站可以被搜索引擎收录尽可能多的网页内容，并在自然检索结果中排名靠前。这样网站被用户点击的概率就会增加，最终达到网站被有效推广的目的。

例如：很多用户通过百度搜索信息的时候，习惯性地仅浏览检索结果的前 3 页。如果某网站提供的信息恰好是需要的，但是并没有展现在前 3 页，该网站就减少了一次曝光机会。可见，由于用户的浏览习惯问题，为了增加网页的曝光机会，就需要 SEO 人员设计符合搜索引擎友好性的页面。

总而言之，提升用户应用体验和提升网站搜索引擎友好性是 SEO 工作的两项重点内容，但这两方面往往难以同时兼顾。对于用户体验来说，人们大都喜欢看网页中的图片、动画等元素，文字越少越好，但分析处理文字对于搜索引擎来说却更为容易，分析图片内容时难度大，容易产生误差。所以用户体验和搜索引擎友好性，有时就像"矛与盾"的关系。

3.1.5 SEO 从业者的进阶之路

对于 SEO 人员，从"入门"到"高手"需要经过不断的历练和学习，持续提高个人的技术水平和综合素养。在此，我们把 SEO 从业人员的进阶之路分为以下三个阶段。

1．入门

对于初学者来说，学习 SEO 主要是为了掌握网站优化的一些基本技术和方法，如关键字优化、域名优化、网页内容优化、代码优化、链接优化等。这些技术和方法是 SEO 工作中最基本的操作，每个从事 SEO 工作的从业者都需要掌握。

2．进阶

初学者只是掌握了基本的 SEO 操作，但想要做好 SEO 就需要更多的资源，比如人脉资源和平台资源。人脉资源主要是为网站吸引更多自然流量。流量越大，关注的人越多，搜索引擎会认为网站越重要，排名越靠前。曾有业内人士提出：要想做好产品，要先做好"圈子"(粉丝)，要想做好"圈子"，必须要有大量的人脉资源。平台资源主要用于给网站获取更多相关的优质外部链接。优质外部链接越多，网站的权重越大，排名越靠前。

3．高手

SEO 高手一般都积累了大量经验和建立了成体系的思路。SEO 高手需要具有丰富的实战经验，从长期的一线运营中总结出很多"干货"，并能根据现实情景形成清晰的优化思路。比如，当搜索引擎进行某些排名算法调整时，他们都能敏锐地察觉到某些微妙的变化，并及时调整自己的对策。对 SEO 高手来说，SEO 不仅是一门技术，更像一门艺术。

早在 2004 年，当百度收购 hao123 网址之家(www.hao123.com)的消息公布后，部分 SEO 人员立刻调整网站的站外链接投放策略。他们把大部分外部链接投放在 hao123 网站上，使得网站后来在百度的搜索结果排名得到提升。

我们用一张图来描述 SEO 从业人员的成长之路，如图 3-4 所示。

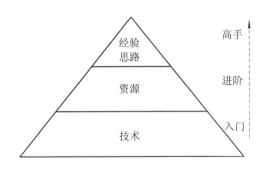

图 3-4　SEO 从业者的成长之路

【知识拓展】企业网站为什么要做 SEO

很多企业都有自己的网站，同时也涌现出一批 SEO 从业人员。但是 SEO 从业人员的水平参差不齐，导致很多企业网站的搜索引擎友好性非常一般。通过 SEO 可以为企业网站带来以下好处。

(1) 网站取得较好的搜索排名。

如果网站管理者对网站进行了比较合理的 SEO 工作，就会促使网站在各大搜索引擎上面获得较好的搜索排名，这样才有可能吸引目标客户进入网站，为网站带来更多的流量，提高企业的知名度。

(2) 推广费用低。

近年来，企业进行网络营销的推广费用越来越高，成为部分中小企业不能忽视的成本，而且推广的效果难以预料。采用 SEO 的方式可以有效推广企业网站，而不必为客户的点击付费。

(3) 效果持久。

企业对网站进行 SEO 工作后，网站在搜索结果中的排名是一种自然排名，是网站价值的真实体现，也是一种较稳定的长期效果体现。这种方式不像促销推广那样，在促销活动结束后网站排名可能迅速下滑。

(4) 客户精准。

客户进入经过 SEO 工作的网站，是一种主动行为，表明网站对其有一定的吸引力和价值。因而，客户与企业之间较易建立稳定的联系，客户的有效转化率较高。

(5) 覆盖面广。

据有关数据统计，网站访问量的 70%以上是来自搜索引擎的推荐，有超过 90%的网民经常使用搜索引擎来寻找他们想要的信息，而搜索引擎优化的效果能同时在多个搜索引擎中显现，几乎覆盖了所有的网民。

思考题：SEO 与网站推广的优缺点。

3.2 SEO 的现状与发展趋势

SEO 行业在中国发展了十几年，近年来逐渐得到规范。各种新技术的发展(如虚拟现实技术、物联网技术)以及用户搜索需求的多样性，都使行业面临着机遇和挑战。下面从不同的角度介绍 SEO 的现状与发展趋势。

3.2.1 SEO 的现状

我国的 SEO 从鲜为人知到群雄纷争，再到现在的逐步规范，走过了一条曲折之路。目前，SEO 已经逐渐被各类企业重视，SEO 工作也越来越专业化、系统化，不过目前仍然存在一些问题。

(1) 企业网站缺乏系统设计。

SEO 工作是一项系统工程，贯穿于网站从开始规划建设到实际运营的整个过程。但是，很多企业在网站规划初期、建设过程中，甚至运营过程中都没有引入 SEO 的思想，缺乏系统性的规划。

(2) 缺乏专业化的人才。

SEO 工作对人的专业性和综合素质要求比较高，很多 SEO 从业者没有经过系统的学习和培训。高校在专业课设置方面，涉及 SEO 方面的课程比较少，也缺少比较好的教材和系统的 SEO 操作。很多 SEO 从业者的技术不扎实，缺少对 SEO 的深刻理解，不能适应搜索引擎变化对技术更新的需要。

(3) 受搜索引擎运营模式的影响。

国内网站的 SEO 在一定程度上受搜索引擎人工干预的影响。正常的 SEO 操作结果见效较慢，而有些搜索引擎按点击关键字付费的模式，使得付费网站得到更好的展现，反而使优化的网站搜索排名结果不理想。

(4) SEO 操作的层次不高。

影响 SEO 的因素有很多，采用何种方法，强调哪些因素，因优化人员的不同而有所差异。如果从业者功利性比较强，会采用使网站排名在短期内上升的方法，但稳定性不佳，用户体验不好，甚至会出现作弊的方式，难以从网络营销服务、数据分析、SEO 策略、产品设计等高度设计和贯彻 SEO 工作。

(5) 市场不成熟。

目前，国内的 SEO 行业还没有形成规模较大、服务较好的专业品牌。行业市场有以下几个比较明显的特征：专业的优化公司规模小，技术比较薄弱；市场价格比较混乱，局部可能存在恶性的价格竞争；行业自律性差，服务品质良莠不齐；大型网站一般都有专职 SEO 团队，而中小型企业 SEO 的低端市场竞争比较激烈。

(6) 移动端 SEO 不成系统。

移动互联网的使用人数在不断增加，通过移动端搜索产生的流量也越来越大，企业也越来越重视网站移动端的 SEO 工作。目前移动端优化还没有形成完整的体系，传统 SEO 人员面临着移动端优化带来的挑战，直接将 PC 端优化过的网站复制成为移动端的网站，这些都是不可取的方法。通过自主的学习，逐步形成一套比较完善的优化体系，才是解决问题的根本方法。

3.2.2　SEO 的发展趋势

未来的 SEO 市场，将是一个透明的、竞争激烈的市场。搜索引擎平台将会围绕着用户和商家的需求，不断优化产品，提升应用体验。SEO 工作也将不断迎合搜索引擎的运算规则，向着个性化、专业化、智能化的方向发展。

1．个性化

个性化搜索是指搜索引擎先识别用户的个性化特征，得到用户的个性化标签，然后利用已有的信息资源和用户标签进行匹配，最后提供满足用户需求的信息内容。可见，这种技术能够大大提升搜索引擎的服务质量。

个性化搜索的本质就是帮助用户找到最需要的产品或信息，同时也给更多商家展示的机会，使搜索流量分布更合理。例如，职员 A 喜欢辣味的小吃，属于大众消费水平，职员 B 喜欢清淡口味的小吃，属于中高等消费水平。A 和 B 都通过百度搜索关键字"特色小吃"，如果百度推送给他们相同的搜索结果，那么就会出现两者都不满意或只有一人满意的情况。如果百度根据 A 和 B 需要的口味进行个性化展现，那么 A 和 B 的满意度都会提升，商家也得以精准匹配潜在客户。此时，用户和商家通过搜索引擎平台完成良好的对接。

2．专业化

专业化搜索是指搜索引擎提供专注于特定领域信息的搜索服务，比如旅游搜索、房产搜索、人才搜索、同城搜索等。这种专业的搜索服务可以使用户更有效、更快捷地搜寻到所需要的信息。很多搜索引擎提供的信息具有"多而全"的特点，大量信息是用户不需要的，用户真正需要的仅是特定的部分信息。专业化搜索提供的信息具有"少而精"的特点，能够快速、准确地满足用户的需要。

3．智能化

智能化搜索是一种结合人工智能技术的搜索引擎服务。随着大数据及虚拟信息技术的应用，智能化搜索将是未来发展的重点方向。智能化搜索除了能提供传统的快速检索、排序功能外，还能提供用户角色登记、用户兴趣自动识别、语音识别、智能信息化过滤等功能，并以多维立体、虚拟成像技术等手段向用户展示搜索结果。这种搜索服务可以使用户在视觉、听觉、触觉等方面感受到搜索结果。

尝试在百度搜索一些特定的关键字，就可以体验一些特效。比如，在百度搜索框中输入"摇一摇"后，就会出现网页界面左右摇动的特效；在搜索框中输入"Duang"后，整个电脑屏幕就会震动起来；在搜索框中输入"打雷"后，电脑就会发出打雷的声音，非常逼真；在搜索框中输入"黑洞"后，电脑屏幕上会出现桌面内容被吸进黑洞的特效，如图3-5 所示。

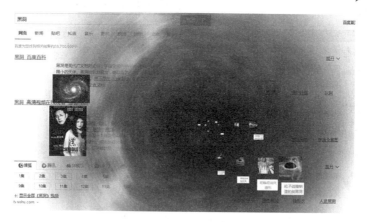

图 3-5　百度搜索"黑洞"显示的特效

视频：百度神灯搜索。

通过观看视频，对未来搜索引擎发展趋势能有更深刻地认识。

扫一扫

3.3　SEO 利益均衡理论

搜索引擎是提供搜索展现的服务平台，主要承载用户和商家两个主体。在搜索结果的排名算法中，经常会考虑用户、商家以及平台自身的利益。当利益发生冲突时，搜索引擎就需要均衡各方的利益诉求，使排名结果尽量满足利益各方的需求。这就是 SEO 利益均衡理论的基本内容。

SEO 利益均衡理论是 SEO 工作的理论基础。通过了解各方的利益诉求，可以从一定高度理解搜索结果排名的依据，为 SEO 人员指明优化的方向。本节主要介绍用户、商家和平台的利益诉求。

3.3.1　用户诉求

用户使用搜索引擎查找信息时，希望能够简单、快速、准确地找到所需的相关信息。因而，搜索引擎需要围绕用户的这些诉求优化产品。

1. 简单

搜索引擎要留住用户，应该是把"复杂"留给自己，"简单"留给用户。从搜索引擎的角度看，针对用户的每一次搜索，都会调动全部的服务器资源为这次搜索进行运算，而且算法复杂、规则众多。对于用户端使用搜索引擎查找信息，只需要输入关键字，单击搜索，操作尽可能简单，无需掌握太多的搜索知识也可以轻松驾驭搜索引擎。

2. 快速

用户发出搜索请求后，都期望能够得到搜索引擎的快速回应。如果从用户发出请求到结果展现耗时过长，就会使体验降低，很可能导致用户流失。通常，在用户发出请求之前，搜索引擎尽可能把准备工作提前完成，以便满足用户快速获取信息的要求。一般情况下，用户获得搜索结果的时间以毫秒来计算。

3. 准确

搜索引擎提供的查询结果要尽可能与用户的需求相匹配，匹配度越高，用户的体验越好。比如，用户在百度上搜索"SEO 学习资料"，如果搜索引擎展现给用户的资料与学习 SEO 的内容不相关，就有可能导致用户日后放弃对百度的使用。

3.3.2　商家诉求

商家希望通过搜索引擎能够公平地将信息或产品展现给更多的目标客户，产生更大的销量或提高品牌知名度，并获得一定利润。因而，搜索引擎需要照顾商家的诉求才能留住商家。一般的诉求主要涉及公平的竞争环境、流量、转化率以及盈利等。

1. 公平的竞争环境

互联网是一个开放的、公平的平台，任何个人或企业都要遵守统一的规则，大家在互联网中都是平等的。搜索引擎作为信息入口之一，就要建立一个公平、公正、公开的规则体系，保证不同的主体都能够在公平的环境下竞争。

2. 流量

商家希望通过搜索引擎让目标客户在互联网中"发现自己"，关键是提升网站的访问流量。流量多了，也意味着信息或产品被展现给更多的人，同时还要注意流量的有效转化。

3．转化率

以商家通过网站销售产品为例，通俗地讲，转化率就是浏览网站的准客户有多少产生了购买行为。如果浏览网站的人很多，但是很少产生订单，那么这种流量对商家的意义不是很大。

4．盈利

能够盈利是企业经营的主要目的。如果企业进行持续的 SEO 投入，却不能产生任何效果，那么会导致 SEO 投入逐渐减少或彻底放弃。但是，SEO 工作不是一蹴而就、立刻得到回报的，这需要企业坚持不懈、持之以恒地对 SEO 工作进行投入。

3.3.3　平台诉求

搜索引擎是连接用户和商家的平台，为用户和商家提供多种服务。搜索引擎提供这些服务的主要目的就是取得利益的同时兼顾自己长远的发展。

1．取得利益

这里的利益主要包含营业收入和品牌价值、社会声誉等方面。提供搜索引擎服务的平台一般都是企业，都需要支出费用、取得营业收入以及其他利益。搜索引擎的运营企业只有在获得一定收入的基础上，才能够持续为用户和商家提供更多高品质的服务，也才能不断良性发展。

2．长远发展

企业能够长远发展，是每一个企业经营者的愿望。搜索引擎领域的竞争也非常的激烈，各家平台都需要不断创新、不断完善，在提升用户体验和助推商家进步中，取得自身的长远发展。

总之，SEO 利益均衡理论可以描述为如图 3-6 所示的模型。

网站优化人员应该熟练掌握 SEO 利益均衡理论模型，在分析问题时，能够从一定的高度解析某些现象，并找到解决问题的关键。比如，某网站的 SEO 人员曾抱怨：对比自己优化的网站，为什么一些看似没有做任何 SEO 工作的网站，却排名更靠前？SEO 到底有没有规律可循？经过比较后发现，部分网站加入了百度网的"商家服务承诺保障计划协议"，这就直接导致网站的搜索排名直线上升。从用户的角度看，他们也更相信加入"保障协议"的商家，这也符合搜索引擎的偏好，而百度网在收取商家一部分费用后，也优先推广这些网站。

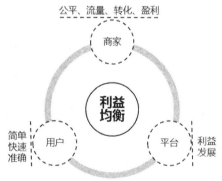

图 3-6　SEO 利益均衡理论模型

【知识拓展】百度网的"商家服务承诺保障计划协议"

商家服务承诺保障计划是百度网联合商家为网民提供的承诺服务。商家如未履行相关承诺，百度注册用户可通过百度保障平台申请保障赔付。商家服务承诺保障计划申请的网址为 http://baozhang.baidu.com。该服务包括：诈骗保赔、正品保证、N 天退换货、随时退、N 天达、闪电发货、先验后付等。现以诈骗保赔服务为例，介绍相关内容。

诈骗保赔服务是商家特别向百度注册用户(以下称"用户")提供的特色服务之一：用户在百度账号登录状态下，点击百度搜索结果中带有"诈骗保赔"标识的网站(如图 3-7 所示)，商家承诺交易具有安全性。如发生假冒官网或假冒行政许可资质，存在收款后无故不提供商品/服务或跑路行为，致使用户遭受直接经济损失的，商家将全额赔偿用户。商家如未遵守其承诺保障，用户可通过百度保障平台申保，并提交充足的证据，如百度判定商家违反承诺，将从商家向百度交纳的保证金中代商家赔偿用户的直接经济损失。赔偿标准为：用户因欺诈导致的直接经济损失，单笔最高不超过 10 万元。本保障规则仅限于百度注册用户申保。

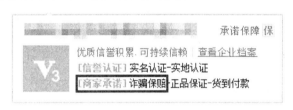

图 3-7　百度搜索结果中"诈骗保赔"服务标识

3.4　常用 SEO 工具简介

SEO 工具可以帮助我们评估优化的工作成果，对目标网站进行一系列的诊断。此类软件一般是网页版，无需下载，操作简单。通过 SEO 工具，用户可以进行网站排名查询、关键字查询、链接查询、网站诊断查询、综合查询等操作。

3.4.1　网站排名查询工具

网站排名是指运用特定的工具根据一定的指标对各网站进行排名的一种行为。人们查询某网站的排名时，经常使用 Alexa 排名工具和中国网站排名工具。

1. Alexa 排名工具

Alexa 排名是由 Alexa 公司发布的网站世界排名，包括综合排名、到访量排名、页面访问量排名等多个评价指标。用户查询 Alexa 排名的网址是 Alexa 公司的官网——http://www.alexa.com/。Alexa 公司每三个月公布一次新的网站综合排名。该排名主要依据网站的用户链接数和页面浏览数在三个月内累积的几何平均值。

1997 年，Alexa 公司发布了 Alexa 工具条，将其嵌入到微软的 IE 浏览器中。当用户访问每个页面时都会发回一串代码，通过代码可以获得用户浏览的相关信息。Alexa 公司就是把这些信息作为网站排名的依据。因为不是每台电脑都安装了 Alexa 工具条，所以 Alexa 排名对于流量低的网站，会出现排名查不到或不精确的情况。目前 Alexa 公司仍然是拥有网址链接数量最多、排名信息发布最详尽的网站，很多人依然把 Alexa 排名作为较为权威的网站访问量评价指标。

目前，大部分人还是习惯使用第三方网站引用 Alexa 官网的数据查询 Alexa 排名。比如，通过站长之家网站(www.chinaz.com)提供的"站长工具"就可以查询到淘宝网的 Alexa 排名，结果如图 3-8 所示。

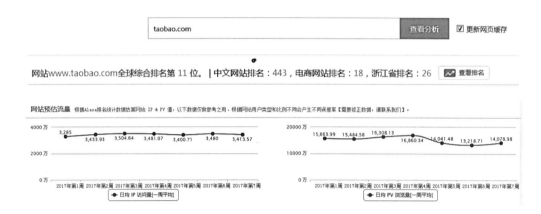

图 3-8　查询淘宝网的 Alexa 排名

2．中国网站排名工具

中国网站排名网的网址为 www.chinarank.org.cn。中国网站排名网是基于中国网站排名工具条和其他合作数据平台采集、统计、计算及发布网站的流量，对在中国注册的网站和部分在中国运营的外国网站进行排名。中国网站排名网还定期聘请国内权威技术专家和网民代表组成"中国网站排名"专家咨询委员会，负责审定计算排名技术方案与排名分析研究报告，以保证排名结果全面、公正和有效。

仍以淘宝网为例，通过中国网站排名网查询淘宝网的排名，其综合排名结果如图 3-9 所示。

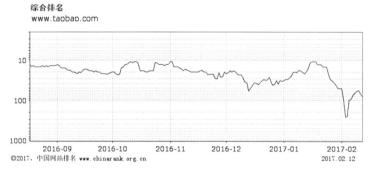

	当前	一周平均	三月平均
排名	82	74	36
独立访问者（人/百万人）	44229	35934	52768
人均页面浏览量（页/人）	1.3	1.2	3.2

图 3-9　中国网站排名网查询淘宝网排名

比较图 3-8 与图 3-9 可以看出：虽然查询的都是淘宝网，但两个网站给出的有关淘宝网的流量和排名名次数据却相差很大。同理，如果要比较多个网站的排名，需要在同一个排名网查询才更显客观。另外，查询工具给出的网站排名不一定十分精确，尤其是针对一些流量较小的网站。

【知识拓展】站长之家简介

站长之家成立于 2002 年 3 月，专注于基础网络服务，是中国最大的中小网站站长与互联网创业者交流平台。截至 2013 年 10 月，网站已拥有超过 150 万的注册用户，覆盖了网站站长、互联网从业者、行业中高层技术管理人员、搜索引擎优化从业人员、网页设计人员以及创业者等多个不同领域的用户。

站长之家的旗下业务主要包括以下几种：

1. 站长工具

站长工具是网站站长的必备工具。站长工具具有检测 SEO 数据变化、检测网站死链接、蜘蛛访问、检测 HTML 格式、测试网站速度、检查友情链接、查询网站域名 IP、查询页面权重、查询 Alexa 排名等多项功能。

2. 源码下载

网站提供最新、最全免费网站源码下载(asp 源码、php 源码、.net 源码)、源码动态、使用教程和源码评测等功能。网站致力于为站长推介有价值的源码，为开发者宣传源码作品。

3. 站长论坛

网站为用户提供一个交流网站建设、提升网站流量、经营网站模式、交换网站链接以及利用网站赚钱与创业的网络平台。

4. 站长素材

网站为用户提供字体下载、高清壁纸、简历模板、矢量素材、PPT 模板等多种素材。

站长之家是一个非常实用的 SEO 工具，它同时还提供了资讯、电商、建站、创业、运营、设计等多个专业项目，为用户提供多样化的服务。

3.4.2　关键字查询工具

一个网站要取得较好的查询结果排名，需要包含大量的关键字。不同的用户查询信息，可能会集中于某些关键字，用户对不同的关键字可能有不同的偏好。如果把这些关键字分析出来，在页面中以合适的方式体现，就会提高网站的曝光率。我们通常可以使用关键字查询工具挖掘与分析关键字。

常用的关键字查询工具有：爱站网 (http://ci.aizhan.com/)、站长之家网站 (www.chinaz.com)、去查网(www.7c.com)等。这些网站都提供了关键字查询功能。比如，用户可以通过站长之家的专门页面(http://tool.chinaz.com/baidu/words.aspx)或去查网页面(http://www.7c.com/keyword/)，很方便地挖掘与分析关键字。

如果用户要查找与"SEO"相关的关键字，则在站长之家网站依次进入"站长工具—SEO 相关—百度相关—关键词挖掘"页面，在搜索框中输入"SEO"，单击"查询"即可，查询结果如图 3-10 所示。

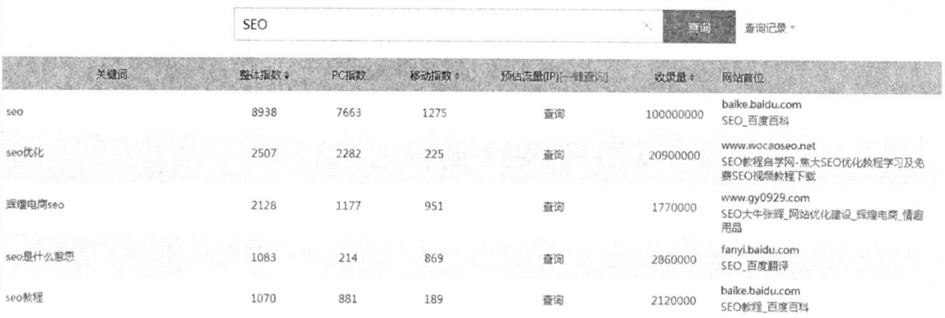

关键词	整体指数	PC指数	移动指数	预估流量(IP)[一键查询]	收录量	网站首位
seo	8938	7663	1275	查询	100000000	baike.baidu.com SEO_百度百科
seo优化	2507	2282	225	查询	20900000	www.wocaoseo.net SEO教程自学网-焦大SEO优化教程学习及免费SEO视频教程下载
辉煌电商seo	2128	1177	951	查询	1770000	www.gy0929.com SEO大牛张辉_网站优化建设_辉煌电商_情趣用品
seo是什么意思	1083	214	869	查询	2860000	fanyi.baidu.com SEO_百度翻译
seo教程	1070	881	189	查询	2120000	baike.baidu.com SEO教程_百度百科

图 3-10　关键字“SEO”的查询结果

用户通过图 3-10 可以了解到与“SEO”相关关键字在百度的搜索情况。用户还可以分析挖掘到的关键字，以便了解关键字优化的难易程度。仍以站长之家网站为例，在关键字“SEO”的查询结果页面，点击“关键词优化分析”，即可得到分析关键字的页面。关键字“SEO”的分析结果如图 3-11 所示。

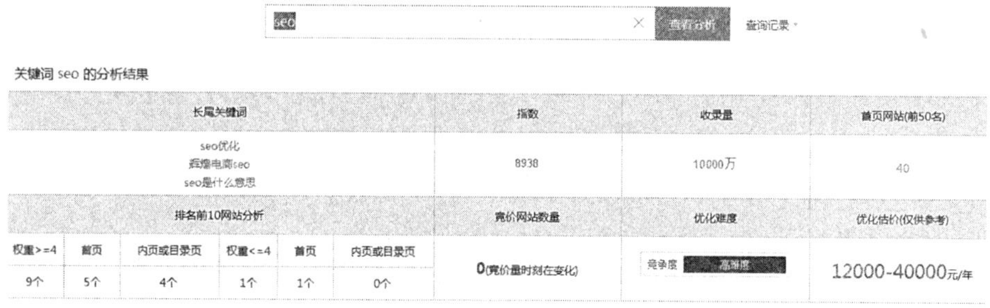

长尾关键词						指数	收录量	首页网站(前50名)
seo优化 辉煌电商seo seo是什么意思						8938	10000万	40
排名前10网站分析						竞价网站数量	优化难度	优化估价(仅供参考)
权重>=4	首页	内页或目录页	权重<=4	首页	内页或目录页	0(竞价量时刻在变化)	竞争度 高难度	12000-40000元/年
9个	5个	4个	1个	1个	0个			

图 3-11　关键字“SEO”的分析结果

用户还经常使用关键字查询工具检索关键字的排名，即查询指定网站的关键字在百度的排名情况。常用的查询工具是站长之家网站。用户进入该网站点击“站长工具”，然后在打开的页面中依次选择“SEO 查询—关键词排名查询”。站长之家提供了三种关键字排名查询功能：百度关键词排名、360 关键词排名和百度关键词地区排名。用户可以根据需要自行选择合适的功能。

以搜索关键字“英谷教育”为例，查看 www.121ugrow.com 网站在百度搜索结果中的排名情况，结果如图 3-12 所示。

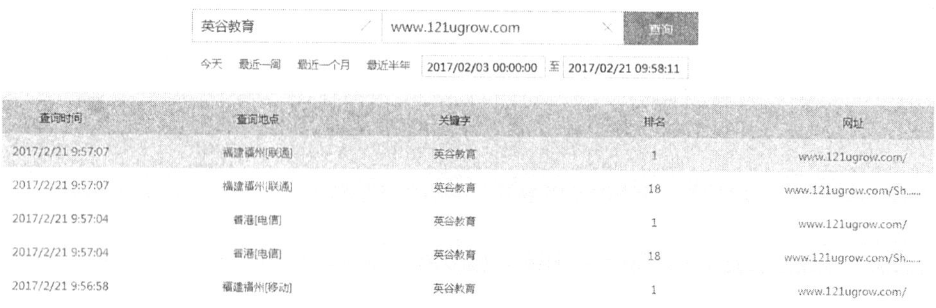

查询时间	查询地点	关键字	排名	网址
2017/2/21 9:57:07	福建福州[联通]	英谷教育	1	www.121ugrow.com/
2017/2/21 9:57:07	福建福州[联通]	英谷教育	18	www.121ugrow.com/Sh......
2017/2/21 9:57:04	香港[电信]	英谷教育	1	www.121ugrow.com/
2017/2/21 9:57:04	香港[电信]	英谷教育	18	www.121ugrow.com/Sh......
2017/2/21 9:56:58	福建福州[移动]	英谷教育	1	www.121ugrow.com/

图 3-12　关键字“英谷教育”的排名情况

3.4.3　链接查询工具

网站链接分为内部链接和外部链接。内部链接是指某网站内部页面间的连接关系；外部链接是指外部网站指向网站页面的连接关系。链接查询是指通过特定的工具查询网站页面链接的相关情况。其中，网站收录查询工具和链接权重查询工具最为常用。

1．网站收录查询工具

如果某网站没有被搜索引擎收录，那么该网站就无法展现在搜索结果中。用户可以通过网站收录查询工具，查询某网站是否被搜索引擎收录。比如，用户可以进入站长之家网站，点击"站长工具"，然后选择"SEO 查询"中的"收录查询"项。目前，站长之家提供了百度收录查询和 360 搜索收录查询两种工具。以 www.121ugrow.com 网站为例，查询其被百度收录的情况，结果如图 3-13 所示。

图 3-13　www.121ugrow.com 收录的查询结果

2．链接权重查询工具

链接权重是指搜索引擎根据网站页面链接的情况，赋予一定的值，来判断页面的重要性。搜索引擎赋予某页面的权重值越大，说明页面越重要，搜索排名越靠前。不同的搜索引擎对链接权重的称呼不同，如谷歌称其为 PR 值，百度称其为百度权重，360 搜索称其为 360 权重。

比如，使用站长之家网站查询链接权重时，用户进入站长之家网站，选择"站长工具"，在"站长工具"选项的下拉框中提供了两种查询链接权重的工具：百度权重查询和 Google PR 查询。用户点击"百度权重查询"进入页面后，发现该工具可以提供多个不同的搜索引擎权重以及综合权重查询。以新浪网为例，查询其首页链接在百度移动端的权重，结果如图 3-14 所示。

图 3-14　新浪网首页链接权重查询结果

3.4.4　综合查询工具

顾名思义，综合查询就是通过一定的方式、方法对某网站的多种信息进行查询的一种行为。我们可以使用特定的工具查询某网站在各搜索引擎的信息，诸如被搜索引擎收录的情况、关键字排名、域名备案情况等。网站管理者只有在了解这些信息的基础上，才能有针对性地实施优化措施。

比如，使用站长之家网站提供的综合查询工具时，用户进入站长之家网站，选择"站长工具"，在"站长工具"选项的下拉框中点击"SEO 概况查询"，即可进入到"SEO 综合查询"页面。以新浪网为例，使用 SEO 综合查询工具分析该网站，结果如图 3-15 所示。

图 3-15　新浪网 SEO 综合查询结果

3.4.5　网站诊断工具

网站诊断是通过一系列指标和方法对网站进行综合诊断，以便能够发现网站优化的问题，以及提出可行的优化方案。网站诊断主要针对网站的搜索引擎友好性和用户体验两个方面。网站诊断通常采用综合诊断的方式，即采用多个指标综合判定网站的整体分值，以及需要优化调整的项目。常用的网站诊断工具是搜外网 SEO 工具大全(http://tool.seowhy.com/)中的"SEO 诊断"工具。该工具组中包括 SEO 综合诊断、死链接检测、友情链接检测等多种工具。

以新浪网为例，使用 SEO 综合诊断工具分析该网站，结果如图 3-16 所示。

图 3-16　新浪网的诊断结果

本 章 小 结

❖　SEO 的中文意译为"搜索引擎优化"。利用 SEO 技术，网站管理者对网站的内部和外部进行优化，提高网站关键字的搜索结果排名，获得更多的免费流量，使更多的目标客户访问网站，从而产生直接的销售或品牌的推广。

❖　SEO 工作的核心主要体现在两个方面：一是提升用户体验；二是提升搜索引擎友好性。

❖　搜索引擎是提供搜索展现服务的平台，承载着用户、商家和平台三个主体。其中，用户使用搜索引擎查找信息时，希望能够简单、快速、准确地找到自己需要的相关信息；商家希望通过搜索引擎能够公平地将信息或产品展现给更多的目标客户，产生更大的销量或提升品牌的知名度，并获得一定利润；搜索引擎是连接用户和商家的平台，为用户和商家提供多种服务，其主要目的是取得利益和长远发展。三者之间需要满足各自的利益诉求，才能使搜索引擎达到一种均衡发展的状态。

❖　未来的 SEO 市场，将是一个透明的、竞争激烈的市场。搜索引擎平台将会围绕着用户和商家的需求，不断优化产品，提升应用体验。企业网站优化也将不断迎合搜索引擎的运算规则，向着个性化、专业化、智能化的方向发展。

❖　SEO 工具是针对搜索引擎优化的查询、诊断为主的网站或软件等。软件一般是网页版，无需下载，操作简单。通过网站工具，用户可以进行网站排名查询、关键字查询、链接查询、网站诊断查询、综合查询等操作。

本 章 练 习

一、填空题

1. SEO 的中文意译为＿＿＿＿＿＿＿＿＿＿＿＿＿＿＿＿＿。

2. 利用 SEO 技术，网站管理者对网站的＿＿＿＿＿和＿＿＿＿＿进行优化，提高网站＿＿＿＿＿的搜索结果排名，获得更多的＿＿＿＿＿，使更多的目标客户访问网站，从而产生直接的销售或品牌的推广。

3. SEO 工作的核心要素主要体现在＿＿＿＿＿和＿＿＿＿＿两个方面。

二、应用题

1. 使用站长工具，查询"新浪网"的 Alexa 排名。

2. 使用爱站网关键字挖掘工具(http://ci.aizhan.com/)，查询与关键字"应用型人才"相关的搜索。

3. 使用站长工具，查询"淘宝网"的百度权重值和 360 权重值(PC 端与移动端)，并查询"淘宝网"的收录情况。

4. 使用站长工具，查询"优酷网"的 SEO 综合信息。

5. 使用搜外网 SEO 工具大全(http://tool.seowhy.com/)中的"SEO 诊断"工具，查询"搜狐网"的 SEO 诊断信息。

三、简述题

1. 简述 SEO 的主要应用及优缺点。

2. 简述 SEO 利益均衡理论。

3. 简述 SEO 的发展趋势。

第4章 SEO 准备工作

本章目标

- 了解域名的分类
- 熟悉域名注册的规则与流程
- 掌握域名优化的注意事项
- 了解网站空间的类型
- 掌握选择网站空间的注意事项
- 了解网站备案的资料及流程
- 熟悉网站备案的好处
- 掌握百度站长平台的使用方法

网站上线之前，网站管理者需要为网站运行准备各项工作，如：域名注册、网站空间选择、网站备案等。本章主要介绍网站运行前的各类准备工作，以及与搜索引擎优化之间的联系。

4.1 域名

域名也称网址，是用户通过计算机网络登录网站的地址。由于 IP 地址是存储网站服务器的原始地址，且 IP 地址以纯数字形式表示，难以记忆，所以因特网上一般用域名来代替 IP 地址。通俗地讲，域名是企事业单位、公司、个人等在因特网上的名称，相当于其在网络上的名字，用户可以通过域名便捷地登录相应网站。

某公司要在网络上建立自己的网站，须先申请并取得一个域名。域名是一个网站的入口，也是用户和搜索引擎访问网站的必经之路。域名具有唯一性，用户必须向特定机构申请注册才能获得域名。

4.1.1 域名的分类

域名由两个或两个以上的词构成，中间用点号分隔开。同一域名按不同的分类方式有不同的称呼。常用的域名分类方式主要有三种：按语种划分、按用途划分和按级别划分。

1．按语种划分

按不同的语种，域名可分为英文域名、中文域名和其他语种域名。

1) 英文域名

英文域名由若干个从 a 到 z 的英文字母、0 到 9 的 10 个阿拉伯数字及英文输入状态下的"_""."符号组成。英文域名不能使用其他标点符号，并且不区分字母的大小写。比如：青岛英谷教育科技股份有限公司官网的域名为 www.121hyg.com。

2) 中文域名

由中国互联网络信息中心(China Internet Network Information Center，CNNIC)提供的中文通用域名有四种格式，分别为"中文域名.cn""中文域名.中国""中文域名.网络""中文域名.公司"。

由国际互联网名称与数字地址分配机构(The Internet Corporation for Assigned Names and Numbers，ICANN)提供的中文国际域名格式为"中文域名.com""中文域名.net""中文域名.org"等。

2000 年以后，中国互联网发展迅速，曾经出现了"3721 中文网络实名"。它帮助大家记住复杂的域名，用户只需在浏览器地址栏中输入中文名称，就可以直达企业网站或者找到企业产品。但是此类功能需要在浏览器中安装插件才能实现，插件的安装又带来很多不便，所以导致用户数的持续减少，进而最终淘汰了这种上网方式。

3) 其他语种域名

其他语种域名一般在使用此种语言的相应国家使用，如日文域名、德文域名、俄文域名。其提供域名的服务机构与中文域名机构类似。

2．按用途划分

企事业单位或个人因建站诉求、用途不同，导致域名的类别也不同。我们通常可以根据域名的后缀来区分网站的不同属性。国际上制定了统一的域名后缀规则。不同的域名后缀代表不同的用途，主要有以下几种：

".com"用于商业机构或公司；

".net"用于网络服务；

".org"用于组织团体或协会；

".gov"用于政府部门；

".edu"用于教育机构；

".mil"用于军事领域；

".int"用于国际组织；

".cc"　无限制；

".tv"　无限制。

3．按级别划分

从域名的层级角度考虑，一般把域名分为顶级域名、二级域名和三级域名。

1) 顶级域名

域名中最右边的后缀标注了此域名的层级，它也被称为域名后缀。顶级域名又分为国家顶级域名和国际顶级域名两种。

(1) 国家顶级域名。

全球 200 多个国家按照国际标准化组织的 ISO3166 国家代码分配了顶级域名。例如，中国的顶级域名是".cn"，美国的顶级域名是".us"，日本的顶级域名是".jp"等。

(2) 国际顶级域名。

常见的国际顶级域名主要有三个：".com"".net"和".org"。国际顶级域名在世界范围内通用，其中".com"顶级域名的注册用户最多，同时可用的域名资源相对较少。目前，大多数域名的所有权争议发生在".com"的顶级域名下。

为了加强域名管理，解决域名资源紧张的问题，Internet 协会、Internet 分址机构及世界知识产权组织 WIPO 等国际组织经过广泛协商，在原来三个常用国际通用顶级域名的基础上，新增加了七个国际通用顶级域名，并在世界范围内选择新的注册机构受理域名的注册申请。如：".firm"　突出表示公司企业属性；".store"　突出表示销售公司或企业属性；".web"突出表示 WWW 活动的单位；".arts"突出表示文化、娱乐活动的单位；".rec"突出表示消遣、娱乐活动的单位；".info"表示提供信息服务的单位；".nom"表示个人属性。

2) 二级域名

二级域名是指顶级域名左边的部分。在国际顶级域名下，二级域名是指域名注册人的网上名称，比如，"sina.com"的二级域名是"sina"，表示新浪网的名称；在国家顶级域名下，二级域名表示注册企业类别的符号，比如，"com.cn"的二级域名是"com"，表示在中国的企业网站。

3) 三级域名

三级域名是指二级域名左边的部分。一般来说，三级域名是免费的(类似"com.cn"的三级域名除外)，没有数量限制，由二级域名所有人自行设置。如"zhidao.baidu.com"的三级域名是"zhidao"，由百度公司自行设置。

顶级域名、二级域名和三级域名的示意图如图 4-1 所示。

此外，按域名级别划分的域名中，域名左边的部分一般称为该域名的子域名。如二级域名是顶级域名的子域名，三级域名是二级域名的子域名。子域名根据技术含量的多少分为二级子域名、三级子域名以及多级子域名。

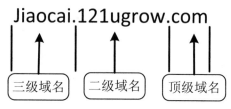

图 4-1　按级别划分域名的示意图

4.1.2　域名注册的规则

域名在网络上是一种相对有限的资源，企事业单位或个人注册域名时，必须遵循一定的规则。比如，域名包含的有效字符、域名的有效长度、申请人的资质等，都有一定的规定。

1．域名字符

英文域名字符包含：26 个英文字母、0～9 的阿拉伯数字、英文输入状态下的"_"连词符。其中，字母的大小写没有区别。除了这些字符以外，其他的字符不能出现在域名中，如"#、%、*、&、—"等。

2．域名长度

域名的长度最高为 67 个字符，且每个层次最高不能超过 22 个字符。在国内域名中，三级域名长度不得超过 20 个字符。

3．申请人资质

大多数注册域名的申请人提供身份证或企业相关信息即可注册，部分特别的域名需特殊机构才能注册。如，"gov.cn"只有政府机构才能注册，"edu.cn"只有教育机构才能注册。

4．域名抢注

域名注册管理认证机构对申请者的申请是否违反了第三方的权利不进行任何实质性审查，且每个域名的唯一性导致了域名注册采用的是"先到先得"的抢注方法，即谁先注册谁先拥有。

5．域名注册机构

域名注册机构是一个商业组织，由互联网名称与数字地址分配机构(ICANN)或一个管理国家代码顶级域名的注册局委派，在特定的域名注册数据库中管理互联网域名，向公众提供注册域名的服务，并负责提供域名解析、域名变更过户、域名续费等各项操作。

不同后缀的域名由不同的注册管理机构管理。如要注册不同后缀域名，则需要联系被授权的顶级域名注册服务机构。如".com"域名的管理机构为 ICANN(互联网名称与数字地址分配机构)；".cn"域名的管理机构为 CNNIC(中国互联网络信息中心)。若注册商已经通过 ICANN、CNNIC 双重认证，则此注册商可提供所有的注册服务。目前国内大部分域名注册机构均通过了 ICANN、CNNIC 双重认证。

4.1.3　域名注册的流程

注册人需要在特定机构注册域名，才能够正常使用。域名注册的流程为：准备资料，寻找注册机构，查询域名，正式申请，申请成功。

1．准备资料

注册人需要先准备申请资料。多数情况下，人们注册域名需要的申请资料大同小异，即提供个人身份证或企业营业执照等资料的扫描件，并且要保证扫描的清晰度。

2．寻找注册机构

国内外有很多提供域名注册服务的机构，例如万网(http://www.net.cn)。万网成立于1996 年，是中国较早的互联网应用服务提供商，是经过 ICANN、CNNIC 双重认证的域名注册机构。另外，还有其他域名注册机构通过了 ICANN、CNNIC 双重认证，比如中国互联、新网、西部数据等。

3．查询域名

申请人员需要在域名注册机构网站上查询所申请域名是否已被注册，挑选一个未被注册且与网站有一定相关性的域名。已被注册的域名属于其他注册人的资产。例如，在万网上查询"121ugrow"的注册信息，显示的结果如图 4-2 所示。

图 4-2　域名注册信息查询

4．正式申请

申请人员查询到预注册域名处于未被注册状态，则可以直接在查询网站上提交申请，根据网页的提示信息填写相应资料，并缴纳费用。

5．申请成功

申请人员完成缴费后，预注册域名则申请成功。域名申请成功后，即可进入域名管理后台进行域名解析、设置解析记录等操作。

扫一扫

视频：域名注册流程。

通过视频的学习，了解域名注册的流程，以及注册域名时需要注意的问题。

4.1.4　域名优化的影响因素

网站优化工作开始之前，应规划设计好网站的域名。域名的长度、名称、时间等方面的因素会对网站产生重要的影响，设计好这些因素是网站优化的基础工作。

1．域名长度

域名较长，会增加记忆的难度，输入也较为繁琐，容易影响应用体验；短域名更有利于网站推广，方便用户记忆。搜索引擎也更喜欢抓取长度较短的域名。但是，许多有意义的短域名已经被人抢先注册。即使如此，网站管理人员注册的域名依然要尽可能地倾向于简短。

2．域名名称

网站的域名与其主题相关。网站管理人员首先要定位好网站的主题，根据主题选择与之相关的域名。尽量当用户看到域名后，就能基本了解网站是做什么的，可以直观地了解其所处的行业。比如，通过域名 www.ganji.com，很容易知道该网站是"赶集网"；通过域名 www.music.com，很容易知道该网站内容与音乐相关。域名名称与网站主题相关性强，也会增加网站在搜索引擎中的权重。

3．域名注册时间

在一定程度上，域名的注册时间越长，越能提升域名的可信度。域名的注册时间越早，也就越能增加网站在搜索引擎中的权重。比如：2000 年注册的某个域名与 2017 年注册的某个域名相比，前者对搜索引擎来说更具有可信度。

4．域名使用时间

域名使用时间是指某个域名与某个网站绑定后，该网站的运营时长。比如，某个域名被使用了 10 年，但在这 10 年期间，该域名曾不断更换指向的目标网站，那么搜索引擎会认为该域名的可信度较低，指向不稳定，权重要相应降低。

5．域名过期时间

域名过期时间是指到某个时间点后，域名将无法继续使用。搜索引擎认为到期时间晚的域名比到期时间早的域名更重要。比如，两个域名都注册于 2006 年，一个的到期时间是 2017 年，另一个的到期时间是 2020 年，那么搜索引擎会认为 2020 年到期的域名更重要。

SEO 人员可以通过特定的工具查询某个域名的注册时间和过期时间。比如，站长之家网站提供的 whois 查询工具。以新浪网的域名 www.sina.com.cn 为例，使用 whois 工具查询其域名注册时间和过期时间，结果如图 4-3 所示。

图 4-3　域名 whois 查询结果

6．域名后缀

域名后缀是指代表一个域名类型的符号，不同后缀的域名表示不同的含义。一般情况下，以 ".edu"".gov"".org"(非营利机构)等为后缀的域名在搜索引擎中权重较高。比如，北京大学(www.pku.edu.cn)与新浪网(www.sina.com)网站，新浪网的流量要远远超过北京大学网站的流量，但查询两个网站的百度权重值却是相同的，查询结果分别如图 4-4 和图 4-5 所示。

图 4-4　北京大学网站百度权重值查询结果

图 4-5　新浪网百度权重值查询结果

7. 子域名

子域名也称二级域名。一般来说，大型综合网站有多个频道，重要的频道一般都设置子域名，比如，百度网的百度知道(zhidao.baidu.com)、百度百科(baike.baidu.com)、百度经验(jingyan.baidu.com)等频道。从用户的角度看，子域名更容易被记忆；从搜索引擎优化的角度看，其更重视绑定了子域名的频道。因此，网站管理人员对一个网站中的重要频道设置子域名，可以有效提升用户使用体验，提高搜索引擎友好性。需要注意的是，一个网站可以绑定多个子域名，绑定子域名的工作可以在域名注册机构的后台进行操作。

总之，上述影响域名优化的因素仅是决定网站排名的各种因素中的一部分，SEO 人员若想做好网站的搜索引擎优化工作，就要在每一个细节上多下工夫。

【知识拓展】"真假开心网"之争尘埃落定　开心网赢了官司输了市场

2008 年 3 月，从新浪高管位置辞职的程炳皓创办北京开心人信息技术有限公司(以下简称开心人公司)，开发了开心网(kaixin001.com)。开心人公司在注册域名时发现，kaixin.com 域名已被他人注册，于是开心网的域名成了 kaixin001.com。

作为一种新型社交网站，开心网(kaixin001.com)凭借"朋友买卖""争车位"等互动游戏产品迅速占领市场。截至当年 9 月份，统计数据显示开心网的流量已经赶上了人人网。短短半年后，开心网注册用户即已突破 500 万人，每日页面浏览量超过 1 亿次，成为国内知名的社交网站。

开心网高速成长，让国内另一家经营社交网站校内网(即如今的人人网)的北京千橡互联科技发展有限公司(以下简称千橡互联公司)感到压力。据透露，开心网迅速蹿红后，千橡互联公司董事长陈一舟曾找到程炳皓，提出以 1 亿元收购开心网，不过遭到程的拒绝。

2008 年 10 月，千橡互联公司推出与开心人公司的开心网(kaixin001.com)在中文名称、服务功能、网站布局、页面设置乃至域名也几乎完全相同的"开心网(kaixin.com)"。后来得知，这个山寨开心网是由千橡互联公司在花巨资购得 kaixin.com

域名后匆匆建起的。

由于两家开心网一时难辨真假，"正牌"开心网注册用户上升趋势明显减缓，大量的用户被误导投奔"假开心网"。

开心人公司后来在向法院提交的诉状称："目前已经转移至千橡旗下人人网的注册用户达 3400 万。"

2009 年 5 月，开心人公司以不正当竞争为由将千橡互联公司告上法庭，要求其停止使用"开心网"网名，停止使用 kaixin.com 域名，赔偿经济损失 1000 万元，公开赔礼道歉，并承担诉讼费用。

此案被称为中国互联网领域反不正当竞争第一案，备受各界关注。北京市第二中级人民法院甚至将此案列为该院 2010 年度十大案件之一。

经过多次开庭审理，2010 年 10 月 26 日北京市第二中级人民法院做出一审判决：认定千橡互联及其关联公司千橡网景侵权事实成立，不得再使用开心网相同或近似的名称，并赔偿开心人公司经济损失 40 万元，驳回开心人公司的其他诉讼请求。

一审判决后，有业内人士认为，开心网赢了官司却输了市场，千橡公司输了官司却捡了个大便宜。千橡公司花 40 万买 3400 万名用户，投入回报率在互联网企业中已经达到相当高的水平。

对于这样的结果，开心网(kaixin001.com)并不甘心。

终审的结果出来后，开心网(kaixin001.com)决定向全国高院提起申诉。

不过，法庭方面支持千橡互联及千橡网景公司方面的答辩意见，根据注册优先的原则，因为域名"kaixin.com"注册在前，所以千橡公司受让并使用"kaixin.com"域名的行为不属于侵权或不正当竞争。

经开庭审理，北京市高院终审驳回了开心人公司要求"kaixin.com"这一域名停用的诉讼请求。

随着二审法院驳回开心网的上诉请求，这场进行了近两年之久"真假开心网"之争终于落槌。

(资料来源：http://finance.sina.com.cn/roll/20110426/02049748852.shtml)

思考题：

1. 注册域名时需要注意哪些问题？
2. 域名对 SEO 的影响因素有哪些？

4.2　网站空间

网站空间(Website Host)是指用来存放网站的文件和资料的空间。网站空间存储的内容包括网站的文字、文档、数据库、页面、图片等。网站建成后，网站所有者要购买或搭建网站空间才能发布内容。网站能否更好地吸引用户的访问和利于搜索引擎的抓取，选择合适的网站空间是非常重要的工作。

4.2.1　网站空间的类型

按不同的分类方式可以把网站空间分成多种类型。通常，划分网站空间的类型有以下三种方式：按网络空间的类型划分、按程序语言划分，以及按空间线路划分。

1．按网络空间的类型划分

按网络空间的类型，可将网站空间分为虚拟主机、VPS、云主机、服务器。

1）虚拟主机

虚拟主机是指在一台运行在互联网上的服务器上划分出一定的磁盘空间，供用户放置站点、应用组件等。每一个虚拟主机都具有独立的域名和完整的 Internet 服务器，支持 WWW、FTP、E-mail 等功能，能提供站点功能、数据存放和传输功能。

2）VPS

VPS 是英文 Virtual Private Server 的缩写，中文译为虚拟专用服务器。VPS 技术是将一个服务器分割成多个虚拟专享服务器的优质服务。每个 VPS 都可分配独立公网 IP 地址，独立操作系统，以便实现不同 VPS 间磁盘空间、内存、CPU(中央处理器)资源、进程和系统配置的隔离，为用户和应用程序模拟出"独占"使用计算资源的体验。VPS 可以像独立服务器一样，重装操作系统，安装程序，单独重启服务器。VPS 为使用者提供了管理配置的自由，可用于企业虚拟化服务器，也可用于互联网数据资源的租用。

3）云主机

云主机整合了计算、存储与网络资源的 IT 基础设施能力租用服务，通过网络以按需、易扩展的方式获得所需的硬件、平台、软件等资源。"云"中的资源在使用者看来是可以无限扩展的，并且可以随时获取，按需使用，随时扩展。付费客户可以通过 Web 界面的自助服务平台部署所需的服务器环境。云主机是新一代的主机租用服务，它整合了高性能服务器与优质网络带宽，有效解决了传统主机租用价格偏高、服务品质参差不齐等问题。云主机可以全面满足中小企业、个人站长用户对主机租用服务低成本、高可靠、易管理的需求。

4）服务器

服务器一般是指一个综合管理资源并为用户提供访问服务的计算机，可分为文件服务器、数据库服务器和应用程序服务器。相对于普通计算机来说，服务器在稳定性、安全性、性能等方面都要求更高，因此 CPU、芯片组、内存、磁盘系统、网络等硬件和普通计算机有所不同。

虚拟主机、VPS、云主机和服务器的区别如表 4-1 所示。

表 4-1　虚拟主机、VPS、云主机、服务器的区别

类别	虚拟主机	VPS	云主机	服务器
费用	低	中	中	高
链接数量	低	中	中	高
安全性	高	视维护人员技术水平而定	视维护人员技术水平而定	视维护人员技术水平而定
开通时间	即时	几小时	几小时	几天
操作系统	主机商决定	自己决定	自己决定	自己决定
IP	共享	一般独立	一般独立	一般独立

续表

类别	虚拟主机	VPS	云主机	服务器
带宽	共享	一般独立	一般独立	一般独立
操作权限	低	中	中	高
管理难度	简单	高	中	高
额外费用	无	无	有	有
拓展性	可升级	可升级	可升级	不可升级

2．按程序语言划分

根据网站空间支持的 Web 语言，可以将网站空间分为 ASP 虚拟主机、PHP 虚拟主机、JSP 虚拟主机、静态空间和全能空间。

1) ASP 虚拟主机

ASP(Active Server Pages)译为"动态服务器页面"，是微软公司开发的一种简单、方便的编程工具。它可以与数据库和其他程序进行交互。ASP 虚拟主机，通俗地说就是支持 ASP 语言开发的虚拟主机。ASP 虚拟主机成本较低，安全性能也较低。

2) PHP 虚拟主机

PHP(Hypertext Preprocessor)译为"超文本预处理器"，是一种通用开源脚本语言。该语法吸收了 C 语言、Java 和 Perl 的特点，主要适用于 Web 开发领域。PHP 虚拟主机，通俗地说就是支持 PHP 语言开发的虚拟主机。PHP 虚拟主机成本较低，高效稳定，可以更快速地执行动态页面。

3) JSP 虚拟主机

JSP(Java Server Pages)译为"Java 服务器页面"，是一种动态页面技术。用 JSP 技术开发的 Web 应用是跨平台的，既能在 Linux 下运行，也能在其他操作系统上运行。JSP 虚拟主机，通俗地说就是支持 JSP 动态页面技术的虚拟主机。JSP 虚拟主机技术为创建显示动态生成内容的 Web 页面提供了一个简捷而快速的方法。

4) 静态空间

静态空间通常是指不带数据库功能开发，不支持网站动态语言开发的网站空间，一般只支持静态网页，如后缀名为.htm 和.html 的页面，也可以支持 VBScript、JavaScript 等脚本语言。

5) 全能空间

全能空间是指既支持静态页面也支持动态页面的网站空间。

3．按空间线路划分

按空间接入光纤的线路，网站空间可分为电信主机、网通主机、铁通主机、双线主机和多线主机。比如，电信主机是指网站空间接入的光纤为电信网络。双线主机是指能实现电信和网通网络自动切换的网站空间。多线主机是指能实现多种接入线路自动切换的网站空间。

4.2.2　网站空间的重要性

网站空间作为网站运行最基础的硬件设施，保证数据不间断地存储和传输是其主要功能。好的网站空间对于网站的影响非常大，可以让网站平稳运行；劣质的网站空间会影响网站的打开速度及浏览体验，可能让网站形同虚设。所以选择合适的网站空间是非常必要的。

从用户体验角度来讲，用户在访问网站时，希望可以快速打开想要浏览的页面，而不愿浪费时间等待网页的打开。网页打开速度过慢，会导致用户的流失。据有关数据统计：一个页面的打开速度在 3 秒以下最为合适。网页的打开速度每超过 1 秒，就会损失 10% 的用户。网站空间运算速度快、带宽大，处理用户浏览页面响应的时间短，用户的体验才更好，才能留住更多用户。

从搜索引擎友好性角度来讲，搜索引擎希望在每次抓取网页内容时，网站空间的服务器都能快速响应。如果搜索引擎在每次抓取时，因网站空间的服务器响应速度慢或者未响应而导致搜索引擎不得不放弃抓取，那么该网站就很容易被搜索引擎屏蔽。

4.2.3　选择网站空间的要点

功能多、服务好、运行稳定、速度快的网站空间会提升网站的用户体验和搜索引擎友好性，但好的网站空间费用相对较高，所以在选择网站空间时要综合考虑。在预算允许的情况下，网站管理人员选择合适的网站空间需要注意以下几个问题。

1．网站空间的大小和类型

网站空间不一定越大越好，过大容易浪费资源，过小又不能满足需要。因此，网站管理者应根据网站实际需要，选择合适的空间大小，一般以近期够用为原则，并为远期的扩展升级留有余量。在网站空间类型方面，虚拟主机的性价比较高，适合小型企业和个人网站使用。对于大型企业，出于业务稳定性和安全等因素的考虑，需要定制网站空间，建议使用云主机的形式。

2．访问速度

访问速度主要由两个因素决定：一是服务器带宽，二是不同运营商的网络互通问题。服务器带宽决定了网页的打开速度，带宽越大，速度越快，承载同时在线的人数越多。一般中小企业的网站只需要 10M 的带宽就能够满足基本需要。

现在国内多家互联网服务提供商(Internet Service Provider，ISP)之间的访问都有很大障碍。电信、联通、教育网之间目前无法实现直接互通。网站管理者在选择网站空间时最好选择能提供多线的空间，常见的是双线和三线空间。

3．同 IP 网站的数量

在同一个 IP 地址下，有时会出现几十个甚至几百个网站经常共用同一个网站空间的情况，因此要注意同一个 IP 地址内网站的数量。不管是从带宽还是从服务器资源方面考虑，共用同一个 IP 地址的网站数量越少越好，太多就会存在一定的安全隐患。比如，同一个 IP 的其中一个网站有安全漏洞，可能会连累其他网站，导致其他网站的访问出现问题。例如，使用站长之家的"站长工具"查询同一个 IP 内网站的数量，如图 4-6 所示。

图 4-6　同 IP 网站数量查询

4．同 IP 网站的质量

如果同一个网站空间内存在大量的垃圾网站，则非常不利于搜索引擎的抓取。假如一个网站作弊，可能会连带整个网站空间里的其他网站都被搜索引擎屏蔽。网站管理者不能对网站空间的去向、用途进行控制，但对网站空间的类别具有选择权。因此，在选择网站空间时，要查询同 IP 网站的质量和类型，避免因其他网站违规而影响到自身。

5．网站空间所在国家

网站管理者在选择网站空间时，物理位置与目标客户的时空距离越近越好。例如，若某网站的目标客户主要集中在中国，则网站空间应该选择国内的服务器，而不应选择国外的服务器。接近目标客户的网站空间不但可以减少用户打开网页的时间，而且也会提高网站在目标国家的排名顺序。

6．是否支持 SEO 常用技术

有些常用的 SEO 技术需要在网站空间上进行设置，如设置 404 页面等。如果网站空间不支持这些技术，就无法给用户提供更好的浏览体验以及吸引搜索引擎抓取网站内容。

7．是否提供数据备份

当网站受到破坏时，数据备份能够最大程度地挽回损失。数据备份的方式分为两种：网站空间自动备份和网站管理者手动备份。当网站空间不能提供自动数据备份服务时，就需要网站管理者经常手动操作备份，避免数据因发生意外而造成损失。

8．网站空间的硬件配置

网站空间的硬件配置主要由网站空间服务器的 CPU 与内存决定。网站空间硬件配置的高低与网站访问量密不可分。一般情况下，可以根据网站的最大在线人数来决定网站空间硬件的配置。如果网站的同时在线人数多，则选择配置相对高的网站空间；如果网站的同时在线人数少，则选择配置相对低的网站空间。

9．网站空间服务商的服务水平

当网站空间因出现故障而不能提供服务时，网站空间服务商需要在短时间内排除故障，使网站正常运行，以避免造成不必要的损失。有实力的网站空间服务商会聘用技术过硬的人员，选择质量好的服务器。当出现问题时，他们能够在短时间内排除故障。所以，网站空间服务商的反应速度以及技术实力是选择网站空间的重要指标。

对于网站空间的选择，很容易被网站管理者忽略，这也是 SEO 工作的重点。如果网站空间出现问题，不但会影响用户对网站的访问体验，而且还会降低搜索引擎对网站的信任度。

【知识拓展】支付宝扛得住双十一 为何扛不住一个机房故障？

吃完饭付不了款；抢到特价商品却眼睁睁看着交易关闭；公共自行车扫码支付失败，只好走着去上班……2016 年 7 月 22 日上午，不少用户发现，支付宝出现故障。不管是买火车票、网上订餐，还是转账、提现，均无法实现。更不可思议的是，上午明明显示转账失败，通过其他方式转账后，下午支付宝就变成了转账成功。看着页面"网络不给力，请稍后再试"的提示，不管你怎么切换网络，重启路由器，结果还是一样。

作为全球最大的第三方支付机构，这不是支付宝第一次不给力。2015 年 5 月 28 日，支付宝因杭州萧山的光纤被挖断而使全国范围系统瘫痪长达 2.5 小时。14 个月后，在阿里巴巴宣称攻克了"服务器资源弹性部署"和"数据中心异地双活"两项技术难题后，此次发生的故障依然持续 2 个多小时。

当支付宝逐渐替代钱包成为人们的随身支付工具时，两个小时的网络中断所影响的人群和支付事项越来越多，而且再度引发专家对支付宝灾备能力的质疑。

很难想象，在一个既非双十一也非节假日的周五，支付宝一个机房的故障竟然导致服务中断持续了 2 个小时。

"出问题的机房在深圳，切流时间长且恢复慢，是有点不太正常。"一位接近支付宝深圳机房的知情人士向《IT 时报》记者透露，这次事故的原因是多方面的，既有机房机件等硬件设施的原因，也有网络故障方面的因素。他举了个例子，支付宝就像是一辆小汽车，运营商提供的高速公路是通的，但小汽车内部出了问题卡在了半路，数据从一个地方送不到另外一个地方。

在 2015 年全球架构师峰会上，阿里巴巴高级系统工程师曾欢(阿里花名为善衡)结合互联网金融业务及系统特性，分享了支付宝的高可用与容灾架构演进，表示支付宝在该方面已进入成熟的青年时期，有快速恢复的容灾能力，可做到同城内数据中心之间，甚至城市和城市之间在故障发生时自如地进行应急切换，使得支付宝实现"异地多活"的架构能力。

所谓"异地多活"，是指数据中心在机房基础设施、地理空间、网络资源、软硬件部署上是分布的，多中心之间可以并行为业务访问提供服务，互为备份，地位均等。一个数据中心出问题，其他数据中心可对业务接管实现无缝切换，用户无感知。支付宝双十一能撑起 8.59 万笔/秒的交易峰值及支付宝平时的处理速度也是得益于此，只是不知道为什么这次异地多活没起太大作用。一位业内人士向《IT 时报》记者表示，正是因为异地多活所需的设备量较大，阿里机房摒弃了昂贵的专业高端设备，选用 X86 服务器和国产的开源软件。支付宝这次的故障很可能是因为网络出口有单点故障，瓶颈堵塞，导致引流出现问题。

(资料来源：http://tech.163.com/16/0801/10/BTCI38J400097U7R.html)

思考题：

1. 网站空间在搜索引擎优化中起到哪些作用？

2. 如何为网站选择合适的网站空间？

4.3　网站备案

根据我国法律法规，在我国大陆范围内经营互联网信息服务的企业要实行许可证制度。网站所有者必须向国家有关部门备案才能提供互联网相关服务，未取得许可或者未履行备案手续的，不得从事互联网信息服务，否则就属于违法行为。因此，网站要在中国的网站空间服务器(港、澳、台除外)上运行，网站备案是必须履行的基本手续。对于国外的网站或者网站空间服务器在国外的，不需要进行国内网站备案。

为用户综合提供互联网信息业务和增值业务的机构，称为网络内容服务商(Internet Content Provider，ICP)。网站备案就是要通过 ICP(如中国电信、中国移动、中国联通、中国铁通等)向通信管理部门申请，并获得网络内容服务商证书，即 ICP 证。

4.3.1　备案资料

网站备案分为企业用户备案和个人用户备案，两者需要准备的资料不同。

1．企业用户备案资料

企业用户备案需要准备以下资料：

(1) 网站备案信息真实性核验单。

(2) 单位主体资质证件复印件(加盖公章)，如工商营业执照、组织机构代码、社团法人证书等。

(3) 单位网站负责人证件复印件，如身份证(首选)、户口簿、台胞证、护照等。

(4) 接入服务商现场采集的单位网站负责人照片。

(5) 网站从事新闻、出版、教育、医疗保健、药品和医疗器械、文化、广播电影电视节目等互联网信息服务的，应提供相关主管部门审核同意的文件复印件(加盖公章)；网站从事电子公告服务的，应提供专项许可文件复印件(加盖公章)。

(6) 单位主体负责人证件复印件，如身份证、户口簿、台胞证、护照等。

(7) 网站所使用的独立域名注册证书复印件(加盖公章)。

2．个人用户备案资料

个人用户备案需要准备以下资料：

(1) 网站备案信息真实性核验单。

(2) 个人身份证件复印件，如身份证(首选)、户口簿、台胞证、护照等。

(3) 接入服务商现场采集的个人照片。

(4) 网站从事新闻、出版、教育、医疗保健、药品和医疗器械、文化、广播电影电视节目等互联网信息服务的，应提供相关主管部门审核同意的文件(加盖公章)；网站从事电子公告服务的，应提供专项许可文件(加盖公章)。

(5) 网站所使用的独立域名注册证书复印件。

无论是企业用户备案还是个人用户备案，到现场备案时需要提交相关纸质复印件并加盖公章(个人签字)；网络提交备案时，在保证电子版资料清晰的前提下，文件越小越好。

4.3.2　备案方式与流程

网站备案的方式主要有公安局备案和 ICP 备案。公安局备案一般按照各地公安机关指定的地点和方式进行。ICP 备案可以自主通过官方备案网站在线备案或者通过当地电信部门进行备案。不同的备案方式，在备案流程上有所区别。本节主要介绍在线备案方式。

1．备案方式

1) 公安局备案

网站主办者需要在全国公安机关互联网站安全服务平台注册备案，备案后再在服务平台上认领，在平台上下载备案图标和备案编号，并将图标和编号张贴在网站首页下方显著位置。网站主办者可以进入公安备案系统官网(http://www.beian.gov.cn/portal/index)，根据相关提示信息，办理备案手续。

2) ICP 备案

网站主办者登录工业和信息化部备案系统网站(http://www.miitbeian.gov.cn)进行网站的 ICP 备案。网站主办者进行网站 ICP 备案时有以下三种可供选择的登录方式。

(1) 登录备案系统网站。

网站主办者登录工业和信息化部备案系统网站，然后通过主页面"自行备案导航"栏目获取为网站提供接入服务的企业名单(只能选择一个接入商)，并进入企业侧备案系统办理网站备案业务，如图 4-7 和图 4-8 所示。

图 4-7　登录工业和信息化部备案系统网站

接入商查询

| 接入商省份： | 山东 ▼ | 接入商名称： | | 查询 | 重置 |

注：点击接入商名称即可进入接入商系统，若有疑问请电话咨询您的接入商，《各省互联网接入服务商网站备案咨询电话》

序号	接入商省份	接入商名称
1	山东省	中国移动通信集团山东有限公司
2	山东省	中国电信集团山东省分公司
3	山东省	山东企联信息技术股份有限公司
4	山东省	济南广电嘉和数字电视有限责任公司
5	山东省	山东齐鲁八达网络通信技术有限公司
6	山东省	兖矿集团有限公司
7	山东省	新汶矿业集团有限责任公司
8	山东省	中国联通山东分公司
9	山东省	青岛有线电视网络有限公司
10	山东省	潍坊威龙电子商务科技有限公司

图 4-8 查询并选择一个接入商

(2) 登录省局系统。

网站主办者登录工业和信息化部备案系统网站，然后进入住所所在地的省局系统页面，通过页面中的"自行备案导航"栏目获取为网站提供接入服务的企业名单(只能选择一个接入商)，并进入企业侧备案系统办理网站备案业务。各省通信管理局的网址不同，比如山东省通信管理局的网址为 http://sdcainfo.miitbeian.gov.cn。备案方法与方式(1)相同。

(3) 登录接入服务商系统。

网站主办者登录工业和信息化部备案系统网站，进入接入服务商企业侧系统。网站主办者根据系统提示完善相关资料，最终完成备案。

2．备案流程

网站主办者采用不同的备案方式，会对应不同的备案流程。在此，以 ICP 在线备案的第三种登录方式为例，介绍其备案流程。

(1) 网站主办者进入工业和信息化部备案系统网站，登录接入服务商企业侧系统。

(2) 网站主办者自主报备信息或由接入服务商代为提交信息。

(3) 接入服务商核实备案信息，并将合格的备案信息提交到省管局备案系统。接入服务商对网站主办者提交的备案信息进行当面核验：当面采集网站负责人照片；依据网站主办者证件信息核验提交至接入服务商系统的备案信息；填写《网站备案信息真实性核验单》。如果备案信息无误，接入服务商提交给省管局审核；如果信息有误，接入者在备注栏中注明错误信息提示后，退回给网站主办者修改。

(4) 网站主办者所在地省管局对备案信息进行审核，审核不通过，则退回企业侧系统，由接入服务商修改；审核通过，则生成备案号、备案密码(并发送至网站主办者邮箱)和备案信息上传至部级系统，同时下发到企业侧系统，接入服务商将备案号告知网站主办者。

ICP 在线备案流程如图 4-9 所示。

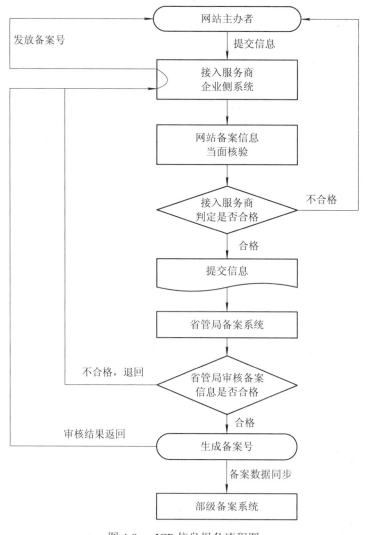

图 4-9　ICP 信息报备流程图

4.3.3　网站备案的好处

对于网站服务器在国内的网站来说，网站备案是工信部的要求，是必须完成的工作，没有备案的网站无法展示。网站备案主要也是为了规范网络安全化，维护网站经营者的合法权益，保障网民的合法利益。合法备案后的网站具有以下几个优势。

1. 访问速度快

如果网站管理者选择海外的服务器，则可以不用备案，但是海外的服务器访问速度慢，而且很多国外的网站在国内无法打开。网站的访问速度快，不仅能给用户带来更好的体验，同时也可增加搜索引擎抓取网站内容的友好性。

2. 网站信任度高

用户在访问网站时，往往会注意公司的网站有没有备案。没有备案的网站信任度低，通过备案的网站信任度会更高。当用户浏览网站上的产品或服务并有意购买时，若发现网站没有备案，用户就有可能对网站上的内容产生不信任感，公司也会因此流失订单。

3．收录更容易

备案的网站访问速度快，信任度高，更易于搜索引擎的抓取，有利于搜索引擎抓取网站及其内部更多的内容。

4．交换友情链接

不同网站之间在交换友情链接时，有的网站会要求对方网站必须是已经备案的。没有备案的网站在交换友情链接时，对方会因担心网站的合法性影响到自己的网站而拒绝交换友情链接，特别是国家管控相对严格的行业。

5．解除危险网站提示

没有备案的网站通过浏览器打开时，会被 360 安全卫士或腾讯安全管家等软件拦截，并提示网站存在危险。用户看到危险提示时，一般会关闭网页，从而导致企业损失一部分用户。对于备案的网站，一般不会出现危险提示。

4.4　站长平台

站长平台是搜索引擎提供给网站管理者使用的、对网站进行优化管理的官方平台。站长平台提供了有助于搜索引擎收录的工具、SEO 建议、数据监控、搜索展现等服务。其宗旨是全力为网站优化者服务，与搜索引擎共建良性发展。

不同的搜索引擎有不同的站长管理平台，网站针对某个搜索引擎优化时，需要登录该搜索引擎的站长平台查看相关信息。本节以百度站长平台为例，介绍百度站长平台的使用方法。

4.4.1　基本设置

站长平台的基本设置成功以后才能对网站进行优化管理。其主要包括站点管理与管理员设置两个方面。

1．站点管理

(1) 使用百度账号登录百度站长平台，网址为 http://ziyuan.baidu.com/。单击"用户中心"菜单下的"站点管理"，如图 4-10 所示。

图 4-10　登录百度站长平台

(2) 添加验证的网站和属性，如图 4-11 所示。

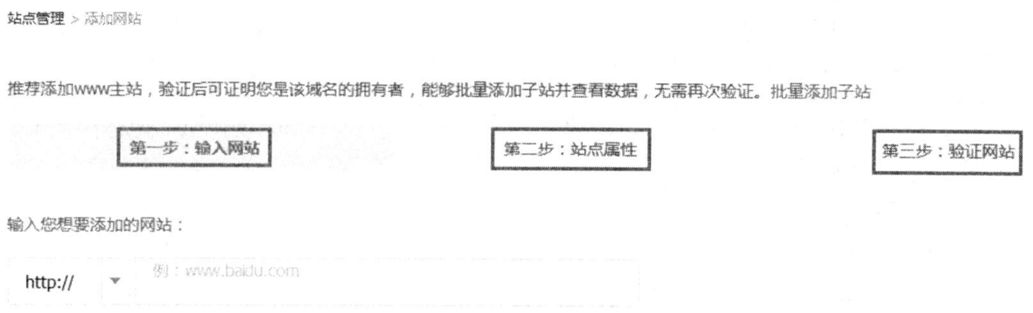

站点管理 > 添加网站

推荐添加www主站，验证后可证明您是该域名的拥有者，能够批量添加子站并查看数据，无需再次验证。批量添加子站

| 第一步：输入网站 | 第二步：站点属性 | 第三步：验证网站 |

输入您想要添加的网站：

http:// ▼　　例：www.baidu.com

图 4-11　添加需要验证的网站

(3) 验证站点。如图 4-12 所示，有三种验证方式供选择，分别为文件验证、HTML 标签验证和 CNAME 验证，站长选择合适的方式进行验证即可。

请选择验证方式：

⊙ **文件验证**

HTML标签验证

CNAME验证

文件验证

1. 请点击 下载验证文件 获取验证文件（当前最新：baidu_verify_wFAFQbVlCd.html）

2. 将验证文件放置于您所配置域名(asdf.com)的根目录下

3. 点击这里确认验证文件可以正常访问

4. 请点击"完成验证"按钮

为保持验证通过的状态,成功验证后请不要删除HTML文件

上一步　　　　完成验证

图 4-12　选择验证方式

2. 管理员设置

为方便不同的用户登录站长平台，站长平台可以设置用户的使用权限，添加高级管理员和普通管理员，如图 4-13 所示。高级管理员可以使用站长平台的大部分功能，查看网站的所有数据，对网站进行操作，但无法使用用户管理和批量添加子站的功能；普通管理员可以使用站长平台的部分功能，查看网站的所有数据，但无法对网站进行任何操作。

添加新用户

请输入百度账号中验证的邮箱或者手机号

邮箱　▼

用户权限：

◉ 高级管理员

可查看所有数据并对网站进行操作，但无法对网站进行用户管理

☐ 普通管理员

查看详细用户权限划分

添加

图 4-13　站长平台管理员权限设置

4.4.2　数据引入

站长平台的数据引入包括链接提交、原创保护、移动适配、MIP 引入和死链提交五个功能。

1. 链接提交

链接提交工具是网站主动向搜索引擎推送数据的工具，可缩短搜索引擎发现网站链接的时间，加快搜索引擎的抓取速度。网站中的时效性内容建议使用链接提交工具，以便实时向搜索引擎推送数据。

链接提交分为自动提交和手动提交两种，如图 4-14 所示。自动提交分为主动推送、自动推送、Sitemap 三种方式。

自动提交　　手动提交

请填写链接地址

示例如下：
http://www.example.com/mip/1.html
http://www.example.com/mip/2.htm
http://www.example.com/mip/3.php

- 请在输入框中填写当前选择站点的链接；如需提交其他验证站点链接，请选择对应的站点
- 您每次最多可提交20条链接，每行一条
- 仅支持页面对应链接的提交，不支持txt、xm形式的文件提交
- 如果需要提交非验证本站链接，请点击提交非验证站点链接

提交

图 4-14　链接提交的方式

通过百度站长平台提供的通道提交链接后，百度搜索引擎会按照一定的标准进行处

理，但不保证一定能够收录提交的链接。

2．原创保护

为鼓励创造更多的优质原创资源，百度推出了原创保护工具，对百度认定为优质原创的资源在收录及展现上给予重点支持，从而打造出更加健康的搜索生态。

原创保护是百度熊掌号的特有权益。百度熊掌号是站长、自媒体、开发者、商家等各种内容和服务提供者入驻百度的身份账号，该账号可实现百度搜索资源平台、百度数据开放平台、百家号自媒体平台、用户运营平台等各类平台的能力互通。通过百度熊掌号，原创内容和服务的提供者可以让优质内容或服务被百度索引和推荐，也可以实现精准的用户留存和全面的互动交流，从而实现精准营销和满足用户多样化的需求。

若要使用原创保护功能，需要先开通百度熊掌号。开通百度熊掌号的方法如图 4-15 所示。

申请开通熊掌号的搜索资源服务

谢谢您的参与和支持！请认真填写以下内容，具备内容原创力的站点将被优先审核通过。

用户名：

站点URL：　请填写您的站点URL。例如：baike.baidu.com

联系人姓名：　请填写您的姓名

手机号码：　请填写您的手机号

联系人邮箱：　请填写您的邮箱

返回　　提交

图 4-15　开通熊掌号的方法

3．移动适配

为提升用户在移动端搜索的体验，站点需要向百度提交与 PC 主体内容相对应的移动页面，即移动适配。百度站长平台提供移动适配工具，如果网站同时拥有 PC 站和移动站，且二者能够在内容上对应，即主体内容完全相同，就可以通过移动适配工具提交对应关系。移动适配提交规则如图 4-16 所示。

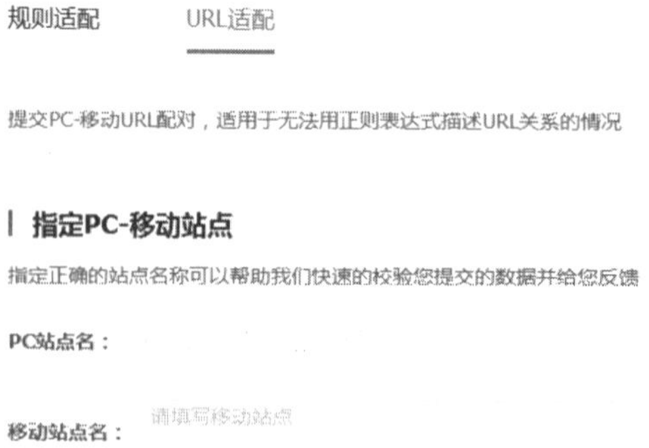

规则适配　　URL适配

提交PC-移动URL配对，适用于无法用正则表达式描述URL关系的情况

｜ 指定PC-移动站点

指定正确的站点名称可以帮助我们快速的校验您提交的数据并给您反馈

PC站点名：

移动站点名：　请填写移动站点

图 4-16　移动适配提交规则

如果网站通过移动适配校验，则有助于将移动搜索用户直接转到对应的移动页面，使网站获得更多的移动端流量，同时网站也能获得更佳的移动端浏览效果。

4．MIP 引入

MIP(Mobile Instant Pages)译为移动网页加速器，是一套应用于移动网页的开放性技术标准，通过提供 MIP-HTML 规范、MIP-JS 运行环境以及 MIP-Cache 页面缓存系统，实现移动网页加速。

MIP-HTML 基于 HTML 中的基础标签制定了全新的规范，通过对一部分基础标签的使用限制或功能扩展，使 HTML 能够展现更加丰富的内容；MIP-JS 可以保证 MIP HTML 页面的快速渲染；MIP-Cache 用于实现 MIP 页面的高速缓存，从而进一步提高页面性能。

5．死链提交

死链提交工具是网站向百度提交死链的数据推送工具，被推送的死链会被百度搜索屏蔽。网站如果存在大量死链，将影响网站的站点评级。

向百度提交死链后，生效时间为 3 天。死链提交工具仅识别 404 数据，如错误提交正常链接，则提交不会生效。

死链提交分为文件提交和规则提交两种方式，提交时需要填写的信息如图 4-17 所示。

图 4-17　死链提交方式

4.4.3 数据监控

数据监控可以查看网站在搜索引擎优化的相关数据。通过这些数据，可以了解优化工作的效果，并为 SEO 人员提供决策依据。数据监控的主要内容包括：索引量、流量与关键字、抓取频次、抓取诊断、抓取异常和 Robots 协议。

1. 索引量

索引量是指站点中有多少页面可以作为搜索候选结果。索引量不等于流量，索引量会有周期性的数据波动。

在一段时间内，索引量波动大，属于正常现象，只要流量变化不大就不用过度关注索引量的波动。当流量发生巨大变化时，索引量数据可以作为排查的渠道之一。

百度索引数据最快每天更新一次，最迟一周更新一次，不同站点的更新日期不同。

2. 流量与关键字

流量与关键字工具不仅能提供网站天级、周级及月度展现量、点击量数据，还能提供站点的热门关键字在百度搜索结果中的展现及点击量数据。例如：网站热门关键字在当天（大约 5 小时的数据延迟）、昨天、最近 7 天、最近 30 天、30 天内自定义时间段等，不同时间维度的展现量及点击量数据，最高可展现 5 万条关键字数据。

该工具可以帮助站长了解网站在百度搜索引擎中的表现，决定页面及网站的优化方向，为网站运营决策提供分析依据。

3. 抓取频次

抓取频次是指搜索引擎在单位时间内对网站服务器抓取的总次数。如果搜索引擎对站点的抓取频次过高，则很有可能造成服务器不稳定；如果抓取频次过低，则会影响搜索引擎对网站的收录。百度搜索引擎会根据网站内容更新频率和服务器压力等因素自动调整抓取频次。

4. 抓取诊断

抓取诊断工具可以让站长从百度搜索引擎的视角查看抓取内容。例如，自助诊断搜索引擎抓取的内容和预期是否一致，网页是否添加了黑链或隐藏文本，检查网站与百度的连接是否畅通等。

每个站点每周可使用的抓取诊断次数为 200 次。

5. 抓取异常

抓取异常是指搜索引擎无法正常抓取网页。对于大量内容无法正常抓取的网站，搜索引擎会认为网站存在缺陷，这会降低对网站的评价，在抓取、索引、权重上都会受到一定程度的影响，最终影响到网站从百度获取流量。

抓取异常分为网站异常与链接异常两个方面。网站异常包括 DNS(域名解析系统)错误、连接错误、连接超时和抓取超时等；链接异常包括服务器错误、访问被拒绝、找不到页面和其他错误等，如图 4-18 所示。

▎网站异常

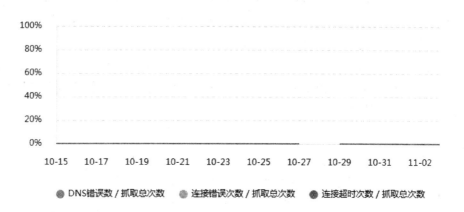

▎链接异常

服务器错误　　　　访问被拒绝　　　　找不到页面　　　　其他错误

图 4-18　抓取异常数据显示

6. Robots 协议

Robots 协议可以告诉百度搜索引擎哪些页面可以被抓取，哪些页面不可以被抓取。网站可以通过 Robots 工具来创建、校验、更新"robots.txt"文件，或查看网站"robots.txt"文件在百度生效的情况。

Robots 工具目前支持 48KB 大小的文件内容检测，并确保"robots.txt"文件不要过大，目录最长不超过 250 个字符。

4.4.4　搜索展现

通过站长平台的搜索展现设置，可以让网站在百度的搜索结果中呈现与众不同的形式。搜索展现主要包括：HTTPS 认证、站点属性、站点子链和官网保护。

1. HTTPS 认证

如果网站同时存在 HTTP 和 HTTPS 站点，则可使用 HTTPS 认证工具进行认证。认证成功后，可以方便百度搜索引擎识别网站 HTTP 与 HTTPS 之间的对应关系，并在搜索结果中优先展示网站的 HTTPS 资源。

使用 HTTPS 认证，可以让网站的信息更安全，同时可降低网站被劫持的风险。每个站点每天最多可使用 3 次认证功能。

2．站点属性

站点属性可以对网站的一些基本信息进行设置，如站点类型、站点 Logo、站点领域和主体备案号。通过站点属性提交的数据，百度搜索引擎会根据规则进行筛选，不能保证完全采用。

3．站点子链

站点子链工具目前暂未开放。该工具是鼓励网站管理员将网站内的优质子链提交给百度。这些信息能在百度搜索结果中以"站点子链"的形式展现，提升网站的权威性，提高网站的流量和用户体验。

4．官网保护

若网站的官网未被百度收录，或虽然正常收录，但在明确寻址需求下展现位置依然靠后，站长可以使用官网保护工具将明确寻址需求词及其对应的官网链接提交给百度，百度审核通过之后才能生效。官网保护提交的信息如图 4-19 所示。

图 4-19　官网保护提交的信息

另外，站长还可以举报在搜索展现中冒充其官网的网站，百度会再次审核，审核通过后，百度会对虚假网站进行屏蔽处理。

需要注意的是，官网保护与官网标志不是同种产品，通过百度官网审核后，不一定展现官网标志。

4.4.5　优化与维护

百度站长平台提供链接分析、网站体检、网站改版和闭站保护四个功能，帮助网站管理者优化和维护网站。

1．链接分析

链接分析分为死链分析和外链分析两个方面，可以帮助站长了解网站死链信息和外链信息，为网站优化提供数据参考。其中，外链分析如图 4-20 所示。

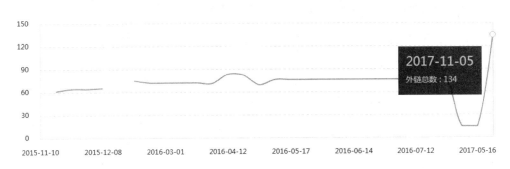

图 4-20　某网站的外链分析

2．网站体检

百度站长平台提供的网站体检功能，可以一键检测网站安全问题，并为网站提速、全面安全防护提供解决方案。体检的内容包括：网站概况、网页恶意内容、网站环境、攻击风险等。某网站体检报告的部分内容如图 4-21 所示。

｜ 检测结果

安全指数：**94 分 状态良好**

你的网站状态良好，但是仍存在改进空间，建议 开启云观测服务，进行深度安全检测。

｜ 网站概况

web服务器：暂无
web应用：暂无
服务器地址：107.**.**.11
开发语言：暂无

｜ 网页恶意内容

检测项	检测结果
虚假和欺诈等不良信息	无
挂马和恶意链接	无
黑链和恶意劫持	无

图 4-21　某网站体检报告的部分内容

3．网站改版

当一个站点的域名或者目录发生变化时，如果想让搜索引擎快速收录变化之后的新链接，则网站管理者可以使用网站改版工具来提交改版信息，使用新链接替换旧链接，加速搜索引擎对已收录链接的更新。

提交网站改版规则后，新旧链接的关系需要长期保持，并且要使用链接重定向的方式进行跳转。另外要注意，一条链接不能同时属于多个改版形式。

网站改版提交的信息如图 4-22 所示。

站点改版　　　　规则改版　　　　新旧URL对

针对全站域名更换的改版方式

新旧网站url除站点名不同外其他地址信息均一致，否则改版校验失败

旧站点名：

新站点名：　　　　请选择新站点名

图 4-22　网站改版提交的信息

改版规则一般在 48 小时内生效。需要注意的是，网站改版工具针对的是网站链接的改变，网站内容的改版不适用于该工具。

4．闭站保护

由于自身原因(改版、暂停服务等)、客观原因(服务器故障、政策影响等)而造成在较长一段时间内都无法正常访问的网站，百度搜索引擎会认为该网站属于关闭状态。

站长可以通过闭站保护工具提交闭站申请，申请通过后，百度搜索引擎会暂时保留索引、暂停抓取站点、暂停其在搜索结果中的展现。待网站恢复正常后，站长可通过闭站保护工具申请恢复站点，申请审核通过后，百度搜索引擎会恢复对站点的抓取和展现，站点的评价得分不会受到影响。使用闭站工具只能保留网站的索引量，不能保证网站的排名不变。

申请闭站保护，若通过审核，将在一天内生效；申请取消闭站保护，若通过审核，将在两天以内生效。闭站保护期最长为 180 天，超过 180 天将自动取消闭站保护。

本 章 小 结

✧ 一个公司在网络上建立自己的主页，必须先取得一个域名。域名是一个网站的入口，也是用户和搜索引擎访问网站的必经之路。域名具有唯一性，用户必须向特定机构申请注册才能获得域名。

✧ 对搜索引擎而言，搜索引擎更喜欢抓取长度较短的域名。但是，大多数情况下短域名已经被人抢先注册。所以，网站管理人员在注册域名时，尽可能在未被抢注的域名中选择较短的那个。

◇ 网站的域名与其主题相关。网站管理人员首先要定位好网站的主题，根据主题选择与之相关的域名。当用户看到域名后，能基本了解网站是做什么的，可以直观地了解其所处行业。

◇ 在一定程度上，域名的注册时间越长，越能反映域名的信任度。域名的注册时间越早，越能增加网站在搜索引擎中的权重。

◇ 域名过期时间是指到某个时间点后，域名将无法继续使用。搜索引擎认为到期时间晚的域名比到期时间早的域名更重要。

◇ 从用户的角度看，子域名更容易被记忆；从搜索引擎优化的角度看，其更重视绑定了子域名的频道。重要频道设置子域名，可以提升用户使用体验，提高搜索引擎友好性。

◇ 从用户体验角度来讲，用户在访问网站时，希望可以快速打开想要浏览的页面，没有耐心花太长时间等待网页打开。网页打开速度过慢，用户很可能会放弃浏览。

◇ 从搜索引擎友好性角度来讲，搜索引擎希望在每次抓取网页内容时，网站空间的服务器都能快速响应。如果搜索引擎在每次抓取时，网站空间的服务器响应速度慢或者无响应，则搜索引擎不得不放弃抓取，该网站很容易被搜索引擎屏蔽。

◇ 功能多、服务好、运行稳定、速度快的网站空间会提高网站的用户体验和搜索引擎友好性，但好的网站空间费用相对较高，所以在选择网站空间时要考虑多方面的因素。

◇ 网站要在中国的网站空间服务器(港、澳、台除外)上运行，网站备案是必须履行的基本手续。对于国外的网站或者网站空间服务器在国外的，不需要进行网站备案。

◇ 网站备案主要是为了规范网络安全，维护网站经营者的合法权益，保障网民的合法利益。网站备案的好处主要表现为：访问速度快，网站信任度高，收录更容易，解除危险网站提示等方面。

◇ 站长平台是搜索引擎提供给网站管理者使用的、对网站进行优化管理的官方平台。站长平台提供了有助于搜索引擎收录的工具、SEO 建议、数据监控、搜索展现等服务。其宗旨是全心全意为网站优化者服务，与搜索引擎共建良性发展的搜索显示结果。

本 章 练 习

一、填空题

1. 域名优化的影响因素有：＿＿＿＿＿＿＿、＿＿＿＿＿＿＿、＿＿＿＿＿＿＿、＿＿＿＿＿＿＿、＿＿＿＿＿＿＿、＿＿＿＿＿＿＿、＿＿＿＿＿＿＿。

2. 网站在工业与信息化部备案的网址为＿＿＿＿＿＿＿＿＿＿＿＿＿＿＿＿＿＿＿＿＿。

3. 站长平台是搜索引擎提供给网站管理者使用的、对网站进行＿＿＿＿＿＿的官方平台。

4. 选择网站空间时要考虑多方面的因素，如：网站空间的大小和类型、＿＿＿＿＿＿＿、同 IP 网站的数量与质量、＿＿＿＿＿＿＿＿、＿＿＿＿＿＿＿＿＿＿、＿＿＿＿＿＿＿＿＿＿、网站空间的硬件配置及网站空间服务商的实力等因素。

二、应用题

1. 在万网(http://www.net.cn)上模拟注册一个关于"SEO 学习"网站的域名。

2. 在凡科网(http://www.faisco.com)上申请建个人网站。

3. 在工信部网站上，模拟网站备案，熟悉备案流程。

4. 使用站长平台验证网站，熟悉站长平台的使用方法。

三、简述题

1. 域名优化的影响因素有哪些？

2. 网站空间选择的要点有哪些？

3. 简述网站备案的好处。

第5章 关键字优化

本章目标

- 了解关键字搜索指数的使用方法及应用
- 掌握关键字密度的合理设置
- 熟悉关键字的分类形式
- 掌握关键字的表现形式
- 掌握关键字布局策略
- 熟悉关键字挖掘的方法
- 掌握关键字评估的指标
- 掌握筛选关键字的原则

从互联网中搜索需要的信息已经成为人们的一种生活习惯。有些我们期望展现给用户的信息就需要借助关键字的渠道来实现。目前大部分的搜索行为借助关键字来实现，新兴搜索媒介(如图片、语音等)不是本书介绍的重点。关键字优化是开展搜索引擎优化的基础，相当于为网站制定了优化目标，它是决定网站优化成败的关键因素。本章主要介绍关键字优化的相关知识。

5.1 关键字简介

关键字(Keyword)有时也称为关键词，是用户在使用搜索引擎时输入的、能够最大程度概括所查内容的字或词。关键字还可以是网页的核心内容，也就是说，网页的主体信息可以由一个或多个关键字来凸显。

关键字是用户查找信息的基础，也是搜索引擎优化的基础，搜索引擎优化的大部分工作是围绕关键字来展开的。关键字的基本知识主要包括关键字搜索指数和关键字密度。

5.1.1 关键字搜索指数

关键字搜索指数是以用户的搜索量为数据基础、以关键字为统计对象，科学分析并计算出各个关键字在网页搜索中搜索频次的加权和。根据搜索来源的不同，搜索指数分为 PC 搜索指数和移动搜索指数。搜索指数越大，说明搜索的人数越多，在某些特定情况下，经常用搜索指数来代替搜索人数进行数据计算。

常用的关键字搜索指数有谷歌指数、百度指数、360 指数、搜狗指数等。在中文搜索引擎中，百度指数应用最为广泛，其查询网址为 index.baidu.com。下面以百度指数为例，说明其使用方法及其应用。

1．百度指数的使用方法

如果要了解关键字在百度的搜索情况，可以使用百度指数进行查看。百度指数提供了简单搜索、比较搜索、累加搜索、组合搜索和地区比较搜索等方法。

1) 简单搜索

用户查询某个关键字的搜索指数，只需在百度指数的首页对话框内输入关键字，单击搜索即可。以查询"校企合作"关键字为例，如图 5-1 所示。

校企合作

输入关键字，单击搜索

图 5-1　百度指数使用方法

2) 比较搜索

用户如果要查询有关百度指数的多个关键字比较结果，可以用逗号将不同的关键字隔开。例如，同时查询“计算机”“互联网”“手机”“电脑”“笔记本”5 个关键字的百度指数情况(目前百度指数最多支持 5 个关键字的比较搜索)，其百度指数搜索结果如图 5-2 所示。

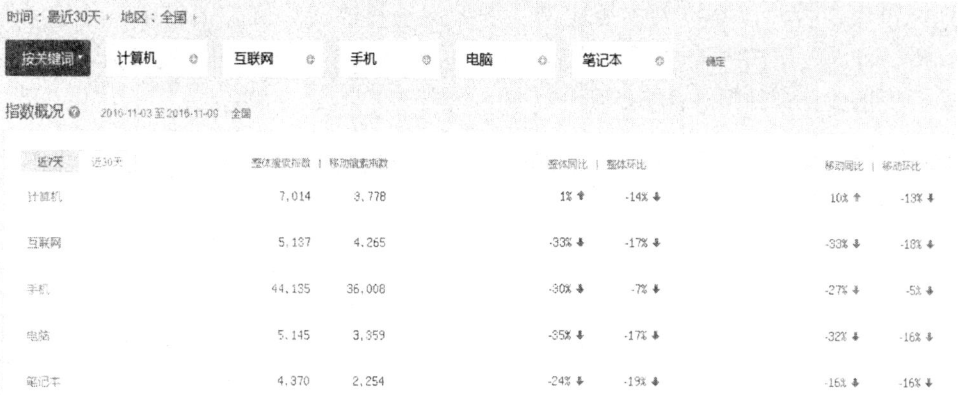
时间：最近30天　地区：全国

按关键词　计算机　互联网　手机　电脑　笔记本　确定

指数概况　2016-11-03 至 2016-11-09　全国

近7天　近30天	整体搜索指数	移动搜索指数	整体同比	整体环比	移动同比	移动环比
计算机	7,014	3,778	1% ↑	-14% ↓	10% ↑	-13% ↓
互联网	5,137	4,265	-33% ↓	-17% ↓	-33% ↓	-18% ↓
手机	44,135	36,008	-30% ↓	-7% ↓	-27% ↓	-5% ↓
电脑	5,145	3,359	-35% ↓	-17% ↓	-32% ↓	-16% ↓
笔记本	4,370	2,254	-24% ↓	-19% ↓	-16% ↓	-16% ↓

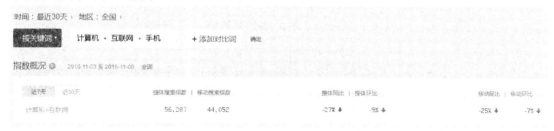

图 5-2　关键字比较搜索结果

3) 累加搜索

用户如果想了解多个关键字的百度指数的累加结果，可以用加号将不同的关键字连接起来，相加后的汇总数据作为一个组合关键字展现出来。利用这个功能，可以将若干同义词的数据相加，得到百度指数的数据报告。例如，搜索“计算机+互联网+手机”(目前百度指数最多支持 3 个关键字的累加)，得到的数据是三个关键字的百度指数和，其百度指数搜索结果如图 5-3 所示。

时间：最近30天　地区：全国

按关键词　计算机 + 互联网 + 手机　+添加对比词　确定

指数概况　2016-11-03 至 2016-11-09　全国

近7天　近30天	整体搜索指数	移动搜索指数	整体同比	整体环比	移动同比	移动环比
计算机+互联网	56,287	44,052	-27% ↓	-9% ↓	-25% ↓	-7% ↓

图 5-3　关键字累加搜索结果

4) 组合搜索

用户将“比较搜索”和“累加搜索”组合使用，得到的数据报告，即为组合搜索数据。例如，搜索“计算机+电脑”和“互联网+手机”，其百度指数搜索结果如图 5-4 所示。

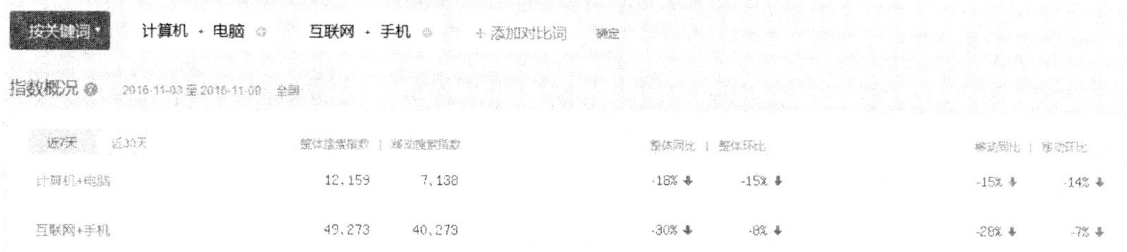
按关键词　计算机 + 电脑　互联网 + 手机　+添加对比词　确定

指数概况　2016-11-03 至 2016-11-09　全国

近7天　近30天	整体搜索指数	移动搜索指数	整体同比	整体环比	移动同比	移动环比
计算机+电脑	12,159	7,138	-18% ↓	-15% ↓	-15% ↓	-14% ↓
互联网+手机	49,273	40,273	-30% ↓	-8% ↓	-28% ↓	-7% ↓

图 5-4　关键字组合搜索结果

5) 地区比较搜索

关键字可以按地区进行比较搜索。选择“地域”按钮，单击“+”号添加多个地区(最多支持 5 个地区对比搜索),可以查看同一关键字在不同地区的搜索指数。此项功能是在不同地区进行关键字竞价排名的依据,可以根据地区比较搜索的百度指数结果,决定是否在该地区投放广告,以及投入多少比例。例如,选择"计算机"关键字,添加上海、北京、广州、青岛、重庆 5 个地区,然后查看该关键字在不同地区的百度指数,进行对比分析,其百度指数搜索结果如图 5-5 所示。

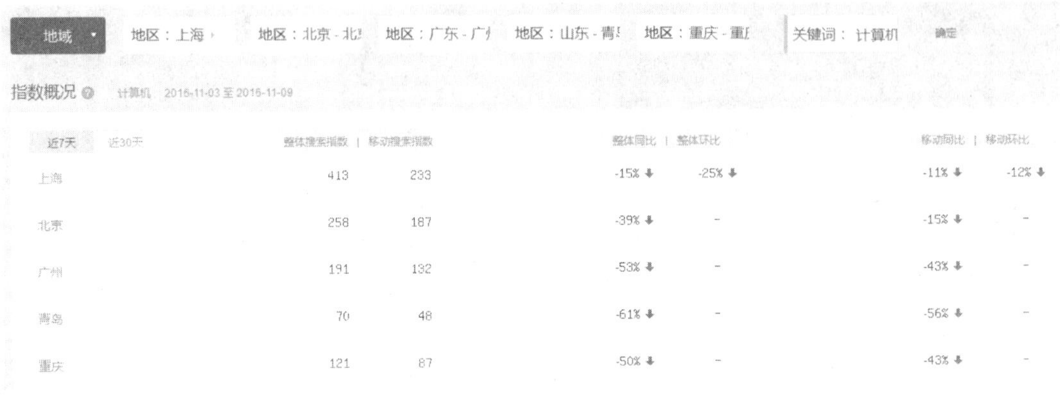

图 5-5　关键字地区比较搜索结果

2.关键字搜索指数的应用

关键字搜索指数能够反映所检索关键字在搜索引擎上的搜索规模,一段时间内的涨跌态势以及相关的新闻舆论变化情况;关注检索关键字的网民状况、分布位置,以及同时还搜索了哪些关键字等,可以为企业决策者制定数字营销方案提供依据。

1) 趋势研究

趋势研究是指 SEO 人员根据一段时间内某个或某些关键字被搜索的数据,分析可能的趋势,并据此制定相应的营销策略。在百度指数中,关键字趋势研究主要包括指数概况和指数趋势两个方面。

指数概况可以提供关键字搜索指数在最近 7 天和最近 30 天的平均值,同时提供关键字指数同比、环比的变化情况。

指数趋势是根据自定义时间段或地域,查询关键字的搜索指数。搜索指数可按搜索来源分开查看,包括整体趋势、PC 趋势、移动趋势。其中媒体指数不区分来源。

以搜索"计算机"为例,指数概况与指数趋势的搜索结果如图 5-6 所示。

2) 需求图谱

需求图谱是为了综合计算关键字与相关词的相关程度,同时得出相关词自身被搜索的程度描述。关键字距离大圆心的远近表示关键字相关性的强弱,距离中心关键字越近,与中心关键字相关性越强;关键字圆的面积表示关键字被搜索的强度,圆的面积越大,其搜索指数越大;红色代表搜索指数的上升趋势,绿色代表搜索指数的下降趋势。

例如:从"减肥"的需求图谱(如图 5-7 所示)可以看出,"方法""腹部""瘦身""多燕"与"减肥"的相关程度最强,说明用户在搜索"减肥"时,同时会关注上面这些关键字;其中"郑多燕减肥瘦身操"圆的面积相对比较大,说明搜索该关键字的人数较多。

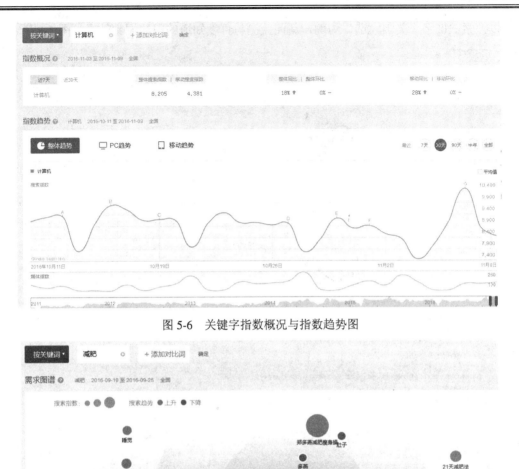

图 5-6　关键字指数概况与指数趋势图

图 5-7　关键字"减肥"的需求图谱

3) 舆情洞察

舆情洞察是百度通过数据监控模块，实时监测各种信息渠道的数据，做到舆情数据的全面、及时、准确收集，实现舆情数据的概览。舆情洞察主要针对新闻监测和百度知道两个方面。

新闻监测是根据自定义时间段，查询关键字在相关媒体的指数，同时可查看该时段内排名前十位的热门新闻。相关媒体包括：新闻网站、微博、微信、论坛、博客、贴吧、平面媒体等。新闻监测以采用新闻标题包含的关键字和提供新闻的原文地址跳转作为统计对象。

百度知道是根据自定义时间段，查询关键字在相关百度知道的热门问题。百度知道以采用问题标题包含的关键字和提供百度知道问题的原文地址跳转作为统计对象。百度知道问题的热门程度由问题浏览量决定。

以搜索关键字"美国大选"为例，新闻监测与百度知道的舆情洞察结果如图 5-8 所示。

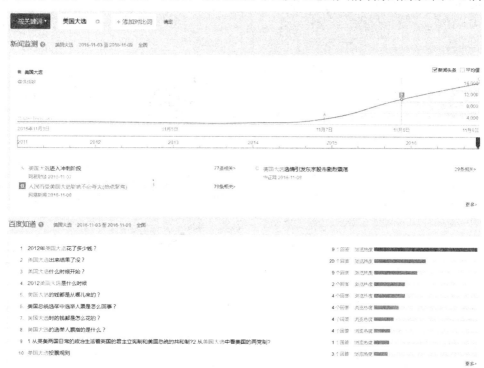

图 5-8　关键字"美国大选"的舆情洞察结果

4) 人群画像

人群画像是通过大数据技术，把用户的生活习惯、兴趣爱好、上网行为等整合在一起，用多个数据标签表示出来，可以反映用户的基本特征。人群画像在百度指数中主要包括地域分布和人群属性。

地域分布数据提供关键字访问人群在各省市的分布情况，企业可根据特定地域用户的偏好进行针对性的运营和推广。

人群属性数据提供关键字访问人群的性别、年龄的分布情况。

以搜索"手机"为例，关键字的人群画像如图 5-9 所示。

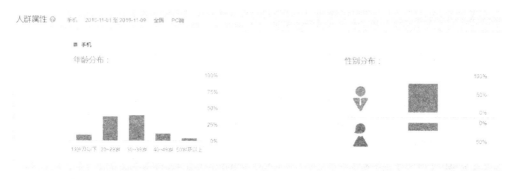

图 5-9　关键字"手机"的人群画像

搜索指数是以用户在搜索引擎的搜索行为为基础的数据分享平台，是最重要的数据统计分析平台之一，成为众多企业营销决策的重要依据。

视频：关键字搜索指数。

通过学习视频，掌握关键字搜索指数的使用方法，并能利用关键字搜索指数更好地指导网站优化工作。

扫一扫

5.1.2　关键字词频与密度

关键字词频反映了页面的相关性，而关键字密度是指在一个页面中，关键字词频与该页面中总词汇量的比值。二者对搜索引擎优化起着关键作用。

1．关键字词频

关键字词频是指某个关键字在页面中出现的频率，相当于关键字在页面中出现的次数。关键字词频越大，在一定程度上反映了页面与该关键字的相关性越强；反之，该关键字与页面的相关性越弱。

在搜索引擎发展初期，关键字词频是页面排序的重要因素。词频越大，该关键字在搜索结果中的排名越靠前。这种单纯以词频决定排序的方式，极容易被网站管理者恶意操纵。为了争取好的排名，部分网站管理者经常在页面中堆砌大量重复的关键字，这直接影响了用户的体验。因此，搜索引擎排名算法引进了关键字密度，根据关键字密度大小，更合理地判断关键字与页面内容之间的关系。

2．关键字密度

关键字密度是衡量页面相关性的重要指标之一。搜索引擎根据页面中关键字的密度对页面的主题进行定位。关键字密度越低，说明关键字与页面相关性越小；关键字密度过高，则可能是网站管理者恶意堆砌关键字。若要在搜索结果中出现含有某个关键字 A 的页面，最基本的条件是页面中 A 的关键字密度要在某个合理的范围内。

1) 关键字密度范围

不同的搜索引擎，关键字密度范围不同。对于不同行业、不同的关键字，搜索引擎会对相关网页进行统计，综合分析大多数网页的关键字密度后得出一个合理的密度值。比如，关键字"智能手机"，如果绝大多数网站的关键字密度是 3%，则"智能手机"关键字的合理密度是 3%左右。不同的关键字，其合理的关键字密度范围应不同，目前工具软件大多给出合理的关键字密度范围在 2%~8%之间。

2) 关键字密度查询

关键字密度主要由关键字词频与页面总词汇量两个因素决定，其计算公式为

$$关键字密度 = \frac{关键字词频}{页面总词汇量}$$

关键字词频是关键字在页面中出现的次数，通过软件很容易得到一个精确的数值。而页面总词汇量主要由搜索引擎分词原则来决定，由于不同的搜索引擎分词原则不同，所以相同的页面在不同搜索引擎中得到的页面总词汇量就会有差别。

对于英文页面来说，页面中的每一个单词就相当于一个词，搜索引擎以空格和标点为分词符号来确定页面总词汇量，很容易精确计算出一个准确的数值。而对于中文页面来说，由于中文输入法自身存在分词问题，目前还没有一个搜索引擎能准确统计出页面中文关键字的总词汇量，例如"电子商务培训"这个词语，搜索引擎可以分词为"电子""商务""培训"，也可以分词为"电子商务""培训"。为了方便统计，中文页面的总词汇量一般用页面总字符数来代替。

查询关键字密度可以通过站长工具实现。例如，查询关键字"电子商务培训"的查询方法如图 5-10 所示。

图 5-10 使用站长工具查询关键字密度

3) 关键字密度与页面相关性

为了有效防止部分网站管理者恶意操纵搜索结果，搜索引擎根据关键字密度来衡量页面中某关键字与页面内容的相关性。从搜索引擎优化角度来说，关键字密度并不是越大越好，而是有一个阈值，当关键字密度达到阈值时，页面相关性最高；当高于或低于这个阈值时，页面相关性会递减。关键字密度与页面相关性的关系大体如图 5-11 所示。

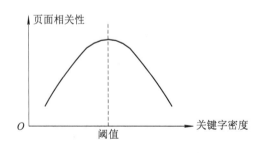

图 5-11 关键字密度与页面相关性的关系

3．合理提高关键字密度

关键字密度是搜索引擎优化的重要工作之一，关键字密度值与该关键字合理密度的阈值越接近，表示关键字与页面之间的相关性越高。在网站页面中，自然分布的关键字是最合理的，不能为了提高关键字密度而恶意堆砌关键字，堆砌关键字很容易被搜索引擎判为作弊行为，从而遭到搜索引擎的处罚。堆砌关键字也会影响用户的体验。我们可以采用几种合理的方法提高关键字的密度。

(1) 四处一词。

合理利用网页的"标题""描述""关键字""页面锚文本"四个区域(俗称"四处一词"，详见 5.4.1 节)，制定合适的关键字策略，而不是刻意堆砌关键字。

(2) 栏目导航。

栏目导航要使用文字加以说明，并且文字内容与页面优化的关键字具有相关性，不要使用动画、图片以及视频等格式。

(3) 图片的 Alt 属性。

利用图片的 Alt 属性对图片进行有效的关键字说明(图片的 Alt 属性详见 6.4 节)。

(4) 友情链接区。

选择具有相关性的行业链接作为友情链接。比如，网页优化的关键字为"电商培训"，可以添加以下友情链接：上海电商培训、电商培训课程、电商培训安排等，这样无形中增加了"电商培训"关键字的密度。

(5) 相关文章推荐。

如果页面优化的关键字为"电商培训"，则可以推荐一些标题含有"电商培训"关键字的文章，这样既能增加关键字密度，又能提升用户的体验。

(6) 页面底部区域。

在页面底部适当加上与网站内容相关的说明性文字，以提高关键字密度，文字内容以简洁为主。

利用以上六种方法，可以有效提高网站的关键字密度，增强网页的相关性。关键字密度只是影响优化排名的一个因素。另外需要注意的是，不能仅为了追求提高关键字密度而忽略了用户的体验。

5.2 关键字分类

关键字分类有多种形式，每一种形式都可以指导网站 SEO 策略和推广方向的规划。不同网站所使用的关键字分类方式也不同。只有明确关键字的分类后，才可以根据网站的目的来筛选、布局和重点优化关键字。目前常用的关键字分类方式有：按搜索目的分类、按搜索热度分类、按关键字长度分类、按关键字主次分类以及其他分类方式。

5.2.1 按搜索目的分类

按用户的搜索目的可以把关键字分为两类，即导航类关键字和信息类关键字。

1．导航类关键字

当用户想要打开某个特定的网站时，出于某种原因，用户很多情况下是在搜索引擎直接输入企业的简称或专有商标等关键字，通过搜索引擎二次跳转到达目标网站。这些关键字一般称为导航类关键字。导航类关键字搜索结果的第一名通常是企业的官方网站，是用户真正要寻找的网站，否则搜索引擎呈现的结果就有失公信力。

例如：用户很容易记住"英谷教育"，但是企业的网址"www.121ugrow.com"却不容易被记住。如果在百度搜索"英谷教育"，我们会发现搜索结果的第一位即该企业的官网及简介，用户可以点击搜索结果直接进入企业网站。"英谷教育"就是该公司的导航类关键字。在百度中搜索"英谷教育"的结果如图5-12所示。

图 5-12　导航类关键字搜索结果

导航类关键字是网站流量的重要来源之一，具有唯一性与特定性。这类关键字的搜索量大，针对性强，优化简单。在网站建设初期，可以重点优化导航类关键字。

2．信息类关键字

信息类关键字是用户在寻找特定信息时所使用的关键字，使用该类关键字的主要目的是查找相关信息，此类搜索行为通常没有明显的购买意向，转化率相对较低。但信息类关键字在网站搜索流量中占比很高，是许多网站抢夺流量空间最重要的渠道。例如：二手车交易类的网站，可以设置"汽车保养技巧"这样的关键字，当用户搜索"汽车保养技巧"时就会展现该网站，也就可能带来潜在的目标客户。

部分用户使用信息类关键字检索信息的目的处于收集目标商品信息、货比三家或考虑购买阶段，可能不会直接带来订单，但是反复的搜索浏览行为会加强用户对网站的印象，一旦出现购买需求，有可能就会成为优先选择的对象。所以，信息类关键字可能更多地间接为网站带来效益。

5.2.2　按搜索热度分类

根据关键字的搜索热度高低(即搜索人数的多少)，可将关键字分为热门关键字、一般关键字和冷门关键字。

1．热门关键字

顾名思义，热门关键字就是搜索量比较大的关键字。热门关键字的竞争强度比较高，很多网站优化的方向就是取得热门关键字的排名。如果网站在搜索热门关键字呈现的结果里排名靠前，则会获得更多的流量。如"SEO 学习"的搜索量很大，想取得此关键字搜索结果靠前的排名会消耗大量的精力和资源，而一旦优化到搜索结果排名的首页，则必将给网站带来巨大的流量。

2．一般关键字

一般关键字是相对热门关键字而言，搜索量相对较少的关键字。一般关键字的竞争力比热门关键字小，目标用户分类较细，也是网站优化的重点关键字，如"SEO 关键字学习"。

3．冷门关键字

冷门关键字是搜索量很小的关键字，但用户搜索的目的性可能很强。如"教育培训网站 SEO 关键字设置"，这类关键字被搜索的频率虽然少，但如果网站能够提供合理的信息，网页即使承载部分冷门关键字，也可能会为网站带来可观的流量。

5.2.3　按关键字长度分类

根据关键字的字数多少，可将关键字分为长尾关键字和短尾关键字。

1．长尾关键字

长尾关键字一般由四个以上的字组成，甚至是一个或多个短语，除了存在于页面标题中，还可能存在于正文内容中。长尾关键字的搜索量相对较少，并且不稳定，但搜索目的性很强。一个网站如果存在大量长尾关键字，其带来的总流量会很大。比如"电商培训"的长尾关键字可以为"青岛电商培训""SEO 电商培训""淘宝电商培训""跨境电商培训""实战电商培训"等。

2．短尾关键字

所谓短尾，是相对长尾而言的，短尾关键字主要是单个词组。用户一般使用单个词组搜索，因此短尾关键字的搜索量相对长尾关键字要大。很多企业在做关键字搜索排名时，都希望能提高短尾关键字的排名，增加网站的流量及点击率，进而形成转化。短尾关键字的搜索量虽然大，但竞争者相对也多。

5.2.4　按关键字主次分类

根据关键字的主次程度，可将关键字分为主关键字和辅关键字。

1．主关键字

主关键字也称核心关键字，是表达页面或网站主题的关键字。每一个页面要通过 2～3 个关键字表达页面的主题，数量过多会分散页面关键字的权重，使页面的主题模糊，造成搜索引擎无法判断页面所要表达的意思，加大提高排名的难度。例如，如果一个页面表达的主题是"电商培训大纲"，此页面的主关键字是"电商培训大纲"，而不是"电商"或者"培训"。

2．辅关键字

辅关键字是相对主关键字进行一定增减，在程度或范围内起到扩大或缩小作用的关键字。辅关键字在某些程度上类似一般关键字、冷门关键字、长尾关键字。辅关键字可以有效增加主关键字的词频，控制主关键字的密度，突出页面的主题，提高页面被检索的概率，从而增加网站的流量。从内容的角度讲，辅关键字是主关键字的补充与说明。例如，某售卖手机的网站，网站的页面中可以有"手机贴膜""手机内存卡""华为手机""小米手机"等辅关键字，既增加了页面中"手机"的关键字密度，又有效规避了页面堆砌关键字的嫌疑，从而提高了页面与"手机"的相关性。

5.2.5 其他分类方式

关键字除了以上分类方式外，还有其他分类方式。这些分类方式大部分只是为了给关键字一个特定的称呼，便于 SEO 人员梳理，并没有统一的分类标准。这些关键字包括：泛关键字、别名关键字、时间关键字、地点关键字、错拼关键字、问题关键字、借力关键字、生僻关键字等。

1. 泛关键字

泛关键字是指搜索量很大，可以代表一个行业或者一类事物的关键字。如：教育、地产、医疗、金融、服装等，均为泛关键字。某些时候泛关键字类似热门关键字、主关键字、短尾关键字，此类关键字搜索结果的页面数量大，用户搜索目的性较差，规模较小的企业不建议优化该类关键字。

2. 别名关键字

别名关键字是指同一产品有不同的称呼。如：计算机(电脑)、元宵(汤圆)、移动电话(手机)、番茄(西红柿)等，均为别名关键字。按地域进行关键字推广时，要注意地域的使用习惯，如北方称"元宵"，南方称"汤圆"。

3. 时间关键字

时间关键字是在关键字前面加入表示时间的词。如：2016 考研资料、美国大选最新报道、最近流行服装等，均为时间关键字。

4. 地点关键字

地点关键字是在关键字前面加入表示地点的词。如：青岛劲松七路学校、北京长安街附近宾馆、西安电商园区等，均为地点关键字。

5. 错拼关键字

由于汉字输入的特殊性，大多用户习惯使用拼音输入法，因此有时会造成同音不同字的情况。有些拼音输入法有网络记忆功能，这些记忆功能会帮助用户自动填入错拼关键字，从而给网站带来很多流量。由于是错拼，所以竞争者也相对较少。因此，网站在必要时也可以选择一些错别字进行优化，比如：迅雷(讯雷)、汽车坐垫(汽车座垫)、机票订购(机票定购)等。

6. 问题关键字

问题关键字是以疑问语句进行搜索的关键字，主要集中在"怎样""怎么""哪里"等的例句中，如：怎样做 SEO、英谷教育怎么样、哪里培训 SEO 等。问题关键字的搜索量很大，主要用于站外平台的推广，采用一问一答方式，从第三方角度推广自己的网站或品牌，如百度知道、百度经验、新浪爱问等。

7．借力关键字

借力关键字指借助热点事件或者新闻，结合自己的产品或品牌，组合后形成的关键字。如某企业做咖啡生意，可以借助热播电视剧《欢乐颂》里面的事件，将网站关键字设置为"欢乐颂小蚯蚓咖啡"。

8．生僻关键字

生僻关键字主要指专业性较强的关键字。如："谷氨酰转肽酶"是肝功化验单的一项检查内容，只有特定的人群会上网搜索这个关键字来了解病情。生僻关键字虽然搜索人数少，但目标用户非常精准。

不同的行业、网站和操作人员对关键字的分类都有不同的认识。不论是按照什么标准和维度对关键字进行分类，最终目的都是为了更好地指导网站架构和内容布局，指导搜索引擎优化工作，使网站获得更多优质的流量。

5.3　关键字的表现形式

关键字的表现形式是指关键字在页面中的展现样式。合理利用关键字的表现形式能很好地突出页面中的重点关键字。从用户体验和搜索引擎友好性角度出发，通过对重点关键字采用不同的表现形式，可以突出网页中的某些关键字，提高目标关键字的权重，避免网页内容泛泛，没有重点。

常见关键字的表现形式包括字体的字号、颜色、样式等，字体样式又包括加粗、下划线、斜体等。

5.3.1　字号

字号也称为字体的大小。在某个页面中，字号大的关键字更能吸引用户的注意力。一般情况下，文章及栏目的标题，设置的字号比普通的关键字大一些。对于搜索引擎友好性来说，页面中重点优化的关键字的字号要比页面中其他文字的字号大，这样做能引起搜索引擎的注意，通过突出大字号的关键字来反映网页的主题。

5.3.2　颜色

字体颜色的设置对于关键字的优化也非常重要。主要的关键字应该采用与普通的关键字不同的颜色来标识。例如，我们可以对普通的关键字采用黑色，而对主要的关键字采用红色。通过颜色的对比，来突出主要的关键字。

5.3.3　样式

关键字的样式包括加粗、下划线、斜体等。对于样式的刻意设置也是为了突出特定的优化效果。

设置关键字的表现形式是为了突出重点关键字。如果页面中所有关键字都使用了字号、颜色、样式等，那么非重点关键字与重点关键字无法形成鲜明的对比，重点关键字得不到突出，从而无法达到优化的效果。

5.4 关键字布局

在网站优化过程中，关键字布局的影响也很大。同一个关键字，用首页优化和栏目页优化，会直接导致网页排名的变化。网站管理者在得到网站关键字优化列表后，需要将关键字合理分布到整个网站中。

5.4.1 关键字分布

关键字主要分布在页面头部、正文内容中。页面头部主要包括标题、描述和关键字三个部分；正文内容主要以页面锚文本的形式体现。

1. 页面头部

网页的 HTML 代码中，<head>与</head>之间的区域称为页面头部，通常存放一些介绍页面内容的信息。关键字主要分布在页面头部的三个部分：标题(title)、描述(description)、关键字(keywords)。在一个网站中，一个网页对应一个页面头部。以新浪网首页为例，页面头部的标题、描述、关键字内容如图 5-13 所示。

```
<html>
<head>
    <meta http-equiv="Content-type" content="text/html; charset=utf-8" />
    <meta http-equiv="X-UA-Compatible" content="IE=edge" />
    <title>新浪首页</title>
    <meta name="keywords" content="新浪,新浪网,SINA,sina,sina.com.cn,新浪首页,门户,资讯" />
    <meta name="description" content="新浪网为全球用户24小时提供全面及时的中文资讯,内容覆盖
国内外突发新闻事件、体坛赛事、娱乐时尚、产业资讯、实用信息等,设有新闻、体育、娱乐、财经、科
技、房产、汽车等30多个内容频道,同时开设博客、视频、论坛等自由互动交流空间。" />
    <link rel="mask-icon" sizes="any" href="//www.sina.com.cn/favicon.svg" color="red">
    <meta name="stencil" content="PGLS000022" />
    <meta name="publishid" content="30,131,1" />
    <meta name="verify-v1" content="6HtwmvpgedgP1NLw7NOnQBI2TW8+CfkYCoveB8IDbn8=" />
```

图 5-13　新浪网首页的页面头部内容

1) 标题

标题是 HTML 源代码中<title>与</title>之间的部分，是搜索引擎优化中的重要内容。标题的内容是对网页主题的概括，是搜索引擎判断关键字与页面相关性的重要依据。大多数搜索引擎都是通过提取标题中的全部或部分内容作为搜索结果中的摘要向用户进行展示的。如果没有设置标题，搜索引擎会自动调取页面上的其他内容作为网页的标题，这就会导致调取的内容不一定都准确。因此，标题内容很重要，同时还要符合主题突出、内容简洁、适合用户阅读习惯的标准。标题优化应注意以下几点。

(1) 标题的长度。

从技术角度说，网站管理者可以将网页标题写成任意长度。但是在搜索结果列表页

中，页面标题显示的字数都有一定限制，超过限制的关键字通常以省略号代替。例如，在百度中搜索"SEO"，其搜索结果显示的标题内容如图 5-14 所示。

图 5-14　百度搜索结果显示标题内容

实际上该网页标题设置的内容长度超过了结果显示对长度的要求。该网页标题设置内容如图 5-15 所示。

```
<head>
    <meta http-equiv="Content-Type" content="text/html; charset=utf-8" />

        <title>SEO查询_降权查询_SEO优化查询_关键词排名_优化网站_百度权重查询_
    站长seo查询工具-网站优化排名必备的SEO查询工具</title>
        <meta name="keywords" content="seo,seo查询,seo优化,网站优化,网站seo
    查询,优化网站,网站排名工具,关键词优化,百度优化,百度权重查询,站长查询,站长工
    具,seo工具,SEO软件,seo平台"/>
        <meta name="description" content="网站SEO查询工具是网站优化、关键词
    排名、关键词优化必备的站长SEO工具；快速诊断网站seo排名状况，给出合理的网站优化
    建议，快速提升网站关键词优化排名！"/>
```

图 5-15　网页标题设置内容

通过图 5-14 与图 5-15，我们可以发现此网页设置的标题过长，搜索结果无法全部展示，使多出部分的关键字无法实现优化的目的。不同搜索引擎显示标题的字数也会不同，大多数搜索引擎显示 60 个字符左右，相当于 30 个汉字。标题太短，容易遗漏关键字；标题太长，搜索引擎无法读取标题的过多字符。所以，在设置网页标题时，其准则是在保证合理长度的前提下，尽可能多地包含关键字。

(2) 标题的符号使用。

为了适合用户的阅读习惯，避免产生歧义，通常在标题中加入一些标点符号来保证语句通顺。常用标题的分隔符有：中划线"-"、竖划线"|"、逗号","、下划线"_"等。标点符号在搜索引擎优化中只起到断句作用，不会对关键字的搜索排名产生影响。因为中文输入比英文输入状态下的标点符号多占一个字符，为了避免标点符号占用的字符过多，在书写标题时，最好输入半角或英文状态下的标点符号。

比如，优酷、唯品会、携程三个网站的标题均使用英文状态下的标点符号，三个网站的标题分别为：

<title>优酷-中国领先视频网站,提供视频播放,视频发布,视频搜索-优酷视频</title>

<title>唯品会特卖会:一家专门做特卖的网站_确保正品_确保低价_货到付款</title>

<title>携程旅行网官网:酒店预订,机票预订查询,旅游度假,商旅管理</title>

(3) 标题的关键字分布。

关键字分布是指关键字在标题中出现的位置。从搜索引擎优化的角度来看，搜索引擎

分析页面时，内容越靠前，权重越高。所以，重要的关键字应该放在标题的最前面。又由于公司的名称通常具有唯一性，因此适当的优化即能得到较好的排序结果。

所以，优酷、唯品会、携程的标题应做如下设置才更合适。

<title>中国领先视频网站,提供视频播放,视频发布,视频搜索-优酷视频:优酷</title>

<title>一家专门做特卖的网站_确保正品_确保低价_货到付款:唯品会特卖会</title>

<title>酒店预订,机票预订查询,旅游度假,商旅管理:携程旅行网官网</title>

(4) 标题的关键字词频。

标题的关键字词频是指关键字在标题中出现的次数。关键字词频并不是越高越好，建议标题主关键字最多出现 3 次，辅关键字最多出现 1 次。

例如，某网站的标题如下：

<title>同城旅游_旅游_旅游网_旅游线路_自驾游_旅游团_周边游_旅游线路</title>

该网站标题中，关键字“旅游”出现了 6 次，很容易被搜索引擎误认为关键字堆砌，如果该网站是以“旅游”为主关键字，则合适的标题写法如下：

<title>同城旅游网_线路多价格优_可自驾周边游_导游服务好无购物</title>

2) 描述

描述是对页面内容的概括，相当于页面的简介。在搜索结果中显示的内容大部分是来自页面描述里的内容。

(1) 描述的长度。

与标题一样，在搜索结果中，搜索引擎只会截取描述里的部分内容作为页面的描述。多数搜索引擎一般只截取 120～140 个汉字的内容作为页面描述，超过这个范围将被省略。当描述的内容数量超过搜索结果显示的字符数量时，搜索引擎会根据一定规则，对描述的内容进行适当删减，最终向用户展示意义较为完整的描述。

(2) 关键字分布。

不管是在页面的正文内容中，还是在标题、描述或关键字中，关键字放在标题的前面，都有助于提高页面的相关性。

(3) 关键字词频。

对于描述里的关键字词频，建议主关键字出现 5 次左右，辅关键字出现 1 次。

另外，需要注意的是，标题里的主、辅关键字也必须出现在描述内容里，这样才能有效突出该页面的主、辅关键字。

3) 关键字

相对标题及描述，关键字对页面权重的影响微乎其微，甚至可以忽略。但要做好搜索引擎优化，就要做好每一个可能会影响页面相关性的细节。

关键字也涉及内容长度、关键字分布、关键字词频等问题，但相比标题及描述要简单很多，在关键字里，只需按其重要性列出与该页面主题相关的关键字即可。

2. 页面锚文本

在 SEO 工作中，页面锚文本是网页内容优化的主要内容。

1) 锚文本简介

锚文本又称锚文本链接，是链接的一种形式。锚文本是指把关键字做一个链接，指向其他的网页。实际上，锚文本建立了文本关键字与 URL 的链接关系。

锚文本可以分为站内锚文本和站外锚文本。站内锚文本链接的对象是站内内容，站外锚文本链接的对象是站外内容。

锚文本是页面内容评估的一项重要指标。页面锚文本导出的链接和页面本身的内容要有一定的关系，通过页面锚文本的描述，可判断链接页面的内容属性。例如，手机的行业网站有"手机内存"的介绍，"手机内存"导出的链接内容如果是介绍"手机内存"相关的知识内容，则会提高页面的权重。

一般情况下，专有名词的锚文本指向的链接通常是百度百科、百度经验等百度相关产品。

2）锚文本优化注意事项

(1) 锚文本长度。

锚文本长度不能过长，更不能是一段话，一般为 3～7 个关键字。因此，在制作页面锚文本时，不能把整段文字作为一个锚文本，这样不仅不能突出重点关键字，反而对提升关键字权重没有任何帮助。

(2) 锚文本数量。

同一页面锚文本数量最多不要超过 5 个。如果一个页面的锚文本过多，会让用户认为广告性太强，从而失去阅读兴趣；另外，会导致关键字密度过高，不但影响文章阅读的通顺性，而且会降低搜索引擎的友好性。如果页面的内容过长，相同的锚文本关键字比较多，可选择其中的几个关键字作为锚文本，其他的关键字可以采用加粗、颜色、字体等方式，重点突出即可。

(3) 锚文本分布。

一般情况下，锚文本在页面的开头、中间、结尾均匀分布是最为理想的状态。将锚文本堆砌在一起，既影响用户体验，又影响搜索引擎的收录。

(4) 锚文本与链接相关性。

锚文本关键字与链接页面之间要有一定的相关性。在制作锚文本时，需要围绕关键字来描述内容或者链接外部页面。锚文本关键字与链接内容匹配度越高，其相关性也越高，越容易被搜索引擎收录，进而获得好的排名。

(5) 锚文本链接原则。

在一个网站中，制作锚文本链接要注意以下两点：相同关键字不要出现不同的链接；相同链接不要出现不同关键字。

5.4.2　关键字布局策略

一个网站的关键字数量通常都不会太少，有导航类关键字、信息类关键字、长尾关键字、主关键字等。网站的页面越多，关键字布局显得越重要，关键字布局要注意以下问题。

1. 突出页面主题

每个页面重点优化的关键字应是 2～3 个，不要过多。如果一个页面优化的关键字过多，则在呈现页面内容时容易缺乏针对性，进而导致文不对题，无法突出页面主题。

2．避免内部竞争

如果一个网站多个页面的关键字相同，则在搜索结果中，搜索引擎一般只会挑选最相关的一个页面显示。因此，每个页面优化的关键字应尽量保持不重复，避免造成网站的内部竞争。

3．合理分布关键字

关键字确定之后，我们通常用不同的页面承载不同类型的关键字，使网站的关键字分布更为合理。其中，网站的首页是最重要的页面，主关键字放在首页才能发挥更大价值，栏目页放一般的关键字，内容页放长尾关键字。

只有在网站中合理分配关键字，才能让搜索引擎参考关键字在页面所处的位置，以确定关键字的重要性。首页关键字最重要，栏目页次之，内容页通常是长尾关键字。这样的安排也使网站的逻辑结构更加清晰。

5.5　挖掘关键字

网站的核心关键字确定后，需要准备更多的长尾关键字，用不同的内容页来展示，有利于获得更多的搜索流量。关键字挖掘直接影响网站用户的访问量，选择有效的关键字及使用适当的方法对其进行组合，可让网站有更多的展示机会。关键字挖掘常见的五种方法是：搜索引擎下拉框、相关搜索、为您推荐、同行标题和工具软件。

5.5.1　搜索引擎下拉框

在搜索引擎搜索框里输入关键字时，通常会有一个下拉框提示，显示一些与用户搜索相关的关键字，这是搜索引擎为了提升用户搜索体验而开发的一种功能。可以说，下拉框显示的内容是与用户搜索内容相关且搜索量大的关键字。下拉框提示会给用户更多的搜索指向，方便用户对搜索目标做出判断，减少用户输入的字符数，节省用户的思考时间。

关键字挖掘可以参考下拉框显示的关键字，将可能与网站相关的关键字挑选出来。下拉框显示的搜索内容是动态变化的，会根据不同时间、不同地点的搜索数据，以及其他因素，在不同阶段显示不同的内容。例如，搜索"seo"时，百度下拉框出现的关键字如图5-16 所示。

图 5-16　百度搜索下拉框

5.5.2　相关搜索

相关搜索是与搜索者有相似搜索需求的关键字，根据搜索的热门程度以及与搜索关键字之间的相关性，由系统自动判断后产生的。相关搜索显示在搜索结果页的左侧和下方，点击相关搜索的关键字可以直接获得搜索结果。

当搜索某关键字达到一定的搜索量时，拼音或词义相近的关键字便会出现在相关搜索的内容里。如果相关搜索的内容与优化的网站具有相关性，则可以将相关搜索的内容作为网站的关键字。例如，搜索"seo"时，百度"相关搜索"的显示结果如图 5-17 所示。

图 5-17　百度"相关搜索"结果

5.5.3　为您推荐

当用户搜索某个关键字时，百度会通过大数据分析用户所搜索的关键字与想要获取信息之间的关系，得出用户可能想要的结果，做出进一步的推荐。

这种推荐行为是为了方便用户获得最优搜索关键字，能够让用户更快地找到想要的答案，也是百度提升用户体验的一种有效方法。

在搜索结果页面的顶端可以看到搜索引擎给出的"为您推荐"。例如，搜索"seo"时，百度"为您推荐"的显示结果如图 5-18 所示。

图 5-18　百度"为您推荐"搜索结果

5.5.4　同行标题

SEO 人员在搜索结果中，可通过查看同行标题来挖掘新的关键字。在查看同行标题时，要注意把推广的链接与百度自身产品区别对待，推广的链接不具备参考价值。例如，搜索"seo"时，同行标题的显示结果如图 5-19 所示。

SEO研究中心

SEO研究中心提供免费SEO公开课,SEO技术问题解答,SEO优化教程下载和系统SEO培训及技术指导。每晚YY6359频道课程直播
bbs.moonseo.cn/ ▾ - 百度快照 - 661条评价

站长工具 - 站长之家

站长工具是站长的必备工具。经常上站长工具可以了解SEO数据变化。还可以检测网站死链接、蜘蛛访问、HTML格式检测、网站速度测试、友情链接检查、网站域名IP查询、PR、…
tool.chinaz.com/ ▾ - 百度快照 - 568条评价

搜外SEO论坛-人气很旺的SEO行业社区,解决SEO过程的各类问题 -

SEO答疑互助模式,SEO过程中的所有问题都有高手帮你解答,如果你是SEO高手,帮助新手解答,让SEO业务自动找上你。-SEOWHY!
www.seowhy7.com/ ▾ - 百度快照 - 评价

图 5-19   挖掘同行标题

5.5.5   工具软件

SEO 人员可利用关键字工具软件(如追词软件、5118 网、百度站长工具等)挖掘相关的关键字。例如，利用 5118 网挖掘与"seo"相关的关键字，其显示结果如图 5-20 所示。

| seo | | | | 挖词 |

seo长尾关键词挖掘

相关长尾词关键词共找到12228条记录[有指数：376 无指数：11852]

关键词	百度指数	长尾词数量	搜索结果	推荐网站
seo	8080	12000	94600000	seo.chinaz.com
seo优化	1811	1278	38200000	www.seozixuewang.com
seo查询	1025	97	12500000	seo.chinaz.com
seo是什么意思	917	23	3160000	www.cr173.com
SEO教程	852	334	2460000	www.seozixuewang.com
seo是什么	581	108	2890000	www.gupowang.com
安徽seo	472	7	1490000	www.lefians.cn
seo培训	411	310	3810000	www.seoask.org

图 5-20   利用 5118 网挖掘关键字

视频：关键字挖掘。

通过学习视频，掌握关键字挖掘的五种方法，学会利用工具软件为网站挖掘合适的关键字。

扫一扫

5.6　评估关键字

挖掘关键字后，会得到与网站内容相关的关键字列表，接下来就是对关键字进行评估，判断关键字优化的难易程度。评估关键字应该从以下三点进行：关键字竞争值、推广页面个数、一级页面个数。

5.6.1　关键字竞争值

关键字竞争值是判断一个关键字是否容易优化的参考值，由关键字搜索指数与网页数量决定，三者之间的关系如下：

$$关键字竞争值 = \frac{关键字搜索指数}{网页数量}$$

1. 关键字搜索指数

关键字搜索指数是反映关键字搜索频繁度的数据。搜索指数越大，说明该关键字的商业价格越高，给网站带来的流量越多，同时，同行竞争者也会越多，竞争压力也越大。

如果单独从关键字搜索指数一个维度来判断关键字的竞争大小，可以参考以下数值范围。

(1) 搜索指数＜100，竞争较小；

(2) 100≤搜索指数＜300，竞争中等偏小；

(3) 300≤搜索指数＜500，竞争中等；

(4) 500≤搜索指数＜1000，竞争中等偏上；

(5) 搜索指数≥1000，竞争激烈。

仅用搜索指数来判断关键字竞争激烈程度是较为模糊的，不同类型的网站情况不同。如某些细分行业类网站，搜索关键字的用户比较精准，虽然搜索指数低，但关键字的竞争程度可能更高。

2. 网页数量

在搜索引擎对话框中输入目标关键字，可以查询到返回结果的网页数量。数量越多，表示竞争相对越大；数量越少，表示竞争相对越小。例如，在百度搜索"SEO"，网页数量如图 5-21 所示。

图 5-21　搜索"SEO"的网页数量

如果单独从网页数量一个维度来判断关键字的竞争大小，可以参考以下数值范围。

(1) 网页数量＜50 万，竞争较小；

(2) 50 万≤网页数量＜100 万，竞争中等偏小；

(3) 100 万≤网页数量＜300 万，竞争中等；

(4) 300 万≤网页数量＜500 万，竞争中等偏上；

(5) 网页数量≥500 万，竞争激烈。

3．关键字竞争值

关键字搜索指数越大，说明查询的人数越多；网页数量越多，说明同行竞争者越多。当搜索指数为 0 时，说明关键字没人搜索(在某些情况下，搜索人数少，搜索指数也可能为 0)，也意味着没有优化的价值。当关键字搜索指数越大，网页数量越少时(也就是搜索人数多，同行竞争者少)，关键字竞争值会越大，所以比较两个关键字哪个更容易优化，通常选择关键字竞争值大的那个。

下面以关键字"seo 教程""seo 论坛"为例，计算关键字竞争值。首先查询两个关键字近七天的搜索指数，如图 5-22 所示。

图 5-22　关键字近 7 天的搜索指数

其次，分别查询关键字"seo 教程""seo 论坛"的网页数量，如图 5-23 所示。

图 5-23　关键字网页数量查询

最后，将查到的搜索指数与网页数量记录在表格中，通过计算分别得出关键字竞争值，如表 5-1 所示。

表 5-1　计算关键字竞争值

关键字	搜索指数	网页数量	关键字竞争值
seo 教程	1201	3 550 000	0.000 338
seo 论坛	263	5 630 000	0.000 047

由表 5-1 可知，关键字"seo 教程"比"seo 论坛"的搜索指数要高，网页数量要少，计算得到的关键字竞争值更大，更容易优化。

视频：关键字竞争值。

通过学习视频，掌握关键字竞争值的计算方法，通过关键字竞争值评估关键字。

扫一扫

5.6.2　推广页面个数

百度推广页面是百度公司推出的一款服务产品，网站在购买该项服务后，通过设置一定数量的关键字，其推广信息就会优先出现在用户相应的搜索结果中。如：网站管理者在百度推广"SEO"这个关键字，当用户使用百度搜索"SEO"的信息时，网站就会优先展示。关键字"SEO"的推广页面如图 5-24 所示。

图 5-24　关键字"SEO"的推广页面

百度推广页面有两个基本特征，一是在右侧会有"广告"或"推广链接"字样，二是显示的网站摘要信息中没有"百度快照"字样。推广页面越多，说明该关键字竞争越激烈，越难优化。

5.6.3　一级页面个数

一级页面也就是网站的首页。在影响排名的诸多因素中，网站的首页权重占有很高比例。当浏览量、链接数等其他权重相同时，同一个关键字，在首页标题进行优化，比内页优化更容易使排名靠前，这种情况对于新建网站尤为明显。

如果搜索结果中一级页面比较多，则关键字优化难度会很大。如果搜索结果中内页数量较多，则说明关键字相对容易优化，从侧面反映了此关键字的竞争对手比较少。网站管理者将关键字放在首页标题中，如果竞争对手首页没有相同的关键字，即使我们没有做太多优化工作，这个关键字也能很快得到良好的排名。

一级页面与内页的区别如图 5-25 所示。

最常用的查近期收录的SEO命令是"inurl命令" SEO评测网

2013年8月22日 - 这个inurl命令曾经让我找的好苦的SEO命令。这个 inurl命令可以查出近期搜索引擎收录本站的帖子数量。也有解释为：inurl:可以查询出包含某个URL或者...

 seo.pingce.cc/seom/201. ▼ - 百度快照
二级页面

SEO研究协会网-最权威的SEO技术研究和网站优化学习平台

SEO研究协会网，是SEOer研究和学习的公益型网站,专注于seo专业知识,搜索引擎算法研究,社会化媒体营销等领域;时刻关注搜索行业发展动向,引领seo行业良性发展,欢迎你!

www.seoxiehui.cn/ ▼ - 百度快照
一级页面

图 5-25　一级页面与内页的区别

根据关键字评估的相关指标，如果要评估与"SEO"相关的字词，可以通过挖掘关键字的方式，找出相关的关键字，然后查找出评估指标的具体数据。关键字评估指标数据如表 5-2 所示。

表 5-2　关键字评估指标

关键字	搜索指数	网页数量	推广页面个数	一级页面个数
SEO 学习资料	0	15 800 000	22	4
SEO 学习步骤	300	2 000 000	5	3
SEO 学习难不难	30	155 000	4	0
SEO 学习吧	0	10 000	4	2
SEO 学习网	300	2 000 000	10	3
SEO 教程	400	635 000	5	3
SEO 基础学习	300	2 000 000	6	1

以关键字"SEO 学习网"与"SEO 基础学习"为例，两者关键字的搜索指数及网页数量均相同，但在推广页面个数与一级页面个数上，"SEO 学习网"都多于"SEO 基础学习"，所以关键字"SEO 基础学习"要比"SEO 学习网"更容易优化。

评估关键字，需要综合考虑关键字竞争值、推广页面个数和一级页面个数三个方面的因素。对于经验丰富的网站管理者，评估关键字有时可以根据经验做适当判断，根据经验

的评估有时也具有一定的参考价值。

5.7 筛选关键字

在建站时，首先要为网站筛选合适的关键字。网站关键字的筛选决定了网站后期排名的稳定程度，关键字筛选的准确度会影响网站的流量。关键字筛选主要考虑关键字匹配度、竞争对手等因素，同时要避免使用敏感关键字。

5.7.1 关键字匹配度

网页内容是围绕网站主题展开的，关键字的筛选也要与网站主题紧密相关，也就是关键字的匹配度。如果选择的关键字和网站主题无关，即使能为网站带来大量的流量，也不能选用这种关键字，因为这种靠欺骗得到的流量，用户体验很差。我们可以通过以下两种方法提高关键字的匹配度。

1．相关性

从搜索引擎优化角度来说，把一些不相关的产品或内容添加到网站中，会成为网站的负担。页面关键字与网站主题不匹配，会影响搜索引擎对网站主题的判断，增加搜索引擎优化的难度。

比如：做"汽车坐垫"的网站，设置了"汽车轮胎"为网站关键字，当用户点击网站时，发现进入了一个完全不同的网站，虽然点击量上去了，但不会带来精准用户，更无法涉及所谓转化的环节。

2．用户搜索习惯

在筛选关键字的过程中，分析用户的搜索习惯非常重要。选择与目标用户搜索习惯最匹配的关键字，并将最终搜索结果以用户最喜欢的方式呈现出来。

根据中国互联网络信息中心在 2016 年的统计数据显示，用户输入关键字类型及查找商品时使用的关键字类型如图 5-26 和图 5-27 所示。

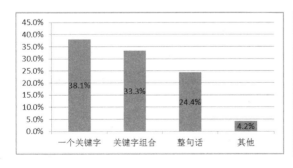
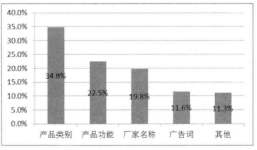

图 5-26　用户输入关键字类型　　　　图 5-27　用户查找商品时使用的关键字类型

网站管理者可以根据用户使用搜索引擎的习惯，为网站制定适合用户搜索的关键字，虽然网站的优势不突出，但用户的点击精准，容易形成转化。

5.7.2　关键字表达范围

在筛选关键字时，要注意关键字表达意思的范围。范围适中，有利于优化工作；范围过大或过小，会给优化工作造成不必要的麻烦。

1. 关键字范围过大

网页设置的关键字，表达的意思不能太宽泛。一是因为这类关键字同行竞争者较多，优化排名需要投入大量财力和时间，达到理想的排名比较困难；二是因为搜索这类关键字的用户目的性不强，转化率相对较低。

例如：某服装公司网站想优化"服装"关键字，假如该公司通过竞价排名或 SEO 将"服装"关键字优化到搜索结果的首页，那么搜索"服装"的用户就一定会购买服装吗？实际上很多用户可能只是想了解服装面料、制作、款式、流行趋势等信息。用户搜索"服装"的需求是多样性的，对表达意思太宽泛的关键字进行优化，目标客户没有针对性，虽然能给网站带来流量，但转化率会很低，投入产出不成正比。

很多公司在选择关键字时，容易把公司所在行业的名称作为关键字进行优化。如电脑公司将"电脑"设置为关键字；旅游公司将"旅游"设置为关键字；汽车公司将"汽车"设置为关键字等。这样的做法都是不可取的。

2. 关键字范围过小

网页设置的关键字，表达的意思同样不能太窄，或许这类关键字的目标用户非常精准，但搜索量相对较少。如果把这类关键字作为网站的核心关键字，即使搜索结果中排名靠前，也无法给网站带来较高的价值。

例如：某搜索引擎优化公司将公司的名称"某某搜索引擎优化有限责任公司"作为网站的核心关键字。在大多数情况下，有购买意向的用户是不会通过搜索一个公司的全称来购买公司产品的。

总之，在筛选关键字时，关键字表达的意思太宽泛或太窄都是不可取的，需要寻找一个中间值，既要保证关键字与页面主题相关，又要保证关键字有一定的搜索量。

5.7.3　规避竞争对手

在筛选关键字时，注意规避竞争对手。如果发现有多个竞争对手已经在网页中特别设置了某个关键字，且对方在实力、网站权重值、产品功能等方面均占有一定优势，那么我们应暂时规避这些字词。当网站的权重值与竞争对手相差不大，且产品功能也有一定的市场竞争力时，可以重新调整网页的关键字。

关键字竞争值越高，代表搜索用户越多，竞争对手越少，也就是俗称的"买家多，卖家少"。

5.7.4　禁用敏感关键字

随着互联网的发展，人们在享受网络技术带来便利的同时，也有少数不法分子利用网络开放性的特点，在网上散布各种反动、暴力、色情、虚假广告等不良信息。为了有效防止不良信息的传播，搜索引擎会针对网页中的文本内容设置敏感关键字自动检测程序，并对含有敏感关键字的网页采取自动过滤措施。

如果网页中的文本内容含有敏感关键字，该网页会引起搜索引擎重点监控。若敏感关键字达到一定数量，或者搜索引擎认为该网页有不良信息的嫌疑，则在用户的搜索结果中，该网页将会被自动屏蔽。所以，网站管理者在选择关键字时，要避免使用敏感关键字作为优化对象。敏感关键字可以通过"http://www.67960.com/"查询。

本 章 小 结

◇　关键字是用户查找信息的基础，也是搜索引擎优化的基础，相当于为网站制定了优化目标，直接决定了网站优化的成败。搜索引擎优化的大部分工作是围绕用户搜索的关键字展开的。

◇　关键字搜索指数是以用户的搜索量为数据基础、以关键字为统计对象，科学分析并计算出各个关键字在网页搜索中搜索频次的加权和。根据搜索来源的不同，搜索指数分为 PC 搜索指数和移动搜索指数。搜索指数越大，说明搜索的人数越多，在某些特定情况下，经常用搜索指数来代替搜索人数进行数据计算。

◇　常用的关键字搜索指数有谷歌指数、百度指数、360 指数、搜狗指数等。在中文搜索引擎中，百度指数应用最为广泛。

◇　关键字密度是指在一个页面中，关键字词频与该页面中总词汇量的比值。该指标对搜索引擎的优化起到关键的作用。为了提高关键字在搜索引擎中的排名位置，页面的关键字密度不能过高，也不能过低，大多数关键字密度在 2%～8% 间较为合适。

◇　关键字密度主要由关键字词频与页面总词汇量两个因素决定，三者之间的关系为

$$关键字密度 = \frac{关键字词频}{页面总词汇量}$$

◇　关键字分类有多种形式，每一种形式都可以指导网站 SEO 策略和推广方向的规划。不同网站所使用的关键字分类方式也不同。只有明确关键字的分类后，才可以根据网站的目的来筛选、布局和重点优化关键字。

◇　关键字的表现形式是指关键字在页面中的展现样式。合理利用关键字的表现形式能很好地突出页面中的重点关键字，提高网页优化关键字的权重，避免网页内容缺乏重点。常见关键字的表现形式包括字体的字号、颜色、样式等，字体样式又包括加粗、下划线、斜体等。

◇　在网站优化过程中，关键字的布局影响非常大。同一个关键字，用首页优化和栏目页优化，网页的排名会截然不同。

◇　关键字主要分布在页面头部、正文内容中。页面头部包括标题、描述和关键字三个部分。一个网页中的标题、描述、关键字、页面锚文本四处必须要设置优化的关键字，通常称之为"四处一词"。

◇　网站的核心关键字确定好后，需要挖掘更多的长尾关键字，用不同的内容页来承载，以便获取更多的搜索流量。关键字挖掘的好坏直接影响到网站用户的访问量，选择有

效的关键字及使用适当的方法对其进行组合可让网站有更多展示的机会。常见的挖掘关键字的方法主要有以下几种：搜索引擎下拉框、相关搜索、为您推荐、同行标题和工具软件。

✧ 进行关键字挖掘后，会得到与网站内容相关的关键字列表，下一步工作是对挖掘的关键字进行评估，看哪个关键字相对好优化，哪个关键字相对难优化。关键字的评估应该从以下三个方面进行：关键字竞争值、推广页面个数、一级页面个数。

✧ 关键字竞争值是判断一个关键字是否容易优化的参考值。关键字竞争值由关键字搜索指数与网页数量决定，三者之间的关系为

$$关键字竞争值 = \frac{关键字搜索指数}{网页数量}$$

✧ 在一个网站完成建站之前，首先要为网站筛选合适的关键字。网站关键字的筛选决定了网站后期排名的稳定程度，关键字筛选的效果会增加网站的流量。关键字筛选主要考虑关键字匹配度、竞争对手等因素，同时要避免使用敏感关键字。

本 章 练 习

一、填空题

1. 常见关键字的表现形式包括字体的_____、_____、_____等，字体样式又包括_____、_____、_____等。

2. 关键字主要分布在页面头部、正文内容中。页面头部主要包括_____、_____和_____三个部分。

二、应用题

1. 使用百度指数，搜索关键字"麻辣火锅"，比较北京、西安、成都、长沙、广州五个城市，最近一个月内的整体搜索指数与移动搜索指数，以及变化情况，并分析原因。

2. 使用百度指数，搜索关键字"外卖"，根据需求图谱提供的需求分布信息，找到与关键字"外卖"相关性最强、搜索指数最大的关键字，并分析原因。

3. 找出自己所在大学的导航类关键字，并查看这些关键字在百度的排名情况，列出关键字与百度排名的统计表。

4. 使用挖掘关键字的方法，挖掘 20 个与"美食"相关的关键字，将挖掘的关键字整理到 Excel 表格中，并找出每个关键字搜索指数和网页数量，计算出关键字竞争值，最后按关键字竞争值由高到低排序。

三、简述题

1. 合理提高关键字密度的方法有哪些？

2. 设置网页标题的注意事项有哪些？

第6章 网站建设优化

本章目标

- 了解网站结构优化的作用和网站结构的类型
- 掌握网站结构优化的思路
- 熟悉 URL 的组成
- 掌握 URL 优化的细节
- 熟悉 URL 重定向的方法及意义
- 熟悉 URL 静态化的方法
- 了解代码优化的重要性及精简代码
- 掌握 Robots 和 Nofollow 优化的方法
- 掌握图片标题、Alt 属性、注释、大小及链接内容的优化网站关键字确定后，在网站建设时就需要结合关键字进行一系列 SEO 工作。网站建设主要包括网站结构优化、URL 优化、代码优化和图片优化四个方面。

6.1　网站结构优化

网站结构优化对网站的建设起到了计划和指导作用，对内容的维护以及后面的 SEO 工作非常关键。

6.1.1　网站结构优化的作用

方便简洁的网站结构，一方面能正确表达网站的基本内容及其内容之间的层次关系，便于搜索引擎抓取重要页面；另一方面也能方便用户在浏览网站时获取信息，不至于让用户在网站中迷失方向。网站结构优化主要有以下几个作用。

1．增强用户体验

网站结构优化可给用户带来更贴心的体验。如果一个网站的结构极其混乱，那么用户体验就会很差，进而流量随之下降。但一个清晰的网站结构和有效的导航设置却可以帮助用户快速获取所需要的信息。

2．增加收录数量

网站页面的收录情况在很大程度上依靠良好的网站结构。清晰的网站结构有利于搜索引擎顺利抓取页面内容。网站结构优化能增加网站的搜索引擎友好性，增加网站被收录的机会和页面被收录的数量。一个合理的网站结构可以引导搜索引擎从中抓取更多、更有价值的页面。

3．合理分配权重

除了外部链接能给内部页面带来权重外，网站本身的结构及链接关系也是影响内部页面权重分配的重要因素。页面是否具备较高的排名能力，取决于内部页面得到的权重。网站结构优化可以合理分配网页权重比例，妥善处理网站结构同链接之间的关系，突出重要的页面。很多网站管理者都清楚，增加网站的外部链接能提高权重。除此之外，升级网站的内部结构，改善链接关系，也是提高页面权重的有效方法之一。

6.1.2　网站结构的类型

网站结构在搜索引擎优化中占据着主导地位，在决定网站页面收录数与重要性方面有着重大的影响。要做好网站结构优化，首先要了解网站的结构。

1．物理结构

物理结构就是页面真实存储位置所决定的结构，它反映了页面的存储层次，是文件真实的存储位置。影响物理结构的决定性因素有：空间位置(也就是网站服务器所在地)、域名地址和网页文件所在目录。

如果 URL 没有经过重写、转发等操作，则 URL 可以反映出页面的真实存储位置。例如，根据原始 URL——http://www.abc.com/seo/123.html 可知，页面文件 123.html 存储在网站服务器根目录/seo/文件夹下。正常情况下，物理结构决定了页面的目录深度。

目录深度是指页面存储的目录层次。目录深度在一定程度上会影响到页面的收录。如果一个页面的目录深度过深，那么 URL 长度相应也会过长，这样可能导致搜索引擎拒绝收录，因此在规划网站物理结构时，应尽可能降低页面的目录深度。

物理结构包括扁平物理结构和树型物理结构两种类型。

1) 扁平物理结构

扁平物理结构是指网站中所有页面文件都存储在根目录下，且形成所有页面的目录深度都相同的存储结构。扁平物理结构如图 6-1 所示。

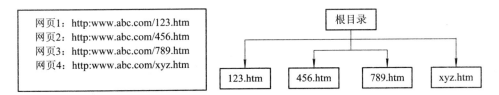

图 6-1　扁平物理结构示意图

由图 6-1 可以看出，网页 1 到网页 4 对应的网页文件，都存储在网站的根目录下，且目录深度相同。扁平物理结构有利于搜索引擎抓取页面，但在网站的后期维护中，由于网站页面没有分类保存，所以很难精准找到需要维护的页面，这会给管理网站造成不必要的麻烦。

2) 树型物理结构

树型物理结构是把网站中的页面分门别类地存储在多个层次关系的目录里。树型物理结构如图 6-2 所示。

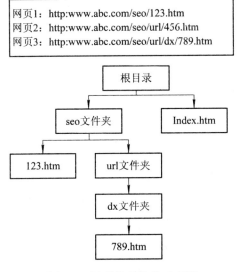

图 6-2　树型物理结构示意图

树型物理结构的优点是：维护网站非常便利，可以通过文件命名大体确定网页的存储位置；网页文件归类一目了然，查找和修改网页十分方便。但树型物理结构会造成目录深度过深，不利于搜索引擎抓取。

2．逻辑结构

逻辑结构是由页面与页面之间的链接关系所决定的结构，它反映的是页面之间的链接层次关系。在逻辑结构中，常用链接深度描述页面之间的链接层次。

链接深度是指从源页面到达目标页面所经过的路径。链接深度越浅(表示从源页面到达目标页面的路径越短)，被搜索引擎抓取的机会就越大。如图 6-3 所示，如果搜索引擎要抓取页面 3-1，必须先抓取页面 1-1 和页面 2-1 后才能完成。页面 3-1 相比页面 2-1 链接深度深，不容易抓取。

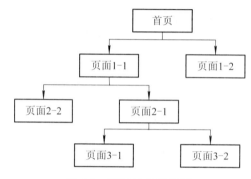

图 6-3　逻辑结构示意图

与物理结构一样，逻辑结构也分为扁平逻辑结构和树型逻辑结构两种类型。

1) 扁平逻辑结构

扁平逻辑结构是指网站中任意两个页面之间可以互相链接，即网站中任何一个页面都包含其他所有页面的链接入口，如图 6-4 所示。

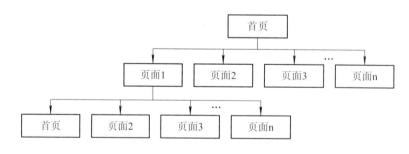

图 6-4　扁平逻辑结构示意图

扁平逻辑结构虽然有利于搜索引擎抓取，但扁平逻辑结构所有页面的链接深度都是相同的，无法突出重点页面。

2) 树型逻辑结构

树型逻辑结构与扁平逻辑结构相反，是指网站中的页面按照一定的频道和栏目进行树状组织的结构，如图 6-5 所示。

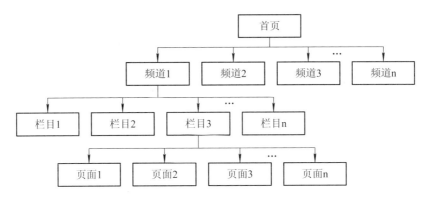

图 6-5　树型逻辑结构示意图

不管是物理结构还是逻辑结构，扁平型或树型，任何一个网站都可能同时存在多种形态。当多种网站结构并存时，网站管理者要合理利用网站结构，突出重点页面，提升用户体验和搜索引擎友好性。

6.1.3　网站结构优化方法

网站结构优化方法主要包括物理结构优化方法与逻辑结构优化方法。

1．物理结构优化方法

物理结构优化主要是为了减少网站页面的目录存储深度，一般以 URL 的目录层级作为标准。在通常情况下，网站物理结构优化方法主要有以下两种。

1) 建立含有关键字的子目录

一般来说，网站管理者在优化物理结构时，不提倡将所有文件都存放在根目录下，而应该按栏目内容建立子目录，使用意义明确的目录名称，并且通过目录名称能够判断该目录存放的文件内容。同时，要注意目录名称不能过长，可以使用简称，在说明目录名称意思的前提下越短越好。

2) 有条件地缩短目录深度和长度

在优化物理结构时，虽然建议创建一定的子目录来分类和整理页面，但是网站的目录层级一般不要超过 3 层。

2．逻辑结构优化方法

逻辑结构优化主要包括增加链接数量、链接入口以及合理分配链接权重三个方面。通过逻辑结构优化能突出网站的重要页面。

1) 增加重要页面中的链接数量

在相对重要的页面中，如果设置更多的链接指向其他页面，不但可以减少页面之间的链接深度，还可以引导搜索引擎抓取更多的页面，提高网站的权重。

2) 增加重要页面的链接入口

在更多的网站内部页面中增加指向重要页面的链接，可以有效地增加网站中相对重要页面的链接入口，从而增加页面的链接权重。

3) 合理分配权重

通过调整网站的整体结构，控制网站内部权重的传递和流动，使整个网站权重的分配有一定层次。网站权重分配正确的思路是：首页最高，栏目页次之，内容页再次之。

6.2 URL 优化

URL 相当于页面的链接地址，用户和搜索引擎需要通过 URL 才能访问相应的页面。URL 优化是指对其进行适当的调整，提高 URL 对搜索引擎的友好性。URL 优化是网站建设优化的重要环节之一，影响搜索引擎收录页面的效果，在决定页面相关性方面也起着重要的作用。

URL 优化主要包括 URL 基本优化、重定向和静态化三个方面。掌握 URL 优化方法，首先要从了解 URL 开始。

6.2.1 URL 简介

URL 又称统一资源定位器(Uniform Resource Locator)，是互联网上标准资源的地址，包含访问资源的全部信息，通常称为"链接"或"网址"。互联网上的每个文件都有唯一的 URL，通过它可以了解文件的位置以及浏览器应使用何种协议打开文件。URL 各组成部分从左至右分别是服务协议类型、服务器地址、端口号、路径和文件名。URL 各组成部分如图 6-6 所示。

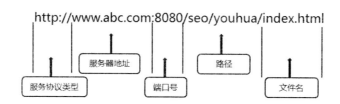

图 6-6 URL 各组成部分图解

1．服务协议类型

URL 中的服务协议通常指 OSI(开放式系统互联参考模型)网络七层协议中应用层的协议。服务协议有很多类型，常见的服务协议及其含义如下："http"表示超文本传输协议；"https"表示安全超文本传输协议；"ftp"表示文件传输协议；"gopher"表示 Gopher 协议；"telnet"表示 Telnet 协议。

2．服务器地址

服务器地址是指存放网站信息资料的服务器所使用的 IP 地址。因 IP 地址较难记忆，所以一般用域名来代表 IP 地址，如：www.abc.com。

3．端口号

从本质上讲，访问任何一个网站或文件，都是通过服务器地址和端口号的组合来实现的。但实际使用时，为了减少输入的麻烦，一般都省略了默认端口号(不同服务协议默认的端口号不同，http 协议常用默认端口号为 8080，ftp 协议常用默认端口号为 21)。如：某网站的默认端口号为 8080，则访问网址 http://www.abc.com 与 http://www.abc.com:8080 实际上打开的是同一个网站。

4．路径

路径也称目录位置，是指资源或信息在服务器上的位置，由"目录/子目录/"格式组成。路径一般使用英文或拼音的方式命名，方便搜索引擎通过路径来了解页面所表达的内容，不建议使用中文的方式命名。

5．文件名

文件名是指资源或网页的名称。文件名一般使用英文或拼音的方式命名，方便搜索引擎通过文件名来了解页面所表达的内容，同样不建议使用中文的方式命名。

6.2.2　URL 基本优化及注意事项

URL 优化的基本工作包括 URL 的命名、长度、关键字和符号使用等方面。这些细节是影响一个网站成败的关键所在。

1．URL 命名

SEO 人员对 URL 命名时，一般使用英文或拼音的小写形式。

1) 使用拼音或英文

在 URL 中，使用中文对各组成部分命名虽然能准确表达页面意思，但对大多数搜索引擎来说，拼音或英文比汉字形式的 URL 更受重视。因为搜索引擎能够自动识别拼音形式所表达的意思，甚至在只有词组首字母的情况下。

例如：英文输入状态下，在搜索对话框中输入"搜索引擎"的拼音首字母"ssyq"，下拉框里会自动将"ssyq"解释成汉字，如图 6-7 所示。

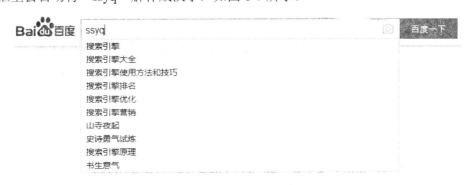

图 6-7　搜索引擎自动翻译拼音首字母

2) 使用小写形式

虽然域名注册时统一使用小写字母的形式，但 URL 中的路径与文件名可以使用大写字母。对于搜索引擎来说，大写字母一般用于英文的简称，搜索引擎无法完美解释大写字母所表达的意思，而小写字母则可以。所以，URL 中使用小写字母，更能让搜索引擎了解页面的主题。

2．URL 长度

搜索引擎在抓取页面时，对页面的 URL 长度会有一定限制，对于超过指定长度的 URL 所指向的页面，搜索引擎就会放弃抓取。决定 URL 长度的因素主要包括域名长度、路径长度及文件名长度。

例如：

URL A：http://www.abc.com/seo.htm

URL B：http://www.abc.com/seo/seo/seo.htm

同样的"seo.htm"页面，URL A 比 URL B 能获得更高的权重，因为搜索引擎抓取 URL B 的目录层次更深，难度更大，所以搜索引擎可能会放弃抓取 URL B。

URL 长度一般保持在 30～40 个字符的长度，在搜索结果中能全部显示，过长的 URL 在搜索结果中无法完全显示，由此可见，URL 长度保持在一个合理的范围内对搜索引擎会更友好。

3．URL 关键字

搜索引擎抓取 URL 时，可以从 URL 中读取一些信息，如域名、目录名和文件名。通过这些信息，能基本判断 URL 所表达的内容。URL 中的关键字与所指向页面的主题越相关，越能重点突出主题，增加搜索引擎友好性；另外，当用户看到 URL 时，可以大致了解网页的内容，提高用户体验度。无论从搜索引擎友好性，还是用户体验角度来说，URL 中的关键字与页面表达的内容越相关越好。

例如：

http://www.qqgame.com/wl/doudizhu.htm

通过该 URL，基本可以推断出页面内容是关于"网络斗地主游戏"的。如果该页面呈现的内容与网络斗地主游戏相关，则该 URL 对应的"网络斗地主游戏"关键字在搜索引擎中的相关性会越高，页面的权重也会相应提高，进而排名越靠前。

4．URL 符号使用

为了让搜索引擎能正确识别以英文形式命名的关键字，需要使用相应符号对词组之间的单词进行分隔。最常见的 URL 分隔符有横杠(-)、下划线(_)、反斜杠(/)等自然分隔符。一般来说，优先使用横杠(-)，下划线(_)次之，其他符号尽量不使用。

5．URL 优化注意事项

规范的 URL 不仅方便用户记忆和识别网站页面，而且也方便搜索引擎更高效地抓取网站内容。在进行 URL 优化时，要注意以下几个方面。

1）相关性

URL 各组成部分中包含与网页内容相关的关键字，因此可以增加网页与搜索关键字的相关性，以提高搜索关键字的排名顺序。

例如：做一个"SEO 学习"相关的网站，某一页面是与关键字优化的内容相关，URL 命名应采用的格式为"http://www.seo.com/keyword/youhua.html"，这样命名既能体现与 SEO 学习相关，又能体现关键字优化的相关内容。

2) 友好性

搜索引擎对 URL 长度有一定限制。对于超过限定长度的 URL 指向的页面，搜索引擎有可能会放弃抓取。URL 越短，对搜索引擎越友好，越容易被抓取，所以尽量减少 URL 长度。

3) 突出性

为了方便用户通过 URL 就能了解主要内容，URL 优化要突出关键字，主要通过提高关键字词频、组合关键字、使用分隔符等三个方法来实现。

总之，为了提升用户体验和吸引搜索引擎抓取，尽量把网页的 URL 设计得规范、简单、可读性强，这样才能大大增加网页的收录量和浏览量。

6.2.3　URL 重定向

URL 重定向是指把一个 URL 重定向到另一个 URL 上，即把一个目录或者文件的访问请求转发至另一个目录或者文件上。当用户发出相应的访问请求时，网页能自动跳转到指定的位置。URL 重定向包括 301 永久重定向及 302 暂时重定向两种。

1. 301 永久重定向

301 永久重定向适用于网站的域名或网页的存储目录永久性更改的情况。在搜索引擎优化中，301 永久重定向常用于实现 URL 静态化。301 永久重定向的设置是通过网站空间的服务器进行设置的，不同类型的网站空间服务器设置的方法不同。以 IIS 服务器为例，其设置方法如图 6-8 所示。

图 6-8　301 重定向设置方法

URL 是否已经设置了 301 永久重定向，可通过站长工具进行检测。以京东的原网址 www.360buy.com 为例，301 永久重定向检测方法如图 6-9 所示。

HTTP301跳转检测

要检测的网页地址：www.360buy.com

更多参数：

○ POST请求 ● GET请求

● 自动检测 ○ UTF-8 ○ GBK ○ GB2312

Referer：

HTTP状态监测

重定向状态：301重定向

要检测的URL：	http://www.360buy.com
请求状态：	GET 301 Moved Permanently
Age	2015
Date	Fri, 03 Feb 2017 08:20:29 GMT
Content-Length	272
Location	http://www.jd.com/

图 6-9　301 永久重定向检测方法

视频：URL 重定向。

使用 Windows7 系统中的 IIS 服务，设置网站 301 永久重定向。

扫一扫

2．302 暂时重定向

302 暂时重定向适用于临时更换域名或目录名称的情况。常见的 302 暂时重定向方式包括 Meta 标签重定向和 JS 标签重定向。以使用 Meta 标签实现 302 重定向为例，其方法如图 6-10 所示。

```
01.   <!DOCTYPE html>
02.   <html lang="en">
03.   <head>
04.       <meta charset="UTF-8" name="keywords" content="html基础培训，培训，Net"/>
05.       <!-- 5秒之后刷新本页面-->
06.       <!--<meta http-equiv="refresh" content="5" />-->
07.       <!-- 5秒之后转到博客首页-->
08.       <meta  http-equiv="refresh" content="5"; url=http://blog.csdn.net/jiankunking"/>
09.       <title>20150706学习</title>
10.   </head>
11.   <body>
12.       <font color="blue" size="6"" > jiankunking </font>
13.   </body>
14.   </html>
```

图 6-10　Meta 标签重定向实现方法

【知识拓展】域名解析与重定向

域名解析也称域名指向、域名配置以及反向 IP 登记等。人们习惯记忆域名，但计算机联网通信只认 IP 地址。域名与 IP 地址之间是对应的，域名解析实际是域名到

IP 地址的转换过程。域名的解析工作需要由专门的域名解析服务器来完成，整个过程是自动进行的。

比如，某网站的域名为 abc.com，如果要访问该网站，就要进行域名解析。首先需要在域名注册商的管理后台，通过专门的域名解析服务器，将 abc.com 解析到一个固定 IP 地址上，如：204.214.1.51。当用户输入 abc.com 域名时，服务器可以自动定位到 IP 地址为 204.214.1.51 的服务器，通过服务器的设置实现网站内容的访问。

域名解析和重定向虽然都可以将不同域名指向同一个网站，但域名解析不传递权重，重定向可以传递权重。

3. 重定向优化的作用

SEO 人员对网站使用重定向优化，可以起到集中权重、传递权重和转移权重三个方面的作用。

1) 集中权重

域名申请成功并开通网站后，网站自动生成 4 个默认网址，如：www.abc.com、abc.com、www.abc.com/default.html、abc.com/default.html。四个网址都会给网站带来一定的用户。如果四个网址不进行重定向设置，则同一网站的权重被四个链接瓜分，从而导致网站权重不集中，影响网站的排名。进行重定向设置是为了规范网站的管理，使网站权重更集中。

2) 传递权重

在更换域名时，选择 301 重定向，将旧域名重新定向到新域名，这样既可以将旧域名的权重传递到新域名上，又可以挽回旧域名流量的损失。比如，京东商城的旧网址是 www.360buy.com，新网址是 www.jd.com，京东商城进行重定向设置后，打开旧网址时，页面会自动跳转到新网址上。域名更换时进行重定向设置，一方面防止了旧网址客户流失，另一方面也利于提升新网址的权重，更利于搜索排名。

3) 转移权重

当注册多个域名时，可以将闲置的域名重定向到主域名，使每一个域名的权重都会转移到主域名上。另一方面，当删除网站中的某些页面后，可以使用 301 永久重定向，将删除页面的权重转移到网站的重要页面。

【知识拓展】京东商城启用新域名

2013 年初，京东商城官方证实，京东将会切换新域名 www.jd.com，新域名将于 4 月 1 日正式启用。

一方面，京东原先的域名(www.360buy.com)不方便记忆，用户需要搜索后再进入京东，百度等搜索引擎因此占据了京东很大的流量；另一方面，原有域名中的数字 360 和奇虎 360 相近，很容易被用户误认。因此，为了方便消费者用直接输入的方式进入京东，京东准备改换原来的 "360buy" 域名为 "jd"。

为了防止更换域名后老用户流失，京东将原来域名 www.360buy.com 重定向到 www.jd.com。用户打开两个网址显示的内容是一致的。

京东对于域名一向很重视。京东拼音域名对于京东而言，虽然贴切，但是过于冗长。即使这样，京东也花重金买下 www.jingdong.com，并且将该域名重定向到 www.jd.com。

6.2.4 URL 静态化

网页有静态页面和动态页面之分。静态 URL 又称静态页面，是一个固定的网址，不包含任何参数或代码，通常以 ".htm"".html"".shtml"".xml" 为后缀结尾，例如 http://www.abc.com/shows/986.html。动态 URL 又称动态页面，通常以 ".aspx"".asp"".jsp"".php"".perl"".cgi" 等后缀结尾，在页面的 URL 中也会包含一些类似 "?"" = "" & " 的特殊符号，例如 http://www.abc.com/shows.aspx?id=986。

现在大多数网站的功能是通过数据库实现的，页面由程序生成，而不是在服务器上以静态文件出现。在早期，搜索引擎无法抓取动态页面的内容，虽然现在抓取技术得到了提高，但是动态页面可能会产生无限循环和大量重复的页面，这会给搜索引擎造成麻烦。

1．无限循环动态页面

例如：某订票网站，提供根据时间查询机票信息的功能，网站在程序编写时会使用万年历功能，如果搜索引擎一直跟踪上面的链接，就会不停地抓取下一日、下一月、下一年，从而陷入无穷尽的循环中，而实际上每个日期对应的页面内容并没有实质性的变化。这种情况必将影响引擎抓取的效率。无限循环动态页面部分截图，如图 6-11 所示。

图 6-11 无限循环动态页面部分截图

2．重复动态页面

重复动态页面是指相同的内容对应不同的动态链接。例如，某电子商务平台网站，按不同方式查找商品可能会产生以下三种链接：

    http://www.abc.com/item.php?color=red&cat=shoes&id=123456

    http://www.abc.com/item.php?cat=shoes&color=red&id=123456

    http://www.abc.com/item.php?color=red&id=123456&cat=shoes

实际上，这三个页面显示的内容都是型号为 123456 的红色鞋子。参数的顺序不同就会产生不同的 URL，但调用的参数一样，所以页面的内容相同。动态页面会产生以上类似的重复页面链接，而搜索引擎对于这种情况也会重复抓取，这会造成搜索引擎资源浪费。如果是静态页面，就不会产生重复页面。

　　URL 静态化就是通过技术手段将动态 URL 重写生成静态 URL，URL 经过重写后，没有改变原来页面的内容，但可以得到搜索引擎重视的静态页面。对于搜索引擎来说，虽然抓取静态页面和动态页面不存在技术问题，但抓取静态页面内容比动态页面内容的速度要快很多，因而搜索引擎更重视静态页面，并赋予静态页面的权重更高一些。

　　实现 URL 静态化需要在网站空间服务器里进行设置。对于 SEO 从业者来说，能够识别静态 URL 与动态 URL 即可，尽量将重要页面以静态 URL 展现，提高重要页面搜索引擎友好性。URL 静态化操作方法多，过程相对复杂(301 重定向也是实现 URL 静态化的方法之一)，因其不作为本书重点，所以请读者自主查询具体操作方法。

6.3　代码优化

　　代码优化是指 SEO 人员对网站源代码进行管理，使之更利于搜索引擎的抓取。搜索引擎抓取一个网站的内容，实际上是先从网站页面的代码开始的。一个页面代码的多少，将决定搜索引擎抓取网站内容的多少与抓取速度的快慢，从而影响搜索引擎对网站内容的收录效果。

　　在网站建设中，代码优化是整个网站优化工作中至关重要的环节。代码优化的重要性主要体现在以下三个方面。

1．减少网页体积，加快加载速度

　　网页体积大小一般指网页 HTML 源代码的大小，该源代码是指经过服务器解释而输出的 HTML 文档，它既不包括未经过解释的 PHP、ASP 等语言，也不包括 Flash、图片、音频、视频文件等，同样也不包括外部调用(直接写在页面源代码之内的不在此范畴)的 CSS、JS 文件等。

　　网页页面代码体积大小是一项常见的 SEO 指标，影响着 SEO 效果。网页体积越大，对服务器的加载速度和用户的网速要求越高。如果在网速相同的情况下，网页休积过大，加载的时间就会比较长。在不影响网页显示效果和功能的前提下，尽可能减少网页体积，这样可以有效提高网页的打开速度，从而提升用户的访问体验。

　　另外，搜索引擎在一个网站停留的时间是短暂的。网页体积小，不仅可以加快搜索引擎抓取网页的速度，还可以增加网站被搜索引擎收录的页面数量。

2．精简代码，突出主题

　　代码优化最主要的工作是精简代码。通过精简代码，去掉网页中一些不必要的要素，以便让搜索引擎比较容易地找到网页的重点，且能够及时地收录并判断网页的重要性。如果网页代码过于冗余，主题内容就不突出，这样不利于页面的收录和权重的提高。

3．便于维护，提高工作效率

　　减少错误代码、整理和优化代码不仅是为了减少网页体积、突出页面主题，也是为了让程序员更容易维护和阅读代码、方便更新网页、提高工作效率。

　　在代码优化中，精简代码是最基础的工作，另外还包括 Robots 协议优化与 Nofollow

标签优化。本节主要介绍这三个方面的内容。

6.3.1 精简代码

精简代码是指清除或简化页面中的代码，达到降低页面体积、提高页面打开速度、增加用户体验度与提升搜索引擎友好性的目的。

1．清理垃圾代码

常见的垃圾代码一般包括各种网页制作软件在制作网页时默认生成的无用代码，例如无意义的空格、默认属性、注释语句和空语句等。删除垃圾代码后，对网页的显示和功能不会产生任何影响。

2．HTML 标签转换

从精简代码的角度考虑，将原本的长标签替换成拥有同样功能、搜索引擎认为作用一致的短标签，比如"<strong>"和"<b>"的作用都是将字体加粗，但是"<strong>"比"<b>"多 5 个字符。如果网页上有很多个加粗的标签，用"<b>"替换"<strong>"就可以起到精简代码的作用。

3．CSS 优化

CSS 是 Cascading Style Sheet 的缩写，即层叠样式表。它是目前最常用的控制页面布局、字体、颜色、背景的技术。CSS 优化主要是改变 CSS 的调用方式、采用 DIV+CSS 的方式制作页面，防止产生垃圾代码，减少重复代码。

例如，CSS 代码如下：

.main{width:960px;margin-left:10px;margin-right:10px;margin-top:5px;margin-bottom:5px;
padding-left:0;padding-right:0;padding-top:0;padding-bottom:0;border-left:1px #ccc solid;
border- right: 1px #ccc solid;border-top:1px #ccc solid;border-bottom:1px #ccc solid;}

这段代码完全可以精简，而且能达到相同的效果。精简后的代码如下：

.main{width:960px;margin:5px 10px;padding:0;border:1px #ccc solid;}

4．JS 优化

JS 是 Javascript 的简称。从搜索引擎角度看，到目前为止，仍然不解析 JS 生成的页面或者内容，也就是说 JS 对搜索引擎来说是不友好的，如果将内容放置到 JS 中，便无法被搜索引擎抓取。JS 优化主要是为了避免 JS 代码占用页面空间及重要位置，以及放置一些不希望被搜索引擎看到的内容。

5．减少或删除注释

代码中的注释只是给程序员或页面设计人员的提示，对用户和搜索引擎来说毫无作用。发布网站时，应该删除注释内容。

6．减少表格

现在网页大多使用 CSS 排版，使用表格会增加代码的体积，特别是嵌套表格，会产生大量无用的代码。

在多数情况下，网页的 HTML 文件最好限制在 100KB 以下，虽然搜索引擎可以抓取很大的文件，但可能无法抓取整个文件，只抓取文件的前面一部分内容。

6.3.2　Robots 协议优化

Robots 协议属于互联网公共协议，是国际互联网界通行的道德规范，约束互联网企业共同遵守。

1．Robots 协议简介

Robots 协议称为搜索引擎抓取协议。通过该协议可以告诉搜索引擎，网站的哪些内容可以抓取，哪些内容不可以抓取。如果违反了协议内容，未经同意抓取了网站的内容用于商业行为，就会触犯法律，要受到法律制裁。

协议由网站管理者自行书写，文件必须以"robots.txt"的格式命名，且放在网站根目录下，协议才能自动生效。当搜索引擎抓取网站时，首先会检查网站的根目录下是否存在"robots.txt"文件。如果存在"robots.txt"文件，搜索引擎就会按照文件中的内容确定抓取的范围；如果不存在"robots.txt"文件，搜索引擎抓取的内容将不受限制。

根据 Robots 协议的规定，百度 Robots 协议网址应为 https://www.baidu.com/ robots.txt，其部分内容显示结果如图 6-12 所示。

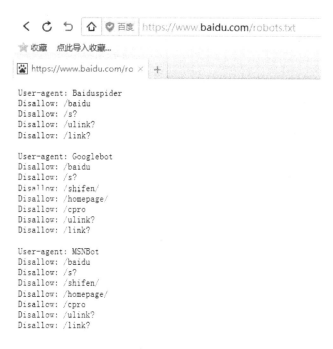

图 6-12　百度 Robots 协议部分内容

2．Robots 协议写法

User-agent: * ：表示用户类型或名称。"*"是一个通配符，代表所有搜索引擎类型。

Disallow: /admin/ ：表示禁止抓取 admin 目录下的目录。

Disallow: /cgi-bin/*.htm：表示禁止抓取/cgi-bin/目录下的所有以".htm"为后缀的 URL 及子目录。

Disallow: /*?*：表示禁止抓取网站中所有包含"?"的网址。

Disallow: /.jpg$：表示禁止抓取网页中所有的".jpg"格式的图片。

Disallow:/ab/adc.html：表示禁止抓取 ab 文件夹下的 adc.html 文件。

Allow: /cgi-bin/：表示允许抓取 cgi-bin 目录下的目录。

Allow: /tmp：表示允许抓取 tmp 的整个目录。

Allow: .htm$：表示允许抓取以".htm"为后缀的 URL。

Allow: .gif$：表示允许抓取网页和"gif"格式的图片。

扫一扫

视频：Robots 协议。

通过学习视频，了解淘宝网 Robots 协议的具体内容，以及 Robots 协议的作用和目的。

【知识拓展】360 违反 Robots 协议被判赔偿百度 70 万元

2012 年 8 月，奇虎 360 在未经授权的情况下，通过 360 搜索和浏览器强行抓取百度等搜索引擎内容，不仅对百度等网站的产品和服务造成了侵害，也导致大量用户数据库、账号、密码等内网隐私信息被泄露。随即百度以不正当竞争为由将 360 诉上法庭。

2014 年 8 月 7 日上午，百度诉 360 违反 Robots 协议案在北京市第一中级人民法院进行一审宣判。法院审理认为，360 在未经过百度允许的情况下违反 Robots 协议，随意抓取、复制其网站内容据为己有，违反了《中华人民共和国反不正当竞争法》，因此判决 360 不正当竞争行为成立，赔偿百度经济损失共计 70 万元。这一判决也引发了司法、学术等各界人士的热议。

Robots 协议作为被广泛遵守的国际行业惯例，为内容网站和搜索引擎之间建立了有效的行业规则，很好地支撑了世界互联网产业的健康发展。针对法院的判决，中国工程院院士高文指出，互联网产业已经成为中国技术创新的代表。互联网产业的健康发展，离不开良好的竞争秩序和健康有序的行业环境。建立良好的竞争秩序和行业环境，遵守国际规则和行业惯例至关重要。此次法院对这一国际行业惯例的确认，将会更加有效地营造中国互联网产业发展的良性生态环境，让中国互联网产业在国际舞台上受到更多关注、得到更大发展。

中华全国律师协会会员、知名互联网法律专家于国富则认为，案件判决结果体现了司法对违反 Robots 协议的不正当竞争行为的态度。法院责令 360 按法定赔偿最高限额赔偿百度损失，并全额赔偿百度合理支出。而 360 不正当竞争行为遭法律惩罚对于促进互联网行业的健康有序发展具有重要意义。

最高人民法院曾明确表示："互联网领域不是一个可以为所欲为的法外空间。网络企业的竞争自由和创新自由必须以不侵犯他人合法权益为边界。"有法律专家指出，此次判决，也表明了政府打击不正当竞争、保护网民安全的态度和决心。希望政府有关部门能进一步加强对互联网企业不正当竞争行为的监管和处罚力度，以保障这个新兴行业健康有序地发展壮大，让中国互联网产业生态真正跻身世界一流水平。

（资料来源：http://news.163.com/14/0811/09/A3BVKHN300014AED.html）

思考题：查看淘宝网的 Robots 协议，解释协议的商业意义。

3. Robots 协议优化思路

不是每一个网站管理者都希望搜索引擎收录自己网站的所有页面。有些页面意义不大，但会占有一定搜索权重，收录它们会降低网站的整体权重。因此，要通过 Robots 协议屏蔽此类页面，使权重更集中。此类页面有以下几种。

1）错误页面

当访问某个不存在的 URL 时，服务器会在日志中记录 404 错误(无法找到文件)，此类日志文件如果让搜索引擎抓取将没有任何意义。另外，当搜索引擎抓取网站时，首先会查看服务器根目录是否有 "robots.txt" 文件，如果该文件不存在，也将在日志中记录一条404 错误。所以，在网站中添加 "robots.txt" 文件，屏蔽错误页面就变得非常有必要。

2）隐私数据

如果网站某个目录涉及隐私数据，不想被搜索引擎收录，则可以在网站根目录下创建一个 "robots.txt" 文件，通过 Robots 协议将隐私的数据文件屏蔽掉。

3）程序文件

大多数网站服务器都有相应程序储存在 "cgi-bin" 目录下，在 "robots.txt" 文件中加入 "Disallow: /cgi-bin/" 可以防止这些程序文件被搜索引擎抓取，从而为搜索引擎节省抓取时间和服务器资源。一般网站中不需要搜索引擎抓取的文件有：后台管理文件、程序脚本、附件、数据库文件、编码文件、样式表文件、模板文件、导航图片和背景图片等。

4）无关页面

企业网站的导航栏上，往往会有 "修改密码" "在线客服" "登录注册" 等项，它们在网站的每一个页面都显示，点击后会指向同一个页面，这些页面与网站优化没有任何关系，统称为无关页面。搜索引擎如果收录，无关页面就会占用整个网站的权重。因此，要通过 Robots 协议屏蔽这些无关页面，防止分散重点页面的权重值。

使用 Robots 协议，设置搜索引擎不必要收录的网站页面，可以有效减少搜索引擎无效抓取所占用的网站带宽和服务器资源，提高工作效率，使网站得到更高的权重。

6.3.3　Nofollow 标签优化

Nofollow 标签是网站 HTML 代码中使用的标签之一，虽然在网站优化中起到的作用明显，但经常被忽略。

1. Nofollow 标签简介

Nofollow 标签是由谷歌创建的一个 "反垃圾链接" 的标签，后来被百度、必应等各大搜索引擎广泛使用。Nofollow 标签增强了网站管理者对导出链接的可控性。

引用 Nofollow 标签，其主要目的是指示搜索引擎不要抓取网页上带有 Nofollow 属性的任何出站链接，从而减少导出链接继承网站的权重。

例如：如果 A 网页上的一个链接指向 B 网页，此 A 网页在此链接上加注了"rel="nofollow""，那么搜索引擎将不会把 A 网页计算入 B 网页的反向链接，或者说 B 网页没有得到 A 网页的权重的传递。

2. Nofollow 标签写法

将 Nofollow 写在网页上的 Meta 标签上，是告诉搜索引擎不要抓取网页上的所有链接，包括内部链接和外部链接。其书写格式为

<Meta name="abc"　Content="abc"　rel="nofollow">

将 Nofollow 写在超链接中，是告诉搜索引擎不要抓取特定的链接。其书写格式为

<a　href="http://www.abc.com"　rel="nofollow"/a>

其表达的意思是不让搜索引擎跟踪 http://www.abc.com 链接，不将网页的权重传递给该链接。

3. Nofollow 标签用法

在代码优化中，Nofollow 标签主要用在以下三种情景中：规避垃圾链接、突出重要页面和交换友情链接。

1) 规避垃圾链接

如果网站有文章评论、论坛帖子、留言板等模块，则需要在这些模块上加上 Nofollow 标签。因为众多用户在页面上书写的评论内容和链接，很容易出现垃圾链接，SEO 人员应注意有效规避。

2) 突出重要页面

通过设置 Nofollow 标签可以有效控制网站内部链接的权重流向，让主要链接得到更多的权重传递，突出网站的重要页面。在网站的页面中，每个页面基本都存在"联系我们""隐私权政策""用户条款""用户登录"等链接，如果不用 Nofollow 标签，权重就会平均分配到这些链接，而这些链接对于用户需求和搜索引擎排名价值不大。使用 Nofollow 标签，可以很好地控制网站的权重，把其分配到相对重要的页面，突出网站的主题。

3) 交换友情链接

交换友情链接不仅仅是为了从对方网站上获取流量，也是为了继承对方网站的权重，提高网站在搜索结果中的排名。如果在交换友情链接时，SEO 人员通过查看页面源代码，发现对方的友情链接加上了 Nofollow 标签，则此次交换没有任何价值，不会给自己网站带来权重的传递。

6.4　图片优化

从用户体验角度来说，互联网提供了海量的信息，用户没有耐心去仔细阅读太多的文字内容，用户对图片的兴趣远远超过网页中的文字部分。另一方面，搜索引擎读取图片要

比读取纯文字困难得多。所以，SEO 人员在使用图片时，需要对图片进行优化。

图片优化是指对图片进行相应设置，使之更方便搜索引擎的收录和抓取。图片优化主要包括图片标题、图片属性、图片注释、图片大小、图片链接等内容。

6.4.1　图片标题

图片标题指图片源代码中"title"部分的内容，如图 6-13 所示。很多图片标题采用数字格式，这是为了便于数据库的调取。除此之外，也可以采用英文格式 SEO 来命名。有的图片标题与图片承载页面的内容相关，有的则不然。从 SEO 角度看，图片标题应尽可能与页面信息相关，例如页面主题是搜索引擎优化，那么图片标题也应该是搜索引擎优化。

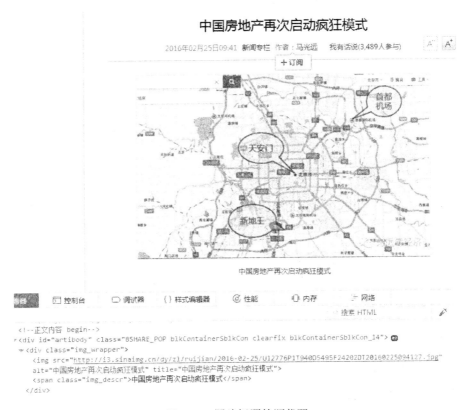

图 6-13　图片标题的源代码

需要注意的是，搜索引擎一般对图片标题给予的权重不太高。因为经常会出现图片标题与信息不相干的现象。

6.4.2　图片属性

图片属性主要指图片的 Alt 属性。图片的 Alt 属性是对图片所表达内容的说明。当图片不能显示的时候就会用 Alt 属性值来代替，这样用户可以大概了解这个图片所要表达的信息。Alt 属性也是搜索引擎比较重视的标签。

Alt 属性可以与图片标题相同，也可以不同，建议图片标题和 Alt 属性分别采用中文和英文格式来命名。

Alt 标签可以对图片的排名产生影响。它是搜索引擎判断图片内容的重要因素。例如，在百度图片库中搜索"风景"，会优先推荐 Alt 属性包含"风景"关键字的图片，如图 6-14 所示。

图 6-14　百度图片库中搜索"风景"的显示结果

这里建议网站管理者对每张图片都添加 Alt 标签，在 Alt 标签上包含优化的关键字，进一步描述图片的相关内容。

6.4.3　图片注释

图片注释是指在图片底部增加图片说明，除了说明功能，也尽可能包含目标关键字。

图片标题、Alt 属性、周边内容的文字最好有一定区别，这样做可以有效承载更多的长尾关键字。

6.4.4　图片大小

图片大小是指图片占用存储空间的大小。图片越大，图片会越清晰，但打开网页的速度会越慢，影响用户的体验；图片体积减小虽然可以提升加载速度，但会有损清晰度，影响页面的美观。所以，我们需要根据网站的实际需求，来寻找清晰度与加载速度之间的平衡点。

影响图片大小的因素主要有两个：图片格式和图片像素。

1．图片格式

图片格式可以影响视觉效果和下载速度。在 SEO 工作中，网页图片通常采用 JPG、GIF、PNG 三种格式，三种格式各有利弊。

1）JPG

JPG 是最常用的图片格式，几乎所有的数字相机、照相手机都可以输出 JPG 格式的图片。JPG 是典型的使用破坏性压缩方式的图片格式，每次对 JPG 格式的图片进行存档，图片的内容都会遭到破坏，这个特性用肉眼无法辨识，但却可以有效地降低图片的大小。

JPG 格式不太适合用来储存线条图、图标或文字等有清晰边缘的图片。

2）GIF

GIF 使用无损压缩格式，会限制色彩表现能力，但却能有效地节省档案尺寸。GIF 同时支持透明背景以及动画图片格式，而且兼容大部分的网页浏览器。GIF 非常适合表现图标、UI 接口、线条插画、文字等的输出。

由于 JPG 与 GIF 不同的特性，我们可以按需使用。

3）PNG

PNG 最初的开发目的是作为 GIF 的替代方案。作为后开发的影像传输文件格式，PNG 同样使用了无损压缩格式，但 PNG 不支持动画表现形式。

2．图片像素

像素是组成一幅图画或照片的最基本单元。像素越高，文件体积越大，画面表现也越精细；反之，像素越低，文件体积越小，画面表现也越粗糙。

网页中的图片宽度一般为 700 像素左右，手机端的图片宽度一般为 200 像素左右。

6.4.5　图片链接

图片链接是指在图片上添加链接，链接内容可为网站首页地址、相关文章等。只要图片被收录，就意味着这些链接内容也会被收录。为图片加上链接，可以增加搜索引擎的友好性。如果图片链接了相关的文章，而文章又对图片起到了很好的说明作用，那么只要图片被收录，也意味着文章被收录，这样就能达到理想的优化效果。

随着技术的不断提高，各大搜索引擎纷纷推出了图片搜索功能。搜索引擎通过图像识别和检索技术，也可提供搜图片的相关信息。用户可以通过上传、粘贴图片等方式来寻找目标图片的高清原图、相似图片等。百度的图片搜索界面如图 6-15 所示。

图 6-15　百度图片搜索界面

图片搜索技术起步较晚，随着技术的不断成熟，图片搜索一定会给用户带来不一样的搜索体验。

【知识拓展】百度发布视觉搜索引擎 欲与谷歌一较高下

2013 年 6 月，百度揭晓其视觉搜索功能，成为中国首家视觉搜索引擎，用户凭借图片就能进行搜索。尽管谷歌早已提供视觉搜索服务，但百度大幅提高了在线搜索速度，显示出追赶谷歌的决心。

据悉，百度视觉搜索基于一种被称为卷积神经网络的深度识别技术，与谷歌照片标签系统采用的技术相同。深度识别技术致力于模仿人脑运作，百度深度识别研究所已经研发出针对光学特点、人脸以及声音的深度识别算法，以用于在线广告和网站搜索。

而卷积神经网络在进行搜索时非常有用，因为借助卷积神经网络，搜索引擎就像经过训练的神经一样可以从多角度识别搜索目标。该技术可识别多样且被扭曲的图像，因而被应用于手写识别系统以及高速校对系统。

与谷歌不同，百度视觉搜索在网络应用中紧靠私人 CPU 服务器，提高搜索速度，努力摆脱对图像处理器(GPU)的依赖(图像处理器运作速度快但更占能耗)。百度视觉搜索项目组组长余凯表示，百度已经大幅提高了在线视觉识别的运算速度，以满足用户需求。

诀窍在于，百度开发的算法只比较被搜图像与百度分布式数据库里的图像，而非互联网上无数的资源，从而加快了搜索速度。并且，百度选择从内部主存储器中而非硬盘中提取用户所需的索引图像，节省了时间。最后，百度搜索服务只利用影像特征信息来搜索图片，略去了图像所处网站的背景信息，减少了搜索信息量。

搜索引擎未来将转向移动视觉搜索。目前，百度视觉搜索引擎仅限于互联网，而移动视觉搜索所需技术更加密集。百度将面临不同以往的背景技术难题，比如对相机水平参差不齐、模糊、色彩失衡以及过度曝光等情况的控制。相比之下，谷歌已经领先不少。

(资料来源：http://finance.chinanews.com/it/2013/06-14/4927568.shtml)

本 章 小 结

◇　网站结构优化对网站建设起到计划和指导的作用，对网站内容的维护以及后期 SEO 起到关键作用。

◇　网站结构优化可以帮助站长合理分配网页权重比例，妥善处理网站结构同链接之间的联系，突出重要的页面。升级自己网站的内部结构，改善链接关系，也是提高页面权重的有效方法之一。

◇　网站结构优化可给用户带来更贴心的体验。一个清晰的网站结构和有效的导航设置可以帮助用户快速获取所需要的信息。

◇　物理结构优化主要是为了减少网站页面的目录存储深度，逻辑结构优化主要是为了减少页面之间的链接深度。

◇　URL 相当于页面的链接地址，用户和搜索引擎需要通过 URL 才能访问相应的页面。URL 优化是指对 URL 进行适当的调整，提高 URL 对搜索引擎的友好性。

◇　为了提高用户体验和吸引搜索引擎抓取，尽量把 URL 设计得规范、简单、可读性强，这样才能大大提高网页的收录量和浏览量。

◇　URL 重定向是把一个 URL 重定向到另一个 URL 上，即把一个目录或者文件的访问请求转发至另一个目录或者文件。当用户发出相应的访问请求时，网页能自动跳转到指定的位置。URL 重定向包括 301 永久重定向及 302 暂时重定向两种。

◇　对于搜索引擎来说，虽然抓取静态页面和动态页面不存在技术问题，但抓取静态页面内容比动态页面内容的速度要快得多，因而搜索引擎更重视静态页面，并赋予静态页面更高的权重。

◇　搜索引擎抓取网站的内容，首先是从网站页面代码开始的。一个页面代码的多少，将决定搜索引擎抓取网站内容的多少与速度的快慢，从而影响搜索引擎对网站内容的收录结果。

◇　Robots 协议也称为搜索引擎抓取协议，属于互联网公共协议，约束大家共同遵守。通过该协议可以告诉搜索引擎，网站哪些页面可以抓取，哪些页面不能抓取。协议由网站管理者自行书写，文件必须以"robots.txt"的格式命名，且放在网站根目录下，协议才能自动生效。

◇　引用 Nofollow 标签，其主要目的是指示搜索引擎不要抓取网页上带有 Nofollow 属性的任何出站链接，从而减少出站链接分散网站的权重。

◇　通过设置 Nofollow 标签可以有效控制网站内部链接的权重流向，让主要链接得到更多的权重传递，突出网站的重要页面。

◇　由于技术限制，搜索引擎抓取图片时，读取图片要比读取纯文字困难得多。所以，网站的管理者必须主动告诉搜索引擎图片所表达的内容，从而方便搜索引擎抓取图片。图片优化主要包括图片标题、图片属性、图片注释、图片大小、图片链接等内容。

本 章 练 习

一、填空题

1. 网站结构分为物理结构与逻辑结构两个方面。按照层次划分，可将物理结构与逻辑结构划分为_____和_____。

2. URL 各组成部分从左至右分别是_____、_____、端口号、路径和_____。

二、应用题

1. 使用 IIS 服务器，设置网站 301 重定向。

2. 查看百度 Robots 协议的写法，说明写法的含义。

3. 查看自己所在大学的网站，网站中的图片是否进行了优化，并提出改进意见。

三、简述题

1. 网站结构优化的作用有哪些？在设计网站结构时，应该注意哪些问题？

2. 查看淘宝 Robots 协议的写法，简要说明淘宝不让百度等搜索引擎抓取的原因。

3. Nofollow 优化的用法有哪些？

4. 图片优化的要点有哪些？

第7章　网页内容优化

本章目标

- 了解网页内容的组成元素与组织形式
- 理解网页重要区域的分布规律
- 掌握网页重要区域的关键字分布
- 了解网页内容的分类
- 理解原创内容的重要性
- 掌握原创内容的判断依据
- 掌握原创内容价值的影响因素
- 理解404页面的简介及设置方法
- 掌握404页面优化的注意事项

网站上线之后，网站内容的规划、编辑与更新是一项长期而艰巨的任务，尤其对于原创内容，更是要投入精力。SEO 领域有"内容为王"的说法，优质的内容是网站成功的关键，是网站生命力的体现。因此，本章主要介绍网页内容的优化方法。

7.1 网页内容组成元素与组织形式

网页一般是由文字、图片、表格、动画、音频、视频等基本元素组成的。这些基本元素通过不同的组织形式，排列组合后生成网页。本节将对网页内容的组成元素与组织形式进行详细介绍。

7.1.1 组成元素

文字与图片是构成网页的基本元素，文字倾向于网页的内容，图片关乎网页的美观。除了上述基本的构成元素外，网页还包括表格、动画、音频、视频等其他多种元素。

1．文字

文字是大部分网页的主要表现形式。我们可以通过字体、字号、颜色、底纹以及边框等格式来设置文字属性。这里的文字是指文本文字，而非图片格式的文字。

在网页制作中，文字可以设置成各种字号和字体，字号不要太大，正文不能使用过多字体和颜色。通常情况下，一个网页的字体和颜色不要超过三种。

2．图片

我们习惯称人类为"视觉动物"，而图片无疑是吸引视觉的元素之一。图片可把抽象要素转化为形象要素，直观地展示出来。打开页面的瞬间，用户注意力首先会落到图片上，因此图片元素在网页设计及其优化中作用巨大。

3．表格

表格不仅包括肉眼可见的各种表格，也包括 HTML 语言中关于网页排版所设置的、肉眼不可见的表格。使用表格排版是网页制作的主要形式之一，通过表格可以精确控制各元素在网页中的位置，有效组织整个网页的布局，以实现预定的设计效果。

4．动画

动画是网页上最活跃的元素，将动画元素融入到网页设计中，可有效提高用户与网站的互动性与参与性。一般情况下，企业会将理念或产品做成精美的动画置于首页中，通过动画展示给用户。

5．音频、视频

音频、视频是利用声音和影像声色并茂地介绍企业品牌、产品和服务，吸引潜在用户，并且帮助用户有效理解所传递的信息。音频、视频元素对于网站的建设起着至关重要的作用。

对于搜索引擎来说，辨识网页中的文字内容是最为高效与轻松的工作。可是对于用户来说，丰富的音、视频则具有更好的体验。这种平衡应该如何把握，需要我们认真对待。很多惯常的做法是在建站的初期以文字作为主流展现，以方便搜索引擎的抓取。而当网站流量稳定时，则适当增加多媒体的页面元素，提高人机交互的友好性，进而增加潜在用户的转化率。

　　所以，建议网站管理者要根据建站的实际情况，综合考虑如何使用各类网页元素。

7.1.2　组织形式

　　一般情况下，标准网页内容的组织形式由四部分组成，即：企业标识、导航栏、栏目和正文内容。

1．企业标识

　　企业标识又称企业 Banner，相当于实体店铺的招牌，放在网页的最上方，通过它可以直观地让用户预估出企业的性质。

　　企业标识除了体现企业素质，还能将经营理念、企业文化、经营内容等要素传递给用户。

　　以赶集网为例，该网站的企业标识如图 7-1 所示。

图 7-1　赶集网的企业标识

2．导航栏

　　导航栏是网页内容的组织形式，相当于书的目录。导航栏是为了方便用户快速检索网站信息，还可帮助用户以最直接和最高效的方式直达目标网页。以网易汽车频道为例，网页导航栏如图 7-2 所示。

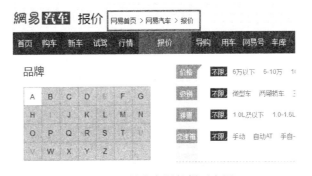

图 7-2　网易汽车导航栏示意图

设计导航栏时，应注意以下几点：

(1) 用户通过导航栏可以了解导航栏下的页面内容。

(2) 导航栏尽可能覆盖每一个网页，方便用户随意地跳转，同时也要让用户随时明确自己当前所处的网站位置。

(3) 导航栏的结构不能太深，最多通过 3 次点击就能到达需要的网页。

(4) 导航栏尽可能使用文字形式，规避图片等其他媒介。

3．栏目

栏目是页面中存放相同性质内容的区域。如果网站的规模小，则可使用导航栏代替栏目；而大型综合性门户网站往往要由众多的栏目构成，每一个独立的栏目都要从目标用户群体、功能、内容等多个角度进行设置。栏目设置得合理，能有效减少用户查找信息的时间。

以搜狐网为例，"汽车"与"房产"就是首页中的两个栏目，"汽车"栏目存放的内容与汽车相关，"房产"栏目存放的内容与房产相关，如图 7-3 所示。

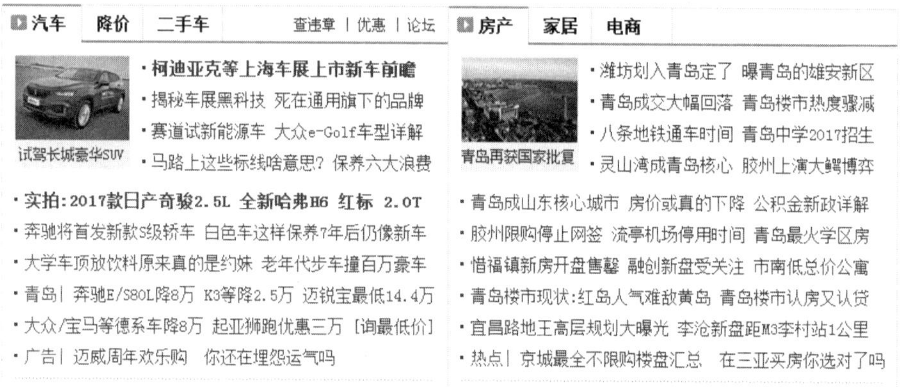

图 7-3　搜狐网首页栏目示意图

4．正文内容

正文内容是网页的主题部分，是用户驻留时间较长、需要关注优化的地方。网站管理者需要巧妙地将长尾关键字布置在正文中。搜狐网某页面的正文内容如图 7-4 所示。

图 7-4　搜狐网正文内容示意图

7.2　网页重要区域分布

不同的用户对相同的页面关注度会各有不同，这种情况也适用于搜索引擎。我们需要研究用户的使用习惯、人群属性、搜索引擎的算法规律等要素，然后合理有效地制定网页重要区域的分布方法。

7.2.1　网页内容点击热力图

谷歌公司有一套完整的用户体验工具，可以帮助网站管理者提升用户体验，这些工具可以有效追踪用户浏览网页的各种数据。通过大量的数据积累以及事后的数据分析，就可以得到用户到达网页的点击行为分布图，俗称网页内容点击热力图。谷歌搜索结果的点击热力图如图 7-5 所示(×号代表用户点击频率)。

图 7-5　谷歌搜索结果点击热力图

通过图 7-5 可以看出：网页的左上角是点击频率最高的区域，网页的右下角是点击频率最低的区域。如果有相同的内容出现在网页的不同区域，用户最喜欢点击的位置应该是左上角，而右下角点击的概率最低。网页内容点击热力图可以指导网站管理者设计网页内容的布局，让期望展示的内容更符合用户的浏览习惯，内容布局更合理。

7.2.2　重要区域关键字分布

搜索引擎在抓取网页 HTML 源代码时，是自上而下进行的；大部分用户在浏览网页时也是自上而下、自左而右进行的。所以说，无论从搜索引擎收录的角度，还是用户浏览网页习惯的角度，通常网页各区域按照重要性来排列，其顺序为：左上>右上>左下>右下。

在规划页面时我们通常把相对重要的内容安排在页面的顶部。例如：一个网页的 HTML 源代码中，最先显示的是页面头部信息，页面头部包含标题、描述、关键字三个主要标签，对于网页而言，标题就是网页的"题目"，是网页中最先出现的内容；描述标签的内容则是该网页的简述；关键字标签是网页主要内容的提炼。

7.3 网页内容的分类

根据来源，可将网页内容分为三类：原创内容、转载内容和伪原创内容。通常来说，原创内容最好，伪原创内容次之，转载内容排最后。

7.3.1 原创内容

原创内容是创作者独立完成的内容，不属于歪曲、篡改、抄袭、剽窃、改编、翻译、注释、整理他人已有创作而产生的作品。每一个互联网用户都可以创作自己的内容，这些内容一般涉猎广泛。在此，将原创内容分为以下三个类别进行介绍。

1. 介绍性原创内容

介绍性原创内容是对特有属性的进一步说明，主要表述一个人、一个公司、一件事、一个过程、一个事物、一个名词等。用户将介绍性的内容表述清楚，宣传自己或供他人使用。比如，英谷教育公司网站中的"关于英谷""专业介绍""服务体系"等板块，都属于介绍性原创内容。

2. 信息类原创内容

信息类原创内容在互联网上占有较大的比重。此类内容产生于门户网站、论坛、微博、个人生产或再加工等渠道，信息来源的真实性、可靠性、合法性很难保证。因此，在使用此类信息时，如何有效去伪存真、规避信息失真所带来的风险，是每个用户要具备的基本素质。

3. 评论性原创内容

评论性原创内容主要是指用户与网络上的内容提供方互动过程中产生的有价值的内容。比如，在知乎上，用户对某篇原创帖的讨论内容；在优酷上，用户对某部电影的评论；在某个购物网站上，用户对某次购买的评价；等等。

好的原创内容是网站吸引用户的重要因素。用户都喜欢那些条理清晰、具有实践价值的信息分享。搜索引擎把有价值的原创内容作为网站抓取、展现的一个重要标准。有些网站为了满足搜索引擎的喜好，甚至通过一些非法手段实现所谓的"原创"。这种行为短期内可能会欺骗搜索引擎，但不益于用户体验，甚至会起到相反的结果。以购物网站上用户的购买评价为例，这些评价是用户决定购买的重要因素，有些商家为了促进销售，通过一些不正当手段"原创"了使用体验(俗称"刷好评")。用户实际购买后，发现现实情况与评价差距很大，从而引起用户的反感。像这类"原创"内容，虽然有"价值"，但经不起现实的考验，最终会被搜索引擎抛弃。

互联网上的博客、微信公众号、知乎等平台聚集了大量的原创内容。有些内容在没有得到原作者授权的情况下，被频繁转载和抄袭；或者原作者注明了版权声明，禁止转载，但也不能有效杜绝侵权行为。所以，保护有价值的原创内容，需要从法律、技术、版权意识等方面逐步建立完善的制度，使原创作者的价值得到认可，并形成有效的激励机制，鼓励网民多创造有价值的原创作品，促进整个互联网内容水平的提升。

7.3.2　转载内容

转载内容是指在非原创作品发表的网站重新发表该作品，并且声明非原创。如果转载者没有声明非原创，直接照搬内容，就不属于转载，而是抄袭。

我国著作权法第二十二条规定：在下列情况下使用作品，可以不经著作权人许可，不向其支付报酬，但应当指明作者姓名、作品名称，并且不得侵犯著作权人依照本法享有的其他权利：

(1) 为个人学习、研究或者欣赏，使用他人已经发表的作品；

(2) 为介绍、评论某一作品或者说明某一问题，在作品中适当引用他人已经发表的作品；

(3) 为报道时事新闻，在报纸、期刊、广播电台、电视台等媒体中不可避免地再现或者引用已经发表的作品；

(4) 报纸、期刊、广播电台、电视台等媒体刊登或者播放其他报纸、期刊、广播电台、电视台等媒体已经发表的关于政治、经济、宗教问题的时事性文章，但作者声明不许刊登、播放的除外；

(5) 报纸、期刊、广播电台、电视台等媒体刊登或者播放在公众集会上发表的讲话，但作者声明不许刊登、播放的除外；

(6) 为学校课堂教学或者科学研究，翻译或者少量复制已经发表的作品，供教学或者科研人员使用，但不得出版发行；

(7) 国家机关为执行公务在合理范围内使用已经发表的作品；

(8) 图书馆、档案馆、纪念馆、博物馆、美术馆等为陈列或者保存版本的需要，复制本馆收藏的作品；

(9) 免费表演已经发表的作品，该表演未向公众收取费用，也未向表演者支付报酬；

(10) 对设置或者陈列在室外公共场所的艺术作品进行临摹、绘画、摄影、录像；

(11) 将中国公民、法人或者其他组织已经发表的以汉语言文字创作的作品翻译成少数民族语言文字作品在国内出版发行；

(12) 将已经发表的作品改成盲文出版。

可见，网站管理人员转载内容也面临着很大的法律风险，但目前我国还没有形成比较完整的内容保护体系，需要进一步完善。

网站管理人员转载内容时应注意：转载的内容要有价值，并且要与网站主题紧密相关。

转载还分为全部转载和部分转载，这里不再赘述。

7.3.3　伪原创内容

伪原创是对已有的内容进行修改，使其披上原创的外衣，从而提高网站权重。伪原创采用的常见方法有替换法、排序法和增加法。这里只做简单介绍。

1．替换法

替换法是采用意义相近的字或词替换原来的内容，包括词语替换法和数字替换法。替换法在不改变文章内容的情况下，让搜索引擎认为修改后的文章是原创的。如某文章的标题为"最新出炉：就业率超高的 10 大专业"，使用替换法可以将标题修改为"最新报道：就业率最好的十大专业"。修改后的标题关键字没有受到影响，也符合文章的主题内容，也能让搜索引擎认为内容是原创的。

2．排序法

排序法是将一段话的语言顺序进行调整，不改变原来的意思，而且还能与文章的内容相符合。如某文章标题为"哪些大学专业适合考公务员"，使用排序法可以将标题调整为"考公务员有哪些大学专业适合"，这既没改变标题原来的意思，也会让搜索引擎认为内容是原创的。

3．增加法

增加法是在原创文章的基础上，根据个人的理解，在原创文章头部、中间和尾部适当插入一些个人所理解的内容。例如，在文章的首段，可以增加行业背景或事件背景的内容，起引言作用；在文章的正文，可以插入一些锚文本，提高相关关键字的排名；在文章的结尾，可以对整篇文章进行总结等。

伪原创分为一级、二级、三级和四级。一级是最初级，仅仅是对标题进行修改，处理一些错别字。二级是在一级的基础上，对段落或语句进行重新排序，或者同义词的替换等。三级是在二级的基础上增加其他的信息，丰富文章的内容。四级是在三级的基础上增加本网站的相关文稿信息，配以图片等。级别越高，创作难度相对也越大。伪原创可以节约创作时间，如不被搜索引擎发现，还可以提高收录量。

有些网站采用了软件程序对原创内容进行再加工，成为所谓的"原创"。经过软件程序加工的内容，语句组织混乱，没有可读性。这种修改方式只是为了迎合搜索引擎的喜好。例如，图 7-6 为作者大鱼的原创文章，图 7-7 为采用软件程序对其原创内容进行加工的伪原创。对比看出，经过更改的伪原创词不达意。

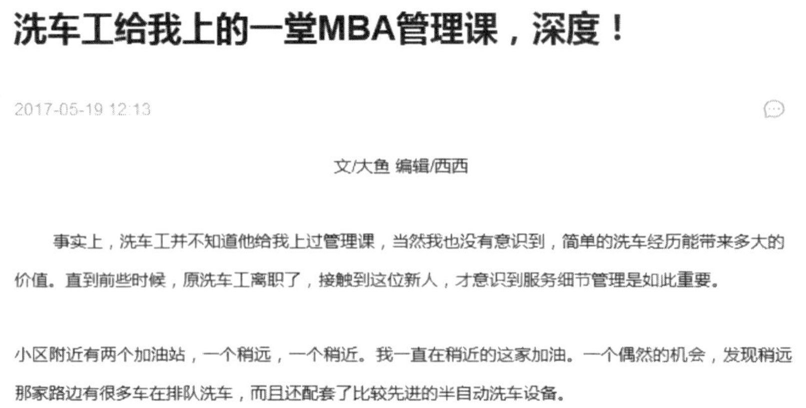

洗车工给我上的一堂MBA管理课，深度！

2017-05-19 12:13

文/大鱼 编辑/西西

事实上，洗车工并不知道他给我上过管理课，当然我也没有意识到，简单的洗车经历能带来多大的价值。直到前些时候，原洗车工离职了，接触到这位新人，才意识到服务细节管理是如此重要。

小区附近有两个加油站，一个稍远，一个稍近。我一直在稍近的这家加油。一个偶然的机会，发现稍远那家路边有很多车在排队洗车，而且还配套了比较先进的半自动洗车设备。

图 7-6　原创文章部分截图

洗车工给我上的MBA打点课

来源：网络整理 作者：邓教授 人气：140 发布时间：2017-05-18

究竟上，洗车工并不知道他给我上过打点课，虽然我也没故意识到，简朴的洗车经验能带来多大的代价。直到前些时辰，原洗车工去职了，打仗到这位新人，才意识随处事细节打点是云云重要。

(5)打点者多到下层体验。品牌、口碑来自于对每一个细节的完美。对一个小富即安的企业策划者来说，没有熟悉到晚年迈的代价是可以包涵的，由于名堂就在哪里。对一个企业家来说，假如要建筑万丈高楼，就要打好地基，多到下层去体验，去现场调查哪里的人和事，去看看那些知识性的题目。

图 7-7　伪原创文章部分截图

图 7-6 是原创内容的截图，该页面链接出现在搜索结果首页的首位。图 7-7 是伪原创内容的部分截图，该页面链接出现在搜索结果首页的末位。从图 7-7 中可以看出，伪原创文章的题目做了修改，与原创题目存在一定的差别，读者看到该题目基本不能判断"打点课"是什么意思。另外，从发布时间上看，伪原创的发布时间要早于排在首位原创的发布时间。词语上两者也有差别，伪原创的内容晦涩难懂；文章结构也打乱了，胡乱排列。事实上，原创的首段内容出现在了伪原创的后半部分。更详细的整篇文章对比情况，读者可以通过在搜索引擎搜索该文章标题关键字，直接点击链接阅读。总之，整篇伪原创内容没有任何实际意义，纯粹就是为了模仿原创，由软件自动生成。

原创内容、转载内容、伪原创内容三者的主要区别如表 7-1 所示。

表 7-1　原创内容、转载内容、伪原创内容的区别

内容 分类比较	原创内容	转载内容	伪原创内容
优化技术	白帽	黑帽	灰帽
用户体验	优	差	中
搜索引擎友好性	优	差	中
排名影响	稳定上升	几乎不影响	有一定关系
创作难易	难	易	较难

7.4　原创内容优化

原创内容是 SEO 的重要工作之一。SEO 人员在创作原创内容时，难免要参考别人的文章，如果参考不当，就会被搜索引擎认为是作弊。因此，需要掌握原创内容的判断依据和影响因素。本节先介绍原创内容的作用，再介绍原创内容的判断依据和影响因素。

7.4.1　原创内容的作用

原创内容是网站的根本，是网站的灵魂所在。原创内容在提升用户体验和增加搜索引擎友好性方面起着重要作用，主要体现在以下几个方面。

1. 提升网页排名

通过原创内容进行搜索引擎优化，提升用户搜索关键字的排名，是目前有效、稳定、安全的方法。因为原创内容是搜索引擎最喜欢抓取的内容，拥有大量原创内容的网站，权重更高，排名更稳定。

2. 提高用户体验

原创内容不仅是搜索引擎喜欢抓取的，也是用户愿意浏览的。为了提高用户体验，原创内容要有可操作性。例如，网页内容是关于如何选择关键字进行搜索引擎优化，那么网页的主体内容要结合实际经验来进行创作，整体思路清晰明了，要让用户看到原创内容后就能够学会实际操作。

3. 增加网站专业性

一个拥有优质原创内容的网站，必然会使用户对网站产生信赖感，同时还能让用户对网站有专业的定位。如果一个网站的大部分内容都是转载的，则当用户发现已浏览过相关内容时，便会减弱对该网站的信任。所以，在网站优化中，原创的内容可以让网站具有更强的专业性。

4. 树立品牌形象

优质的内容，特别是优质的原创内容，可以迅速扩大网站影响力，提升品牌形象。但如果只是简单地转载别人的内容，就会轻易造成侵权，会被投诉，这对品牌形象的建立会产生致命的威胁。

5. 获得更多的链接

SEO 人员可以在原创网页中适当增加一些文字和网址链接，如果原创的内容对用户有帮助，用户很可能分享或转载此内容，这样不仅可以提升搜索引擎的抓取频率，也可以提升网页内容的转载次数，无形中提升了网页外部链接的数量及质量。

搜索引擎优化是以网页内容为核心，特别偏爱原创内容。事实证明，无论搜索引擎算法如何调整，有丰富原创内容的优质网页，权重会随着用户体验的提升而不断提高。

【知识拓展】保护原创　百度星火计划浮出水面

2013 年 8 月，百度酝酿已久的原创星火计划悄然上线。当用户在百度搜索框中输入某个关键字时，百度将通过优先标识、展现互联网原创内容的方式，让网民能更便捷地获取原创内容，将流量更多导向原创方，以保护互联网原创者。

作为互联网信息的入口，搜索引擎收集的网页信息数以百亿计，其中既有原创内容，也有转载内容。过去用户搜索时，相关度最高、访问量最大的网页或网站将被优先展示出来，但其是否为原创却常被忽略。这造成转载方往往能获得比原创方更高的流量，带来更多品牌展现和收益，严重损害了原创方的利益。为此，百度推出了原创星火计划。

百度原创星火计划将通过"原创绿色通道""原创作者专栏""原创品牌专区"三大机制来最大程度地突出原创。

该计划首期采用的是评判邀请制，主要面向互联网原创内容较为集中的原创新闻机构(如报社)、原创作者，百度会根据原创方的资质、原创量情况，邀请其加入原创星火计划。

目前，原创绿色通道已累计引入 450 万条原创链接，数十位国内知名作者也获得百度原创星火计划的搜索展现支持。

未来，百度也有意将原创星火计划拓展到其他原创领域，如原创音乐、原创视频、动画以及自媒体领域等，并将在未来开放申请机制。

(资料来源：http://news.163.com/13/0814/04/967BO4A700014Q4P.html)

7.4.2　原创内容的判断依据

在互联网中，产生重复信息是不可避免的。搜索引擎也具备识别重复内容的能力，能够准确判断原创内容还是转载内容，并赋予原创内容更高的权重。

搜索引擎辨别原创或转载内容的方法如下：首先，要找到所有重复网页(指相同或相近的网页)；其次，在确定页面互为转载关系后，搜索引擎再结合网页最后修改时间、抓取时间、内容创建时间等因素，根据时间的先后顺序及网页内容的描述，最终判断原创内容与转载内容。在有些特殊情况下，搜索引擎可能会误判原创内容为转载内容，但随着搜索引擎算法的不断提高，误判的概率会越来越低。

那么，搜索引擎如何识别重复网页呢？首先，搜索引擎会将网页的正文内容分成多个区域进行比较，如果网页中有 N 个区域相同或相似(N 是搜索引擎指定的一个阈值)，则认为这些页面相互重复，存在一定的转载关系。

如图 7-8 所示，网页 1 与网页 2 是不同网站的两个页面。搜索引擎识别重复页面时，先将网页 1 和网页 2 的正文分成若干个区域，然后在这些区域之间互相对比，如果相似区域达到搜索引擎判断重复页面的阈值，则这两个页面可以判断为重复页面。

对于重复页面的判断，可以从我国大学"论文查重"的思路去理解。在"论文查重"时，送检论文的正文会与数据库中的论文进行对比，对于相同或相近的内容，都以红色标出。图 7-9 是某论文查重结果，其原理与搜索引擎判断重复页面原理相似。

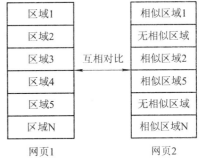

图 7-8　网页正文内容对比示意图

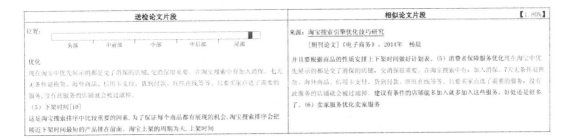

图 7-9　某论文的查重结果

7.4.3 原创内容价值的影响因素

用户对原创内容价值高低的判断,可以凭个人的经验去主观感受。而搜索引擎对原创内容价值高低的判断,是从多个角度展开的,主要包括用户行为、阅读量、分享次数、收藏次数、评论质量与次数、举报次数、复制粘贴次数等。

1. 用户行为

用户行为包括停留时间、点击次数和回头客三个指标。

1) 停留时间

停留时间是指用户通过搜索引擎查找信息,点击网页以后,停留在网页的时间。如果网页内容是原创的,具有可读性,用户就会投入更多的精力,相应增加停留时间。停留时间的长短可以衡量网站页面、网站产品和设计的优劣。停留时间越长,越可能提高网页的权重。

2) 点击次数

在用户搜索信息的行为中,最后一步往往都是点击目标网页进行浏览,每一次的点击,搜索引擎都会记录在案。越有吸引力的好内容,点击次数越多;反之,点击次数越少。

3) 回头客

优质的网页内容会促使用户反复浏览甚至收藏。当类似需求被再次触发时,用户可能会再次光临网站。这些主动二次或多次访问的用户,即回头客。回头客越多,说明网页内容越重要。好的原创内容是网站吸引回头客的重要因素。

2. 阅读量

阅读量的高低会影响搜索引擎对原创内容的价值判断,也会反映用户对事情关注度的高低以及网站权威性的大小。一般来说,阅读量越多,搜索引擎就会判断其价值越高,相应被推送的机会就越多。

如图 7-10 所示,该文章有 249 人参与阅读。

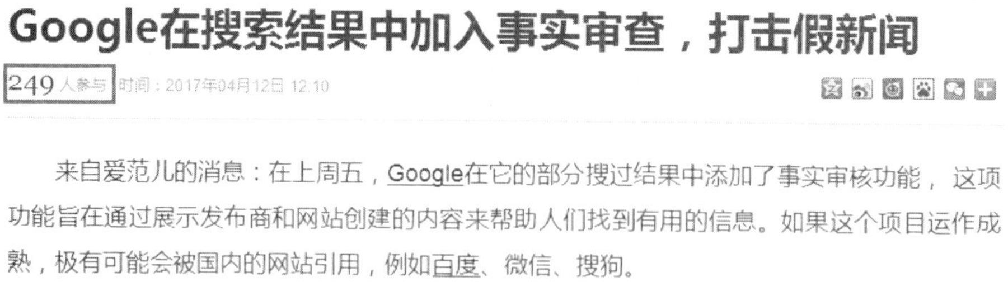

Google在搜索结果中加入事实审查,打击假新闻

249 人参与 | 时间：2017年04月12日 12:10

来自爱范儿的消息:在上周五,Google在它的部分搜过结果中添加了事实审核功能,这项功能旨在通过展示发布商和网站创建的内容来帮助人们找到有用的信息。如果这个项目运作成熟,极有可能会被国内的网站引用,例如百度、微信、搜狗。

图 7-10 文章的阅读量

3. 分享次数

优质的原创内容会被用户主动分享转载到各大论坛、微信、微博等平台。为了便于用户对优质原创内容的转发,网页中可以加入分享按钮来方便用户的分享行为。分享的次数越多,越能提高内容的权重。

例如，百度搜索结果中的原创内容，可以分享至微信、微博、QQ 空间、开心网等社交网站，如图 7-11 所示。

图 7-11　百度原创内容分享示意图

4．收藏次数

在百度的搜索结果中，每一个结果右下角都有一个收藏按钮，如图 7-12 所示。当用户认为网页内容有价值时，可以点击"收藏"按钮收藏，方便下一次浏览时通过"我的收藏"快速找到网页。网页被收藏的次数也被搜索引擎记录。收藏次数越多，搜索引擎会认为网页内容越重要。

百度搜索结果中，用户收藏网页的方法如图 7-12 所示。

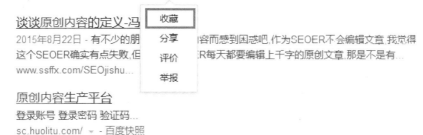

图 7-12　用户收藏网页示意图

5．评论质量与次数

网页的留言和评论功能，能够收集用户的反馈意见，是与用户进行交流沟通的方式之一。网站管理者可通过用户的留言和评论发现网站的不足，更好地对网站进行优化。

用户评论的质量与次数也是搜索引擎判断原创内容价值高低的重要因素。用户的好评率越高，评价次数越多，搜索引擎会认为该网页内容越有价值。

用户对百度搜索结果中某网页的评价如图 7-13 所示。

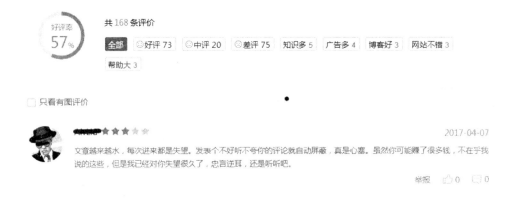

图 7-13　用户对网页的评价

6．举报次数

如果某个网页存在违规违法、虚假欺诈、病毒木马、侵权隐私等内容，用户发现后可以向搜索引擎举报。如果举报次数达到一定量，并且情况属实，该网页就会被屏蔽。

用户举报网页填写的信息如图 7-14 所示。

图 7-14　用户举报网页填写的信息

7．复制粘贴次数

用户对优质原创内容的复制粘贴次数会被自动记录，次数越多，表示相应的价值越高。这种复制粘贴的行为会将原创文章的链接或锚文本一起复制，无意中增加了原创内容外部链接的数量，有效提高了网页的搜索权重。

以上是对原创内容价值影响因素的介绍。完成原创内容后，重点是将原创内容的价值影响因素优化好，有效提高网页的搜索排名。

7.5　404 页面优化

用户打不开的页面称之为 404 页面。404 页面也是网页内容优化的一部分。本节主要从 404 页面简介、设置方法以及优化注意事项三个方面进行介绍。

7.5.1　404 页面简介

当被打开的页面无法正常提供信息，或服务器无回应等多种原因出现时，系统会自动提示页面不存在或者链接错误，同时引导用户使用网站其他页面而不是简单地关闭窗口，这样的页面称之为 404 页面。

根据 404 页面显示内容的不同，可将 404 页面分为提示型、返回型、娱乐型三种。

1．提示型 404 页面

提示型 404 页面是指被访问的页面不存在，系统提示页面不存在，并有相应的解决方案。以百度的 404 页面为例，其显示内容如图 7-15 所示。

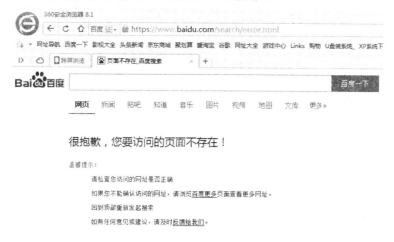

图 7-15　百度 404 页面的显示内容

2．返回型 404 页面

返回型 404 页面是指用户访问一个不存在的网页时，系统会自动返回指定页面，或通过导航栏引导用户返回需要的页面。新浪网的 404 页面是常见的返回型 404 页面形式之一，如图 7-16 所示。

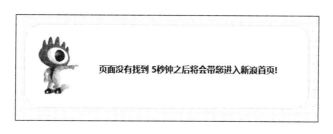

图 7-16　新浪网的 404 页面

3．娱乐型 404 页面

娱乐型 404 页面是指用户访问一个不存在的网页时，系统会给用户页面错误的提示信息，并用幽默的语言或好玩的游戏缓解用户未打开网页的焦虑和厌烦感，增加用户对网站的好感。某娱乐型 404 页面如图 7-17 所示。

提示型、返回型、娱乐型这三种类型的 404 页面，并非孤立存在，网站管理者经常采用多种组合。但无论采用哪种类型的 404 页面，其最终目的是方便用户浏览和搜索引擎抓取网页。

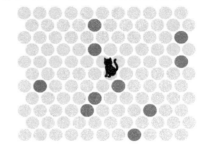

哎哟～404了～休息一下，玩玩这个游戏！

图 7-17　某娱乐型 404 页面

7.5.2　404 页面设置方法

设置 404 页面需要在网站空间服务器上进行，不同类型的网站空间设置方法不同。首先是要制作 404 页面模板，然后到网站空间服务器进行设置。以阿里云服务器为例，设置 404 页面的步骤如下。

1．制作 404 页面模板

网站管理者可自行设计 404 页面，也可到相应网站免费下载 404 页面模板。如"模板之家"网站就提供了大量的 404 页面模板，部分模板风格如图 7-18 所示。除了"模板之家"，还有很多制作该页面模板的网站，在百度中查询"404 页面制作"即可。

蓝色个性可爱小狗404网页模板　　　　可爱大象404错误页面html模板

图 7-18　"模板之家"部分 404 模板风格

2．设置 404 页面

404 页面模板制作后，登录阿里云主机管理控制后台，点击"站点信息"，打开"基础环境设置"，进行 404 页面设置，将其上传至阿里云主机的指定位置，如图 7-19 所示。

图 7-19　阿里云主机的站点 404 页面设置

3．验证 404 页面的设置

完成以上两个步骤后，可以验证 404 页面的设置效果。以网站 www.abc.com 为例，在域名后面任意输入一些字母(如 www.abc.com/5586)，打开后显示的页面与预置的 404 页面如果一致，则设置完成。

7.5.3　404 页面优化注意事项

404 页面的主要作用是缓解网页无法打开的尴尬，说明事故原因，并对浏览进行正常引导；同时 404 页面可以顺利牵引搜索引擎进入其他目标网页，而不是陷入死胡同。在进行 404 页面优化时，要注意以下几点。

1．设计风格

404 页面和其他文章页面一样，要想保持设计风格的一致性，尤其关注页面的颜色、字体、图形等设计要素，整体而言在视觉上保持网页的简洁性。

2．返回路径

在制作 404 页面时，可适当添加一些通向其他地方的链接，如页面导航、首页、网站地图、返回上一页等。

另外，网站管理者在设置 404 页面的返回路径时，尽量不要设置自动跳转而让用户自己决定下一步的去向；尤其不要将 404 页面自动跳转到网站的首页，这样做很容易让搜索引擎判断首页是死链接，进而导致首页在搜索结果中消失。

3．提示信息

404 页面的提示信息少用专业词汇，尽可能贴近自然语言。比如"找不到网页"相比"404 错误"，更准确也更易于接受。

另外，大部分 404 错误页面是因为错误网址导致的，在提示产生错误原因时，善意提醒用户检查网址拼写是否正确。同时，404 页面要尽可能提供合理的解决方案，完成用户的访问请求。

一个设计良好的 404 页面可以避免失去用户的信任，能更大程度地与用户建立关系并留住用户，增加用户在网站上的停留时间，从而提高搜索引擎友好性。

本 章 小 结

❖　网页中的文字与图片是构成网页的两个基本元素，文字影响着网页的内容，图片影响着网页的美观。

❖　一般情况下，标准网页内容的组织形式由四部分组成，即：企业标识、导航栏、栏目和正文内容。

❖　用户在浏览网页时，网页中不同区域吸引用户注意力的程度不同。同理，搜索引擎对网页中每个区域的重视程度也是不一样的。同样的内容出现在页面不同的区域，所起的作用有所差别。无论从搜索引擎抓取的角度，还是用户浏览网页习惯的角度，网页中各个区域的重要性关系是：左上>右上>左下>右下。

◇ 原创内容是创作者独立完成的内容，是网站的灵魂，失去优质的原创内容就等于失去用户。

◇ 伪原创是指对一篇文章进行加工，使搜索引擎认为是一篇原创文章，从而提高网站权重。创作伪原创内容一般是修改转载内容的标题和正文，采用的常见方法有替换法、排序法和增加法。

◇ 内容是网站的核心所在，原创内容对网站至关重要，直接关系着网站的关注度和知名度。一篇高质量的原创文章，不仅能吸引用户浏览，而且也能快速取得搜索引擎的信任，增加收录概率。

◇ 在互联网中，由于用户的分享、转载等行为，产生重复信息是不可避免的。搜索引擎在分析网页时，具备识别重复信息内容的能力，能够准确判断原创内容和转载内容，并赋予原创内容更高的权重。

◇ 用户可以从主观感受上去判断原创内容价值的高低。而搜索引擎则需要通过一些指标来判断原创内容价值的高低，这些指标包括用户行为、阅读量、分享次数、收藏次数、评论质量与数量、举报次数、复制粘贴次数等。

◇ 404 页面的主要作用是为了引导用户在打不开的链接上能够方便地访问网站的其他地方，而不是让用户直接关闭窗口，有助于提升用户体验；同时，404 页面对搜索引擎也是非常友好的，可以让搜索引擎对网站内容进行更深层次的抓取，不会因页面错误而终止抓取。

本 章 练 习

一、填空题

1. 网页一般是由_____、_____、_____、_____、音频、视频等基本元素组成的。这些基本元素通过不同的组织形式，进行排列组合后生成网页。

2. 网页中各个区域的重要性关系是：_____ >_____>_____>_____。

3. 根据内容来源，可将网页内容分为三类：_____、_____和_____。

二、应用题

1. 撰写一篇关于"大学生求职"的相关文章，400 字左右，内容要求侧面宣传"A 公司"。

2. 检查自己所在大学的网站是否进行了 404 页面设置，如果没有，请设计一个 404 页面。

三、简述题

1. 从搜索引擎的角度考虑，判断一篇原创文章优劣的标准有哪些？

2. 简要说明原创内容的重要性。

第8章 链接优化

本章目标

- 了解链接的概念、分类及作用
- 掌握评价优质链接和垃圾链接的标准
- 掌握链接权重投票与分配的原理
- 了解内部链接和外部链接的作用
- 掌握内部链接和外部链接优化的方法
- 熟悉内部链接和外部链接优化的注意事项

在搜索引擎优化中，链接优化占有重要的地位，甚至有"链接为皇"的说法。链接优化包括内部链接优化和外部链接优化两个方面。内部链接优化可以突出网站的重要链接，提高重要链接的权重；外部链接优化可以提升搜索引擎对网站的信任度，增加网站页面的收录数量，提高网站的整体排名。本章将从链接概述、优质链接与垃圾链接、链接权重投票原理与分配原理、内部链接优化和外部链接优化这五个方面进行介绍。

8.1 链接概述

搜索引擎认为：如果一个网站得到的其他网站的主动链接越多，就意味着该网站内容质量越高，深受大众欢迎，搜索排名自然就会靠前。在学习链接优化之前，我们首先要了解链接的基本知识，包括链接的概念、分类和作用等。

8.1.1 链接概念

链接也称超链接，根据统一资源定位符(URL，Uniform Resource Location)，运用超文本标记语言(HTML，Hyper Text Markup Language)，将网站内部网页、内部系统或不同系统之间的文字和多媒体等元素进行连接。通过链接技术，可将网站的某一页面链接到另一个页面，也可以将一个网站的页面链接到另一网站的页面。正是由于链接技术的存在，才得以使世界上众多的计算机紧密联系起来，从而构成网络的坚实基础。

通常网页中的文字超链接显示为蓝色(网站管理者也可以根据需求设置成其他颜色)，当鼠标指针移动至该超链接区域时会变成"手指"形状，单击鼠标左键后页面将跳转至对应的链接页面。

8.1.2 链接的分类

链接有不同的分类标准，本节主要从链接对象、路径、位置和质量这四个方面介绍链接的分类。

1. 按链接对象划分

按照链接对象的属性，可以将网页中的链接划分为文本链接、图片链接、多媒体链接等。

1) 文本链接

文本链接是指使用文字作为链接对象，其中文字的内容称为锚文本。文本链接可以通过文字的内容来表达目标页面的主题，在提高页面相关性方面具有很大的作用。如腾讯网首页导航栏中的"新闻"，是以"新闻"两个字作为链接对象，指向目标页面的地址(http://news.qq.com)，其页面源代码如图 8-1 所示。

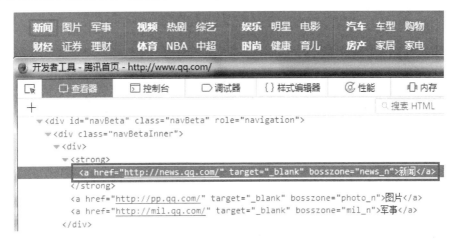

图 8-1　文字链接页面源代码

2) 图片链接

图片链接是指使用图片作为链接对象，可以通过设置图片的标题、Alt 属性标签等内容表达目标页面的主题。但是图片链接在提高页面相关性方面不如文字链接作用大。

3) 多媒体链接

多媒体链接是指使用多媒体作为链接对象，也可以通过设置多媒体的标题、Alt 属性标签等内容表达目标页面的主题。不过多媒体链接在提高页面相关性方面作用较弱。

2．按链接路径划分

按照链接路径，可将链接分为导入链接和导出链接。如果页面 A 中存在一个链接，并且链接指向到页面 B，那么页面 A 是页面 B 的导入链接(也称反向链接)，页面 B 是页面 A 的导出链接，如图 8-2 所示。

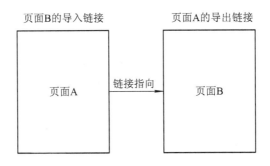

图 8-2　导入链接与导出链接

3．按链接位置划分

按照链接所在的位置，可将链接划分为内部链接和外部链接。

内部链接也称为站内链接，是指同一网站域名下的不同页面之间的互相链接。内部链接的优化是对网站站内链接的优化，网站管理者需要注重网站结构的设计，突出网站的重点页面。

外部链接也称为反向链接或导入链接，是指其他网站链接到目标网站的链接。外部链接是影响网页权重的主要因素，通常所说的链接优化一般是指外部链接优化。可以利用站长工具、百度站长平台等软件查询网站的外部链接数量及详细信息。使用站长工具查询新浪网外部链接情况，如图 8-3 所示。

图 8-3　新浪网外部链接查询

如果主要针对百度搜索引擎优化网站，建议使用百度站长平台查询，因为百度站长平台查询的数据由百度搜索引擎直接提供，有较高的权威性。

4．按链接质量划分

按照链接质量的高低，可将链接划分为优质链接和垃圾链接。

优质链接权重高，搜索引擎喜欢抓取，搜索排名靠前。垃圾链接通常是个别站长为了提高网站排名，有意将网站链接到一些不相关的网站。垃圾链接不仅不会引起搜索引擎的好感，还会造成网站被降权。

8.1.3　链接的作用

从搜索引擎优化角度来看，链接主要具有提高页面的相关性、提高网站的权重和信任度、增加页面收录数量等方面的作用。

1．提高页面的相关性

通过链接对象的内容可以判断链接的相关性。相关性是判断搜索结果质量的重要指标之一，如果链接对象与链接内容相关，链接就起到提高页面相关性的作用。

2．提高网站的权重和信任度

链接能提高网站的权重以及信任度，如果导入链接的网站权重越高(如百度、新浪、搜狐、腾讯等大型门户网站)、数量越多，则说明被链接的页面得到了更多的信任，能较大提升链接的权重。

3．增加页面收录的数量

只有被搜索引擎收录的页面才能参与搜索排名。网站导入的链接越多，被收录的可能性越大。链接的质量和数量可带动网站页面整体的收录量。

8.2　优质链接与垃圾链接

为了能有效区别链接质量的高低，搜索引擎逐渐形成了一套判断链接优质与否的评价依据。

8.2.1　优质链接的评价依据

掌握优质链接的评价依据，可以帮助 SEO 人员明确链接优化的重点，提高网站的搜索排名。判断优质链接主要从以下依据着手。

1．内容相关

不管是基于搜索引擎友好性还是用户体验的角度，链接对象都要与网页内容具有一定相关性。内容相关能使搜索引擎快速对网页内容进行定义，确定网页的主题。相关性网站的链接要比非相关性网站的链接价值更大。如果网页链接相关性过差，有可能会被搜索引擎降低权重，甚至处罚。

2．点击量多

点击量是衡量链接质量好坏的重要指标。用户点击量越多，说明链接所在页面提供给用户的信息越有价值。

网站的 Alexa 排名能体现链接被点击的程度。Alexa 排名越靠前，说明网站首页被点击的次数越多。

3．导入链接权重高

导入链接权重越高，导出链接获得的权重也就越高。通常，优质链接的导入链接比自身链接的权重高，会方便链接权重由高到低进行传递和继承。另一方面，一个优质链接最好是单向链接，只有导入链接，没有导出链接。例如，某门户网站与其他网站进行连接，那么门户网站的权重可以直接传递给该网站。

4．导入链接可信度高

如果一个网站是可信任的，那么这个网站导出的链接也应该是可信任的，源链接可信度越高，导出链接的可信度也会越高。如果导入链接是非法网站，链接的可信度就会受到质疑，甚至会受到搜索引擎的处罚。

5．导入链接的位置好

导入链接可能存在于源页面的各个位置，页面位置不同，搜索引擎的重视程度则不同。页面重要区域分布规律如下：左上>右上>左下>右下。优质链接的导入链接最好位于源页面的左上角。

6．导入链接多样化

从用户行为的角度分析，优质链接应该是自发、主动地导入链接，导入链接的对象应以文本链接、图片链接、多媒体链接等形式为主，避免单一形式的导入链接。

7．导入链接数量自然增长

对于一个网站而言，喜欢该网站的用户很可能会主动向其他用户推荐，同时觉得网站有价值的其他网站管理者也会与之进行链接交换，这种导入链接的增长即自然增长。一个网站在较短时间内增长数万条，甚至数十万条外部链接，通常有两种情况：一是网站本身有重要事件发生而受到广泛关注；二是网站管理者利用作弊方法促使链接快速增长。针对后一种情况，搜索引擎首先进行分析，验证网站链接是否作弊。如果作弊，进行相应处罚；如果没有作弊，则参与正常排名。

【知识拓展】沙盒效应

沙盒效应是谷歌采取的一种过滤算法，暂时把网站原本排名比较好的关键字排名往后靠，使得在前几页很难搜索到该网站。例如，一个新的网站，可以有很丰富的网站内容，可以有大量高质量的外部链接，网站既对搜索引擎友好，用户体验也不差，基本的内容都优化得很好。但是在一段时间内，很难在谷歌搜索引擎得到好的排名，这就犹如网站的试用期，在这段试用期内，新网站几乎无法在竞争比较激烈的关键字下得到好的排名。

这个现象最早是在 2004 年 3 月开始被注意到。通常沙盒效应会维持 6 个月，有一些针对竞争性不高的关键词的网站，可能在沙盒里会短一些。行业竞争越高，沙盒效应会越长。另外，沙盒效应不会影响到网站的收录，只对网站的关键字排名有影响，是一种短期内的降权。

谷歌之所以会制造这种沙盒效应，是为了清除那些垃圾网站。通常这些垃圾网站都会快速买大量链接，得到好的排名，赚一笔钱后，这些作弊手段被发现了，网站被删除或被惩罚。但是这些人也不在乎，这个域名也就被放弃了，转而开始做另外一个新的网站。沙盒效应出现以后，大部分的垃圾网站制造者没有耐心等待网站从"沙盒"里面出来，从而也就不建这些垃圾网站了。

谷歌推出沙盒效应后，其他搜索引擎也都竞相模仿。目前，沙盒效应在大部分搜索引擎中被广泛使用。

（资料来源：http://www.zzbaike.com/wiki/沙盒效应）

8.2.2 垃圾链接的评价依据

网站的垃圾链接过多会对网站的排名起到负面影响，SEO 人员要掌握垃圾链接的评价依据，避免网站出现垃圾链接。垃圾链接主要有以下评价依据。

1．无相关性

内容无相关性是垃圾链接的重要指标。有的网站为了提高网站权重，盲目增加外部链接，经常从一些内容不相关的网站导入链接。比如，汽车销售类网站与教育培训类网站互为链接，这样的外链相关性弱，对网站优化起不到辅助作用。

2．有违规行为

无论一个网站的权重多高，如果搜索引擎发现了违规行为，网站很有可能受到牵连，权重不但没有增加，反而会受到处罚。

3．网页内容差

网页内容的质量是决定网站价值的重要条件，也是影响用户体验的重要因素。如果一个网站的内容长期不更新，则无论该链接的权重有多大，该网站的链接也可能慢慢成为垃圾链接。

4．无点击量

点击量是衡量链接质量的重要标准。无点击量的链接没有用户关注，不能给用户提供有价值的信息。有点击量的链接才能给网站带来价值，点击量越高，链接权重越高，搜索排名越靠前。

5．导出链接过多

如果一个网站的导出链接数量过多，通常会被搜索引擎怀疑是网站管理者的有意行为，可能会被搜索引擎屏蔽或处罚。同时，导出链接过多，会使每个导出链接分配的权重比单向链接获得的权重要少很多。

8.3　链接权重投票原理与分配原理

在网络的链接关系中，如果某一页面中存在链接指向另一个页面，即表示页面对于被链接页面是信任的，并分配被链接页面一定的权重值。掌握搜索引擎的页面链接权重投票原理及权重分配原理，就可以针对性地优化网站的重要页面。

8.3.1　链接权重投票原理

在搜索引擎优化中，链接权重投票原理反映了页面间的信任关系。如果链接都指向了某个目标页面，则说明这些链接对目标页面是信任的，相当于给目标页面投了信任一票。被信任的程度越高，权重也越高。

如图 8-4 所示，页面 1 链接到页面 2，页面 3 链接到页面 2，页面 2 链接到页面 3。按照搜索引擎链接投票原理，页面 2 得到了页面 1 和页面 3 的投票，即 2 票；页面 3 得到了

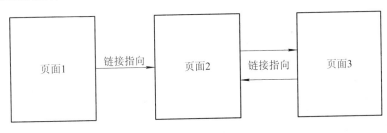

图 8-4　链接投票原理

页面2的投票，即1票；页面1没有得到投票，即0票。按照搜索引擎的链接投票原理，在不考虑其他权重影响因素的前提下，三个页面的权重大小顺序为：页面2>页面3>页面1。

SEO人员在优化网站时，可以根据链接权重投票原理，调整不同页面的连接关系，使重要页面得到更多的链接，获得更多信任的投票，进而提高其在搜索结果中的排名。

8.3.2 链接权重分配原理

页面导出链接的数量会直接影响每个导出链接得到的权重。导出链接越多，导入链接能分配给每个导出链接的权重越少。如图8-5所示，假如导入链接页面权重为Q，导出链接数量为N，在不考虑其他影响权重因素的情况下，每个链接得到的权重为Q/N。

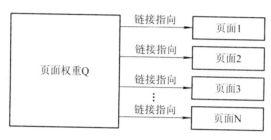

图8-5　权重的分配原理

在搜索引擎优化过程中，网站管理者通常需要选择导出链接较少的网页，这样能够继承源页面更多的权重。如果一个页面导出链接越多，分配给自己页面的权重就越少。

我们可以通过查询页面源代码"href"的个数(不包括源代码中href单词的个数)来了解该网页中导出链接的数量，如图8-6所示。

图8-6　从页面源代码中查看导出链接的数量

8.4　内部链接优化

内部链接优化是指优化网站内部链接的关系，使网站内容主题集中，帮助搜索引擎识别网站中的重要链接，进而提高该链接的搜索排名。本节主要介绍内部链接优化的作用、方法及注意事项三个方面的内容。

8.4.1　内部链接优化的作用

在规划设计网站时，SEO 人员不能忽视内部链接所具备的作用。内部链接的作用主要表现在增加网页收录数量、提高重要页面排名和提升用户体验度三个方面。

1．增加网页收录数量

对网站的内部链接进行搜索引擎优化，有助于提高搜索引擎对网站的抓取效率，增加网站页面的收录。搜索引擎抓取的轨迹是沿着一个链接到另一个链接，如果内部链接形成了死循环或断链，搜索引擎就不能对所有的链接实现收录。只有做好内部链接优化才能让搜索引擎顺利地抓取网站其他的链接，增加网站页面的收录数量。

2．提高重要页面排名

通过适量的内部链接来支持某一个重要页面，有助于提高该页面的权重，并且促使搜索引擎识别出网站中的重要页面，从而提高该页面的搜索排名。

一般情况下，网站的首页得到投票是最多的，首页的访问量也应该是最多的，因此将网站主要关键字布置在首页，要比其他页面更具有排名优势。

3．提升用户体验度

良好的内部链接关系与页面布局不仅可以提高链接的访问量，还可以引导用户快速找到需要的内容和页面，提升网站的用户体验。

8.4.2　内部链接优化方法

内部链接优化方法主要包括突出重要链接、避免死循环、防止死链接、避免断链、三次点击到达目标页、制作 Sitemap。

1．突出重要链接

通常，网站的首页得到的链接最多，属于网站中最重要的页面。通过内部链接的优化，调整不同页面的连接关系，能达到突出首页重要性的目的。如果首页的链接比栏目页的链接少，就会导致网站首页不突出，权重不集中。

2．避免死循环

在规划页面之间的链接关系时，需要避免几个页面之间出现死循环链接现象。死循环会导致搜索引擎在几个页面间循环抓取，无法跳出去抓取其他页面。死循环页面如图 8-7 所示。

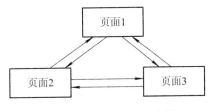

图 8-7　死循环页面示意图

解决死循环链接的办法是：通过跳转到其他页面，让搜索引擎发现新的页面，如图8-8 所示。

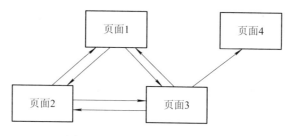

图 8-8　解决死循环页面示意图

3．防止死链接

死链接是页面已经无效，无法向用户提供任何有价值信息的页面。死链接包括协议死链和内容死链。协议死链是指找不到相关页面，如常见的 404 页面；内容死链是指服务器返回状态是正常的，但内容已经删除或不存在。在内部链接优化时，要避免存在内容死链。

4．避免断链

在网站的内部链接中，任何一个网页都应该既有导入链接，又有导出链接，所有的内部链接应该像一张蜘蛛网，避免出现断链现象。

断链现象如图 8-9 所示。页面 2 中有链接指向页面 3，而页面 3 没有任何导出链接，形成断链现象。无论是用户还是搜索引擎，当到达页面 3 时，无法再通过页面 3 发现新的链接或内容，不利于搜索引擎的抓取和用户体验的提升。如果网站出现过多死链和断链，则很容易被判定为垃圾网站，导致网站内容不被收录。

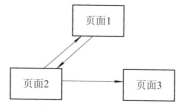

图 8-9　断链示意图

5．三次点击到达目标页

大部分中小网站的管理者在设置网站内部链接关系时，需要保证用户通过三次点击就可以从网站首页到达网站的任何一个网页，太多层次的链接会让用户感觉走进"迷宫"，无法在短时间内找到需要的信息，不仅用户的体验差，而且不利于搜索引擎抓取网站的内容。

6．制作 Sitemap

网站管理者制作 Sitemap(网站地图)的目的是告知搜索引擎网站上有可供抓取的网页链接。最常用的 Sitemap 是 "xml" 格式文件，在该文件中列有网站中的网址和每个网址的原始信息，如页面更新的时间和频率等，以方便搜索引擎更加智能地抓取网站。

能够制作 Sitemap 的工具软件有很多，如 Sitemap X(下载地址：http://cn.sitemapx. com/)，通过软件制作 Sitemap 文件后，以 Sitemap.xml 命名，将文件上传到网站的根目录下。如果网站专门针对百度搜索引擎进行优化，需要通过百度站长管理后台提交 Sitemap 内容，这样可以让百度搜索引擎主动抓取该网站的链接及内容。百度站长平台的提交信息如图 8-10 所示。

图 8-10　百度站长平台提交 Sitemap

8.4.3　内部链接优化注意事项

SEO 人员进行内部链接优化时，要注意链接内容的相关性且不重复，保证主次分明，并且要控制链接数量，重视首页建设和关键字链接。

1．内容相关性

内部链接需要保证内容与链接对象的相关性。相关性高的链接有助于提高搜索引擎收录以及提升用户体验，进而增加网站的浏览量。不相关的内容既影响用户对网站的好感，又影响搜索引擎对链接主题的判断。

2．链接不重复

不同的内部链接不要出现相同的页面内容。特别是有的链接进行静态化处理后，在网站中所有的内部链接都应指向处理后的静态链接，如果出现既有指向处理后的静态链接，又有指向没经过处理的动态链接的情况，则很容易被搜索引擎判定为重复页面，无法获得任何权重。

3．主次分明

网页间的链接需要遵循主次分明的原则，如网站不同栏目间组成整个网站的主要内容，在这个基础上，再形成页面间的网状结构，这样就形成了主次分明、脉络清晰的整体网站结构组织，更有利于搜索引擎的抓取。

4．控制链接数量

通常每个页面导出的内部链接数量需要控制在 100 个以内。如果页面中的内部链接数量超过限制，搜索引擎可能会忽略该页面或者忽略超出限制的那部分链接。

5．重视首页建设

首页是一个网站的重中之重。首页布局合理、关键字突出、内容优化得当，能够吸引搜索引擎的注意，引导搜索引擎抓取首页信息，甚至深入到网站的其他页面。因此，首页建设要围绕着搜索引擎喜好和用户体验进行，适当偏重于搜索引擎喜好，使首页起到总领的作用。

6．重视关键字链接

不同的页面可能包含相同或意思相近的关键字，通过对不同页面间的相关关键字进行连接，可以在不同页面间形成比较重要的链接网络，这有利于提高网站和页面的权重。但需要注意，这些链接是自然情况下的重要内容间的关联，而不是刻意制造关键字、罗列链接的行为。

8.5 外部链接优化

搜索引擎优化"链接为皇"中的"链接"主要指外部链接。外部链接优化是搜索引擎优化的主要内容。围绕外部链接进行一系列的优化工作，能快速提高搜索排名。本节主要介绍外部链接优化的作用、方法和注意事项三个方面的内容。

8.5.1 外部链接优化的作用

外部链接优化是指通过调整不同网站间的连接关系，以提高网站权重的一种优化技术。与内部链接优化的作用有共同之处，外部链接优化的作用主要体现在提高网站权重、增加网站收录数量、提高网站抓取频率、增加网站流量四个方面。

1．提高网站权重

外部链接在提高网站权重方面起着至关重要的作用。外部链接质量越高，数量越多，传递给网站的权重就越高。另一方面，外部链接与内部链接不同，很难由网站管理者控制。正是由于外部链接难以控制，所以，外部链接对权重的影响价值更大。

2．增加网站收录数量

如果没有高权重的外部链接，仅靠内部结构和原创内容，网站内容很难被搜索引擎充分收录。外部链接在很大程度上决定了搜索引擎抓取的深度，一般权重比较低的网站，搜索引擎只会抓取 3～4 层链接。如果网站权重值达到 7 或 8，距离首页 6～7 层甚至更深层次的网页也能被收录，从而提高整个网站页面的收录数量。

3．提高网站抓取频率

外部链接也是决定搜索引擎抓取频率的重要因素。高质量外部链接的数量越多，质量越高，就越能增加搜索引擎发现的机会。同时，搜索引擎也会认为这些是重要的内容，对于重要内容，搜索引擎抓取的频率会较高。

4．增加网站流量

通常，存在外部链接的网站，在内容方面具有一定的相关性。用户能够通过链接进入到另一个网站，这样就给网站带来了流量。通过外部链接吸引来的用户，在本网站停留了较长时间，说明链接的价值高，进一步引起搜索引擎对链接的重视，提高网站权重。

8.5.2 外部链接优化方法

增加优质外部链接对于网站的优化是一个非常重要的过程。导入链接的质量(即导入链接所在页面的权重)直接决定了网站在搜索引擎中的权重以及搜索排名。

常用的外部链接优化方法有提交分类目录、交换友情链接、链接诱饵、第三方网站提交等。

1．提交分类目录

分类目录又称人工分类目录，由人工编辑而成。分类目录是将网站信息系统地分类整理，提供一个按类别编排的网站目录，在每个类别中，排列着属于这一类别的网站站名、网址链接、内容提要以及子分类目录，可以在分类目录中逐级浏览寻找相关的网站。

不同搜索引擎都有其特别重视的分类目录，如果网站能从搜索引擎特别重视的分类目录上导入链接，那么该网站在相应的搜索引擎中就可以得到更高的权重。不同搜索引擎重视的分类目录如表 8-1 所示。

表 8-1　搜索引擎重视的分类目录

搜索引擎名称	重视的分类目录
百度	www.hao123.com
360	hao.360.cn
搜狗	123.sogou.com
谷歌	www.dmoz.org
雅虎(已被收购)	directory.yahoo.com

以提交 Hao123 分类目录为例，提交信息的网址为 http://www.hao123.com/abouthao123. htm#1，如图 8-11 所示。

收录申请提交信息

推广网址: http://ᅠ ᅠ 查询

网站名称:

QQ: ᅠ ᅠ QQ,Email电话选填一项即可

Email:

电话:

推荐分类:

建站时间: ᅠ 个月

日访问量:

网站描述:

给hao123的意见:

图 8-11ᅠ Hao123 分类目录提交信息

扫一扫

视频：提交分类目录。

通过学习视频，以百度搜索引擎重视的 Hao123 分类目录为例，掌握提交分类目录的方法。

【知识拓展】 分类目录 Hao 123

在分类目录领域中，雅虎是鼻祖，雅虎的分类目录已经成为搜索引擎的一个组成部分。谷歌也有自己的分类目录，它采用的是 Netscape 的 Dmoz 开放式目录。

不过，雅虎和谷歌这种对网址组织形式的分类目录，似乎并不适合中国网民的需求。随着互联网在中国的趋热，越来越多没有任何技术背景的人开始上网，他们更喜欢一种类似电视节目预告那样的一目了然的导航形式。这就成为 Hao123 存在的前提。

Hao123 又称网址之家，从 1999 年建立以来，成为众多初级网民寻找网上信息的入口站点，一批不熟悉中文网址的网民对其有相当的依赖性。据 Alexa 的排名统计，Hao123 流量全球排名在 25 名左右。

Hao123 的成功，最重要的一点，就是它剥去了罩在互联网头上的技术色彩和神秘感，让普通老百姓可以很容易地访问互联网上的各种资源。所以，对很多不懂技术的国内互联网用户而言，Hao123 才是真正的门户，是访问互联网必经的入口。

Hao123 导航站每天拥有巨大的流量，2004 年被百度收购，一度成为互联网用户的主页网站。Hao123 被百度收购之后，为百度搜索带来了巨大流量，同时百度也为

它带来了倍增的流量。

（资料来源：http://www.admin5.com/article/20090120/127174.shtml）

2．交换友情链接

友情链接是具有一定资源互补优势的网站之间的简单合作形式，即分别在自己的网站上放置对方网站的图片或文本信息，并设置对方网站的超链接，使得用户可以进入对方网站，达到互相推广的目的。

交换友情链接常作为一种网站推广的基本手段。通常来说，和内容相近的同类网站交换友情链接，不仅可以提升网站流量，增强用户体验，还可以提高网站的权重。

交换友情链接首先要找到合适的对象，了解交换友情链接的条件和要求，在满足交换双方需求后方能达到交换的目的。寻找交换链接对象的途径有很多，如 QQ 群寻找、平台寻找、论坛寻找等，最常用的是通过 QQ 群寻找，其方法如图 8-12 所示。

图 8-12　利用 QQ 群寻找交换友情链接的对象

在交换友情链接时，要注意以下问题。

1）对方网站是否被收录

在交换友情链接时要先检测对方网站是否被搜索引擎收录，如果未收录，可能是由于该网站建站时间短或被搜索引擎屏蔽，则不适合作为交换链接对象。可用"site:网站域名"检查该网站是否被百度收录，如图 8-13 所示。

图 8-13　查询网站是否被收录示意图

如果使用"site:网站域名"搜索后显示"没有找到相关的网页",则说明该网站没有被搜索引擎收录,不适合作为交换链接对象。如果显示找到结果数量,则证明该网站已经被收录。

2) 相关性

交换的友情链接相关性越高、网站定位相同或内容互补,对网站的权重影响越大。不要与无相关性的垃圾网站或站群交换链接,避免被搜索引擎处罚。

3) 权重值

通常,网站管理者都希望交换链接对方的网站权重值越高越好。如果遇到一些权重值特别高、域名使用时间却很短的网站,交换链接前要注意分析对方链接是否存在"PR 劫持"(PR 劫持是一种搜索引擎作弊方法,详见第 9 章)的现象,避免与违规网站交换链接。

4) 导出链接数量

搜索引擎并没有规定网站交换链接的数量,但是根据链接权重分配原理,对方网站导出链接的数量直接影响获得对方网站权重的比例。因此,与导出链接少的网站交换链接,对自身网站比较有利。

5) Nofollow 标签

交换链接后,需要注意观察对方网站首页头部代码及友情链接是否使用 Nofollow 标签。如果使用,则说明这种友情链接是不传递权重的,要及时跟对方沟通删除。

例如:搜狐博客首页中加入了 Nofollow 标签,所以,搜狐博客中发布的链接不传递权重。搜狐博客首页部分 Nofollow 标签如图 8-14 所示。

图 8-14 搜狐首页部分 Nofollow 标签

6) 相同 IP

如果要交换友情链接的网站跟自己的网站在同一个 IP,需要避免进行交换链接,因为同 IP 交换链接容易被搜索引擎认为是作弊行为。

3. 链接诱饵

链接诱饵是凭借有吸引力的文章或产品，通过网民的转载或应用获取外部链接的一种方式。高质量的链接诱饵能迅速获取到众多的外部链接，甚至能使网站在互联网上被广大网民迅速传播，达到快速曝光的效果。制作高质量的链接诱饵有一定的难度，一般需要注意以下几点。

1) 重视用户体验

在制作链接诱饵时，需要重视用户体验，不要为了增加链接而制造链接诱饵，刻意去追求外部链接，往往无法带来理想的效果。例如：书写高质量的原创软文，发布到相关网站，如果软文的广告成分或链接太多，很可能会造成用户的反感，软文被用户转载的概率也会随之降低。

2) 设计好标题

随着互联网信息量的不断增多，越来越多的用户会根据标题来决定是否查看内容。一个好的标题，应该具备引起注意、概括整体内容、形成阅读冲动三个作用。标题是链接诱饵的基础，好的标题意味着可以激发用户点击和阅读的兴趣，从而达到先声夺人、吸引受众的目的。

3) 方便用户分享

链接诱饵不管是文章类，还是在线工具、离线程序等形式，要方便用户使用与分享。例如，在链接诱饵的页面上设置"分享"按钮，只要用户简单操作就能够把相应的文章分享到其他网络平台上。

4) 文章长度适中

链接诱饵的文章长度要适中。文章短，不能将内容表述清楚，用户很难产生共鸣；文章太长，用户很难有耐心看完。只有长度适中、文字精练、内容实用的文章，才能吸引更多用户转载。

4. 第三方网站提交

可以尝试编辑一些高质量的软文发布到各大网站或博客上，并在文章尾部留下链接地址，如果被采用，将会有大量网站进行转载，从而获得一定数量的外部链接。

【知识拓展】购买链接

购买链接是指通过购买大量高权重网站的外链，使网站的排名能在短时期内获得提升。这种行为有一定风险。搜索引擎不允许购买链接行为的存在，因为购买链接有悖网站排名的公平性。一旦有链接交易的网站被发现，搜索引擎会对其进行相应的惩罚，降权或者拉入黑名单。

购买链接应该是一种阶段性规划行为，购买链接注意的问题除了包含交换链接注意问题以外(如：相关性、权重值、导出链接数量、Nofollow 标签、相同 IP)，还应该注意不可在短时间内购买大量链接，以免引起搜索引擎的关注。

常见的购买链接网站如爱链网，可以根据购买价格、网站类别、网站权重等条件进行查询，网址为 http://www.520link.com/，如图 8-15 所示。

图 8-15 爱链网购买链接示意图

8.5.3 外部链接优化注意事项

SEO 人员进行外部链接优化时，需要注意保证外部链接的相关性与多样性，以及外部链接的增长频率。

1. 相关性

在增加外部链接时，网站管理者要注意增加与网站主题相近的链接，这不仅能为用户提供很好的向导作用，而且有利于增加用户体验度和获得精准的流量。

2. 多样性

外部链接在保证相关性的前提下，还要注意外部链接的多样性，如网站类型、IP 地址、锚文本等。

外部链接的网站类型包括企业网站、门户网站、分类目录网站、新闻资讯网站、社交网站等。在增加外部链接时，避免只针对某一类型的网站增加外部链接，网站类型最好多种多样。

外部链接的 IP 地址尽量分布在不同地区，以便提高网站的抓取成功率。因为搜索引擎的抓取服务器会分布于不同地区，不同的抓取服务器会承担一个 IP 段的抓取工作。

外部链接的锚文本也要注意多样性。例如：一个小游戏网站，链接的对象可以是"小游戏"之类的锚文本，也可以是"好玩、有趣"之类的锚文本。

3. 增长频率

根据搜索引擎防作弊规则，如果外部链接增长过快，可能会给网站带来负面影响。对于新建网站，外部链接应该是一个稳步增长的过程，不能突然增长过多。对于排名稳定的网站，外部链接需要保持一定数量，不能有急剧下降的现象。

本 章 小 结

◇　在搜索引擎优化中，链接优化占有重要的地位，并有"链接为皇"的说法。链接优化包括内部链接优化和外部链接优化两个方面。

◇　不管是对搜索引擎友好性，还是对用户体验的提升，链接对象要与网页内容具有一定相关性。内容相关能使搜索引擎很好地对网页内容进行定义，以确定网页的主题。相关性网站之间的链接要比非相关性网站的链接价值更大。

◇　在网络的链接关系中，如果某一页面中存在链接指向另一个页面，即表示页面对于被链接页面是信任的，从而投了它一票，并分配被链接页面一定的权重值。掌握页面之间链接的投票关系及权重分配原理，搜索引擎可以从中筛选出相对重要的页面。

◇　在搜索引擎优化中，链接投票原理反映了页面间的信任关系。如果链接都指向了某个目标页面，则相当于所有的导入链接对目标页面是信任的，被信任的程度越高，权重也越高。

◇　页面导出的数量直接影响了每个导出链接得到权重的多少。导出链接越多，导入链接能分配给每个导出链接的权重越少。

◇　通过改变网站内部链接的链接关系来支持某一个具体页面，有助于网站内容主题的集中，帮助搜索引擎识别出网站中的重要链接，进而提高该链接的排名，极大地提升网站的优化效果。

◇　如果首页得到的链接反而没有一个栏目页得到的链接多，网站首页应得权重没有得到，反而给了一些无关紧要的页面，那么会导致网站首页不突出，权重不集中。

◇　对大部分中小企业网站来说，网站管理者要设置内部链接的链接关系，用户通过三次点击就可以从网站首页到达网站的任何一个网页，太多层次的链接会让用户感觉走进"迷宫"。

◇　网站管理者制作 Sitemap(网站地图)的目的是告知搜索引擎网站上有可供抓取的网页链接。最常用的 Sitemap 是"xml"格式文件，在该文件中列有网站中的网址以及每个网址的原始信息，如页面更新的时间和频率等，以方便搜索引擎更加智能地抓取网站。

◇　外部链接在提高网站权重方面起着至关重要的作用。外部链接质量高，数量多，传递给网站的权重就越高。另一方面，外部链接很难由网站管理者自主控制，而内部链接可以被网站管理者控制，因此外部链接对权重的影响价值更大。在影响权重的诸多因素中，外部链接成为评价网站权重的主要因素。

◇　增加优质外部链接对于网站的优化是一个非常重要的过程。常用的外部链接优化方法有提交分类目录、交换友情链接、链接诱饵、第三方网站提交等。

本 章 练 习

一、填写题

1. 如果页面 A 中存在一个链接，并且链接指向到页面 B，那么页面 A 是页面 B 的_____(也称反向链接)，页面 B 是页面 A 的_____。

2．导入链接可能存在于源页面的各个位置，页面位置不同，搜索引擎的重视程度则不同。页面重要区域分布规律如下：_____>_____>_____>_____。优质链接的导入链接最好位于源页面的_____。

3．页面的_____链接越多，被信任的程度越高，权重也越高。

二、应用题

1．将自己所在大学的网站地址和内容提交到百度分类目录、360 分类目录和搜狗分类目录。

2．在爱链网上，寻找一个 PR 值>2 的教育类相关网站，熟悉购买链接的步骤。

三、简述题

1．优质的外部链接有哪些评价依据？

2．简述外部链接优化的注意事项。

第 9 章　SEO 作弊

本章目标

- 了解 SEO 作弊的特点及处罚
- 了解黑帽、白帽、灰帽技术的基本特点
- 掌握常见的 SEO 作弊方法，避免违规优化
- 熟悉常见的搜索引擎算法
- 熟悉应对算法改变的方法

　　SEO 作弊是 SEO 人员经常面对的问题，如果 SEO 人员利用搜索引擎排名算法的漏洞，采用不正当手段提高网站排名，可能会被搜索引擎判定为作弊行为。通过对 SEO 作弊相关知识的理解，可以防范网站被搜索引擎处罚，避免不必要的损失。

9.1　SEO 作弊概述

　　通过 SEO 作弊手段确实可取得短期收益，但被搜索引擎发现后会面临严重的处罚，甚至将网站拉入黑名单，屏蔽搜索显示。本节主要介绍 SEO 作弊的概念、特点、处罚和作弊手段等几个方面的知识。

9.1.1　SEO 作弊的概念

　　SEO 作弊是指 SEO 人员为了提高页面在搜索引擎中的权重及内容相关性，使网站得到较高的搜索排名或相关数据的提升，采取欺骗搜索引擎的手段来优化网站的行为。SEO 人员对网站进行搜索引擎优化作弊，一般通过两种途径：网站内部作弊和网站外部作弊。

　　网站内部作弊是指 SEO 人员对网站内部的因素进行非法设计，以提高相关页面的权重和内容相关性的行为。网站外部作弊是指 SEO 人员对网站外部的因素进行非法设计，以提高相关页面的权重和内容相关性的行为。网站内部作弊的方法主要有内容作弊和镜像网站等。网站外部作弊的方法主要有链接作弊和 PR 劫持等。

9.1.2　SEO 作弊的特点

　　SEO 人员使用作弊手段，暂时能得到网站排名的提升，但不会长久，这是由作弊手段的四个特点决定的：投机性、发展性、临界性和不确定性。

1．投机性

　　搜索引擎的算法虽然在不断地升级和调整，但是难免有不完善之处。有些人利用搜索引擎算法的漏洞，短时间内取得网站排名的上升。但搜索引擎算法的漏洞只是暂时的，SEO 作弊的网站最终会被搜索引擎降权或者屏蔽。

2．发展性

　　SEO 作弊手段具有发展性。有些网站采用作弊的优化方法，起初搜索引擎并没有发觉，但是经过一段时间后，受 SEO 人员的操作不当或搜索引擎某些算法的变化等因素的影响，这些方法也会被认为是作弊行为。

3．临界性

　　很多网站优化方法本身没有问题，但是被操作者“过度应用”，从而被搜索引擎视为作弊。比如，一个页面中某关键字的数量多，说明页面相对于该关键字是重要的，搜索引擎应该对此关键字赋予页面更高的权重。但是，如果页面中此关键字被大量堆积，搜索引擎就可能认为这是一个垃圾页面，存在作弊行为，不予收录。

4．不确定性

搜索引擎的算法不为外界所知，SEO 人员只能通过一些公认的理论或实践心得，去摸索搜索引擎对作弊的判断。所以，除了一些很明显的作弊手段外，有些优化方法，人们在短期内不能判断是否存在作弊行为。

正因为 SEO 作弊具有以上特点，有些 SEO 人员认为，搜索引擎优化方法的应用在于把握好一个"度"，要迎合搜索引擎的喜好。网站优化行为是一把双刃剑，优化得当就是一种技术，甚至是一种艺术，优化不当就是作弊行为。

9.1.3　SEO 作弊处罚

SEO 作弊处罚是指搜索引擎发现某网站存在有意或无意的违规情况，对网站进行相应处罚的一种行为。搜索引擎在处罚某网站时，通常不会提前告知网站管理人员。因此，网站管理人员要掌握一定的判断方式，由此来确定网站是否被搜索引擎处罚。一旦发现网站被处罚，就要积极采取应对措施。

1．SEO 作弊处罚机制

目前，各大搜索引擎都有比较成熟的算法能够识别出 SEO 作弊行为，一旦发现，网站就会被搜索引擎降权，甚至屏蔽。搜索引擎采用何种方式判断网站 SEO 是否违规，何种违规采用何种处罚措施以及违规到何种程度才被处罚等，都不为外界所知。一些从事 SEO 工作时间比较长的人员，他们通过长期与网站、搜索引擎"打交道"，摸索出一些经验与规律，但并不代表他们已经掌握了 SEO 作弊处罚的机制。

搜索引擎对所有网站是公平的，会给那些新鲜的、原创的、有价值、切实满足用户需求和体验的网站更多的展示机会；同时给那些陈旧的、抄袭的、低价值的、哗众取宠的网站更少的收录机会；严厉打击那些通过作弊手段取得搜索引擎重视的网站。搜索引擎会根据作弊的程度、次数、方式等给予不同的处罚，以体现出处罚的公平性。

部分业内人士猜测搜索引擎可能实行一种作弊积分制度。这个制度包含以下内容：不同的作弊行为对应不同的积分，当积分达到一定程度时才会被处罚；网站的重要性、内容不同，同样的积分实施的处罚措施不同；当网站的作弊积分达到一定程度后，出现某种作弊行为，可能会使积分迅速上升，加重处罚力度；经常出现作弊行为和偶尔出现作弊行为的网站，虽出现同样的作弊行为，但面临的处罚不同等。

2．判断 SEO 作弊处罚

SEO 工作会涉及网站的很多方面，即使 SEO 人员采用符合搜索引擎喜好的优化方法，也有可能受到处罚。有时候，网站排名下降，可能是因为搜索引擎算法的变化，或者竞争对手具备一定的优势，或者网站的某个外链触犯了搜索引擎的规则等。此时，网站管理者需要逐步分析排名下降的可能原因。通常，网站管理者可以通过以下方式判断网站是否被处罚。

1）使用搜索指令

网站管理者在某搜索引擎的搜索框中输入指令"site：网站域名"。如果没有显示搜索结果，则说明网站受到了搜索引擎严重处罚，如图 9-1 所示。

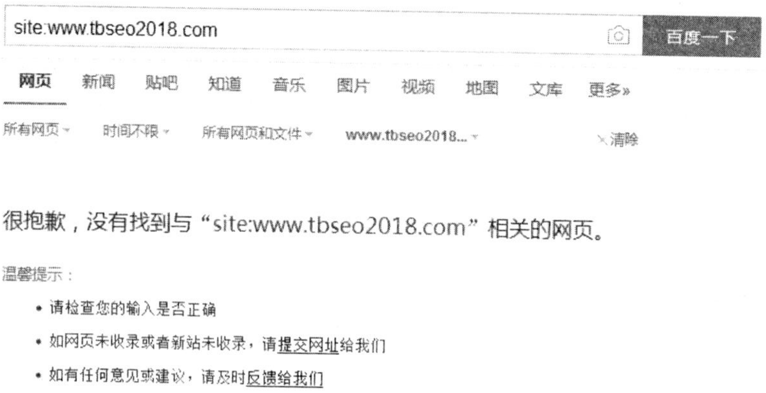

图 9-1　site 使用方法

2）搜索网站名称或特有内容

网站名称或特有内容是体现某网站区别于其他网站的独特特征。网站管理者在某搜索引擎中输入网站名称或特有内容，如果搜索结果中，其网站的排名没有排在前位，则说明网站可能被搜索引擎处罚了(如果网站显示的排名结果明显下降，管理者也要引起注意)。例如，在百度搜索框中输入某网站的备案号，如果该网站没有出现在搜索结果的前位，则说明该网站可能已被搜索引擎处罚。

3）使用站长工具

网站管理者可以通过多种工具检测网站是否被搜索引擎处罚，例如站长之家、百度站长平台、360 站长平台等。以百度站长平台为例，网站管理者可以通过百度站长平台的"消息订阅设置"查询相关消息，如图 9-2 所示。当网站被处罚时，站长平台会及时通知网站管理者，通过"站点信息"提示网站管理者存在的违规信息。

站长平台　　首页　　工具　　学院　　VIP俱乐部　　站长社区

∨ 消息订阅设置

使用说明

1、重要消息包含：服务器无法连接、网站安全漏洞或被黑、Robots封禁等。

2、一般消息包含：站点或用户信息修改、功能权限开通、功能申请结果等。

3、活动消息包含：站长平台线上运营活动等。

图 9-2　百度站长平台"消息订阅设置"

4）查询网站的关键字排名

如果网站的部分或者全部有排名的关键字出现大幅度下降的情况，则说明网站可能被处罚。如果部分关键字的排名上升，部分关键字的排名下降，则不能说明网站被处罚，还需要结合其他因素综合分析。网站管理者要养成定期使用相关工具检查网站关键字排名的习惯。网站的关键字排名可使用站长工具进行查询，例如，查询某网页的"电商人才"百度排名情况，如图 9-3 所示。

图 9-3　百度关键字排名查询

5) 检查网站日志

网站管理者通过查询网站日志，判断搜索引擎程序抓取的次数和频率是否发生变化。如果网站本身没有明显的改变，但搜索引擎程序抓取的频率明显下降，则说明网站可能被处罚。

使用百度站长平台工具，可以查询网站的抓取频次。如图 9-4 所示，如果 3 月份搜索引擎抓取频次大于 0，而 4 月份频次一直为 0，则说明该网站可能被处罚(也可能是新建网站或者访问量极少的网站，还不能吸引搜索引擎主动抓取)。

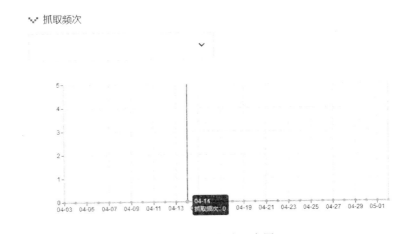

图 9-4　抓取频次示意图

6) 检查网站的搜索流量

网站管理者通过查询网站的搜索流量，判断搜索流量是否出现明显下降的情况。如果在某个时间点后，网站的搜索流量明显下降，则说明网站可能被处罚；如果搜索流量下降比较平缓，则说明网站可能受其他因素的影响，导致流量减少。另外，网站管理者还可以对比网站在不同搜索引擎的流量变化。例如，网站在 Google 的搜索流量明显下降，而在百度的搜索流量却没有明显变化，那么网站极有可能被 Google 处罚了。

总之，判断网站是否被搜索引擎处罚，需要结合诸多因素综合考虑。SEO 人员通过个别现象或者一两种判断方式，无法明确断定网站是否被处罚。当网站出现可能被处罚的迹象时，SEO 人员要保持冷静，慎重处理。

3．SEO 处罚措施与应对方法

搜索引擎根据网站 SEO 作弊的不同程度，实施不同程度的处罚措施。根据严重程度的高低，处罚措施分为一到四级。

1) 一级处罚

一级处罚是一种比较轻微的、警告性的处罚措施，通常对网站的排名、搜索引擎对页面的抓取等产生的影响很小，不易判断，也容易被 SEO 人员忽略。如果 SEO 人员出现一些操作不当，应该及时改正，避免受到处罚。引起网站受到一级处罚的行为有空间稳定性差、友情链接被处罚、网站改版、修改标题等。

2) 二级处罚

当搜索引擎判定网站采用了 SEO 作弊手段，或者对网站的版式、标题、内容、链接等进行大范围、高频次的更改时，搜索引擎对类似行为采取的处罚措施主要包括关键字排名下降、网站首页排名下降、收录页面数量减少、页面内容更新不及时等。SEO 人员发现网站受到处罚后，要立即查找原因，迅速更正，置之不理的结果可能会面临更严重的处罚。

3) 三级处罚

当搜索引擎判定网站采用了明令禁止的 SEO 作弊手段(例如，SEO 人员为了使网站排名迅速上升，采用多种非法的手段，在短期内取得明显效果)时，搜索引擎对类似行为采取的处罚措施主要包括网页收录数量明显减少或者下降为零、删除首页、关键字排名消失等。引起网站受到三级处罚的行为有严重的黑帽技术、使用群发外链软件、严重的网站改版等。

4) 四级处罚

当搜索引擎判定网站长期使用多种非法的优化手段时，搜索引擎对类似行为采取的处罚措施主要包括屏蔽该网站，删除与该网站有关的所有信息。

SEO 作弊行为、面临处罚的措施及应对方式，如表 9-1 所示。

表 9-1 作弊行为处罚及应对方式

作弊行为	处罚级别	处罚措施	应对方式
空间稳定性差、友情链接被处罚、网站有轻微改版、修改标题等	一级★	警告，对网站影响小	引起警觉、迅速更正，发布引起搜索引擎感兴趣的内容，提升排名
使用了作弊手段，网站的版式、标题、内容、链接等大范围更改，频次较高	二级★★	排名下降、收录页面数量减少、抓取页面频率降低等	查找原因，综合判断，迅速更正，发布引起搜索引擎感兴趣的内容，提高外链质量
使用了明令禁止的作弊手段，多种非法手段联合使用，如使用群发外链软件、严重改版网站等	三级★★★	收录页面数量明显减少、删除首页、关键字排名消失	迅速更正那些作弊手段，发布引起搜索引擎感兴趣的内容，提高外链质量
长期使用多种非法手段	四级★★★★	屏蔽网站，删除与网站相关的所有信息	网站改版、更改标题、更换域名，让搜索引擎重新抓取

【知识拓展】SEO 作弊处罚与应对措施

1. 《百度搜索引擎优化指南 2.0》对作弊与处罚的理解

1) 百度如何定义作弊

任何利用和放大搜索引擎的策略缺陷，使用恶意手段获取与网页质量不符的排名，引起搜索结果质量和用户搜索体验下降的行为都会被搜索引擎当成作弊行为。

具体的作弊手法是无法穷尽的。互联网在动态地发展，搜索引擎也在动态地发展，作弊行为自然也是在动态地发展。最基本的界定法则，就是这个行为的泛滥，是否会影响搜索系统，最终伤害到用户的搜索体验。例如以下作弊形式：利用正常网站的漏洞黑掉网站，偷偷放上作弊内容，通过搜索引擎获取流量，并利用木马盗取用户信息；假冒知名公司官网，用户在其网站上发生交易完全没有保障；利用 BBS(电子公告牌系统)、分类信息等渠道，发布知名公司的客服电话，用户拨打电话后诈骗用户钱财等。

2) 作弊会受到怎样的惩罚

任何损害用户利益和搜索引擎结果质量的行为，都会受到搜索引擎的惩罚。作弊行为在不断地发展，百度的处理手段也在不断地变化，但始终都会维持"轻者轻罚，重者重罚"的原则：

- 对用户体验及搜索结果质量影响不大的，去除作弊部分获得的权值。
- 对用户体验及搜索结果质量影响严重的，去除作弊部分获得的权值并降低网站的权重，甚至从搜索结果中彻底清除。

3) 改正后能否解除惩罚

惩罚不是目的，让互联网洁净才是目的。取消作弊行为的网站，百度都持欢迎态度。百度有完善的流程，会定期自动对作弊网站进行检测，大部分修正了作弊行为的网站，会在一定的观察期满后自动解除惩罚。

2. SEO 作弊具体的处罚措施以及应对方法

1) 首页问题

网站的首页被搜索引擎降权或者屏蔽，说明首页的某些 SEO 措施或相关信息不受搜索引擎欢迎。例如，关键字恶意堆积；某友情链接被搜索引擎处罚，连累到首页；服务器上出现被搜索引擎严厉处罚的网站等。此时，SEO 人员可以通过网站内部页面重要内容链接到首页、网站地图中加入首页链接、首页增加有价值的原创内容等方式处理。

2) 内页问题

网站的全部内页或者部分内页被搜索引擎降权或者屏蔽，说明问题内页不受搜索引擎的欢迎。例如，页面内容缺少价值；关键字堆积；内页链接层次复杂；内页内容多是动画等。此时，SEO 人员可以通过在内页中增加有价值的原创内容、减少页面地址的层级、减少页面中搜索引擎不喜欢的内容等方式处理。

3) 网页快照问题

网页快照是指搜索引擎数据库中记录的页面内容拷贝。搜索引擎在收录页面时，对页面进行备份，存在服务器的缓存中，以加快用户的搜索响应时间。网页快照更新的速度和频率从某种程度上说明了搜索引擎对网页的重视程度。网页快照问题主要体现在两个方面：快照停滞和快照回档。快照停滞是指搜索引擎虽然收录了网页，但是停止了对网页收录的更新。快照回档是指搜索引擎收录的网页回到以前的某个时间，在此之后的页面全部删除。网页内容长期不更新、页面内容复制性明显、页面结构发生改变、主动链接被处罚的网站、服务器不稳定等情况，均可能会引起该处罚。此时，SEO 人员可以通过更新原创内容、添加新的友情链接、修改网页大批量转载的内容等方式处理。

4) 蜘蛛程序问题

蜘蛛程序问题主要是指搜索引擎的蜘蛛程序不进入本网站抓取信息或者来到本网站后立即退出。这说明蜘蛛程序不喜欢本网站，网站内容没有吸引它停留的价值。例如，网站结构不合理、内容更新缓慢、内容缺少原创、页面链接循环等问题，都可能引起蜘蛛程序的厌恶。此时，SEO 人员可以调整网站结构，使之更利于蜘蛛爬行；修改原转载内容，修改分类栏目名称；更新原创内容；减少页面地址的层级；向搜索引擎提交网站地图等。

5) 关键字排名消失

SEO 人员对网站某关键字进行排名优化，使网站在用户搜索该关键字时排名靠前显示。如果 SEO 人员搜索该关键字时，发现在搜索结果中找不到关于本网站的信息，则意味着关键字排名消失了。所谓"消失"，是指网站受到搜索引擎的处罚，其搜索结果排名远远靠后。例如，关键字堆积、页面内容与关键字无关、关键字恶意突出显示、买卖链接等行为，都可能造成该处罚。此时，SEO 人员要综合分析，反思优化的行为，找出处罚原因。通常，SEO 人员通过降低关键字密度，采用搜索引擎认可的优化方法等方式处理。

6) site 指令不在第一位

通常网站被降权后，使用 site 指令搜索该网站，其排名可能不在第一位。出现这种情况时，SEO 人员可以通过增加首页的关键字密度和相关度，增加页面内容指向首页的链接数量等方式处理。

总之，作为 SEO 人员，除了具备一定的技术外，还要有冷静的头脑和较强的逻辑思维，以及发现问题、分析问题、解决问题的能力。有些现象，可能是搜索引擎实施的处罚，也可能不是；有些优化方法现在没问题，不代表以后没问题等。因此，从业者应多思考、多交流，不断积累经验，不相信歪门邪道；相信只要网站对用户是有高价值的，搜索引擎就能够公正地做出判断。

（资料来源：http://blog.zhulong.com/u7110330/blogdetail4361647.html；百度站长学院）

9.1.4 黑帽、白帽与灰帽

黑帽 SEO 是指搜索引擎优化人员通过作弊或可疑手段优化网站的行为。通过黑帽 SEO 技术能够在较短时间内提升网站的排名，增加用户流量。但这种行为严重影响了搜索引擎对网站排名的合理性和公正性，因此，黑帽行为是搜索引擎重点打击的对象。搜索引擎一旦判定网站采用了黑帽 SEO 技术，就会实施严重的惩罚措施。

与黑帽 SEO 对应的就是白帽 SEO。白帽 SEO 是指搜索引擎优化人员使用符合主流搜索引擎喜好的方法优化网站的行为。白帽 SEO 技术不存在风险行为，不会与搜索引擎的喜好发生冲突。通过白帽 SEO 技术能使网站在较长的一段时间内取得较稳定的排名，只要搜索引擎的算法不发生重大变化，网站的排名就不会受到较大影响。通常，白帽 SEO 技术见效比较慢，需要优化人员长期坚持，如果操作得当，有些可能在 2～3 个月就会见效。

介于黑帽和白帽之间的就是灰帽 SEO。灰帽 SEO 是指搜索引擎优化人员不单一使用黑帽或白帽 SEO 技术，而是采用二者结合的方法，在适度的范围内对网站整体和局部协调优化的行为。灰帽 SEO 需要更高超的优化技术，在优化效果与搜索引擎算法间寻求平衡。但是，任何欺骗搜索引擎而产生虚假排名的行为，终会被搜索引擎发现并会受到相应处罚。

9.2　常见的搜索引擎作弊方法

搜索引擎作弊的方法有许多，有些正当方法使用不当也会被搜索引擎判定为作弊，还有些方法现在是正当的，可能过段时间又被搜索引擎判定为作弊。常见的搜索引擎作弊方法有以下四类：内容作弊、链接作弊、镜像网站和 PR 劫持。

9.2.1　内容作弊

内容作弊是 SEO 人员通过更改或调控网页的内容，使网页在搜索排名中获得与其不相称的高排名。内容作弊主要包括关键字堆砌、隐藏文本或标签、隐形页面、欺骗性重定向、桥页和内容农场等六个方面。

1. 关键字堆砌

关键字堆砌是指在网页中重复设置关键字，以提高关键字的词频或密度，从而提高页面与关键字之间的相关性。常见的关键字堆砌方式包括正文内容和标题堆砌、隐藏堆砌。随着搜索引擎算法的不断完善，这种作弊手段比较容易识别。搜索引擎通常会降低这些页面的排名，甚至不予收录。

个别 SEO 人员抓住搜索引擎对页面正文标题和内容重视的特点，在正文或标题中添加大量重复的关键字。关键字的密度越高，说明该页面与关键字的相关性越强。但是，随着搜索引擎算法的升级，已经能够判断在某个区间范围内的关键字密度与内容的相关性。过多的关键字既影响页面的美观，又影响用户的阅读。

比如，在百度搜索"小游戏"，搜索结果中显示的某些网站就有"小游戏"关键字堆砌的嫌疑，如图 9-5 所示。

2. 隐藏文本或标签

隐藏文本是指将网页获得排名的关键字的颜色设置成背景色，虽然在页面的美观和用户体验方面没有影响，但搜索引擎仍然会判定为作弊。在某些情况下，有些网站采用了隐藏文本技术，进行特殊效果处理，提升网站的美观度和用户的体验感，如果判定为作弊行为也是不合理的。因此，SEO 人员应把握好尺度，不要引起搜索引擎的反感。

小游戏,7k7k小游戏,小游戏大全,双人小游戏 - www.7k7k.com

组装机械恐龙游戏 奥特曼游戏 我的世界 植物大战僵尸无敌版 文明战
争5 奥特曼大战2 三人小游戏大全 铠甲勇士游戏大全 橙光游戏大全 7
k7k奥奇传说 7k7k奥拉星 新大便超…
www.7k7k.com/ ▼ - 百度快照 - 320条评价

小游戏,3366小游戏大全,双人小游戏,3366小游戏快乐简单一点! -…

3366小游戏是最有影响力的Flash小游戏网站,提供安全免费的在线小
游戏。有双人小游戏大全,儿童小游戏,网页游戏,积分小游戏,中文小游
戏,射击小游戏等17类最新小游戏。
www.3366.com/ ▼ ᵛᵼ - 百度快照 - 102条评价

小游戏_17173小游戏频道_小游戏大全_小游戏下载_双人小游戏_17173…

17173小游戏频道,提供最新最好玩的在线小游戏_双人小游戏_动作_
益智_策略等最新类型小游戏,汇集全国高端小游戏玩家,为你提供最新
的小游戏攻略。
flash.17173.com/ ▼ - 百度快照 - 83%好评

图 9-5　涉嫌"小游戏"关键字堆砌的网站

另外，HTML 语言中有很多标签是不显示的，如<meta content>、<script>、<style>等。SEO 人员可以在这些标签中添加一些希望获得排名的关键字，以提高关键字密度。这部分关键字可以被搜索引擎读取，而且不影响用户浏览页面。

3．隐形页面

隐形页面是指用户或搜索引擎访问同一个网站时，网站对用户和搜索引擎返回不同的页面内容。

当某页面被访问时，网站通过特定的技术先判断是搜索引擎还是用户。如果是搜索引擎，则返回为搜索引擎特别制作的优化页面；如果是用户，则返回普通页面。这种做法虽然迎合了搜索引擎的喜好，但违背了搜索引擎提供给用户最有价值信息的原则，最终必将受到搜索引擎的处罚。

4．欺骗性重定向

重定向是指网站将访问者进入网页的链接引导到其他网页的行为，也就是访问者点击 A 网页的地址，却进入到 B 网页。欺骗性重定向是指网站为了欺骗搜索引擎，或者向用户和搜索引擎分别显示不同内容的重定向行为。重定向是网站管理的一项基本技术，正当使用该技术，能够提升用户的体验，如果使用不当，重定向带有欺骗性质，就会面临搜索引擎的处罚。

欺骗性重定向与隐形页面技术类似，都是欺骗搜索引擎的行为，违背了搜索引擎提供给用户最有价值信息的原则，最终必将受到搜索引擎的处罚。

同时，搜索引擎有自身合理的判断逻辑和方法，不会将所有的重定向行为都列为作弊。SEO 人员只要不存在恶意想法和行为，就可以放心使用该技术，但要注意其合理性，把握好分寸，搜索引擎能够兼顾用户和网站的利益。

5．桥页

桥页又称为门页、跳页、过渡页，通常是指由软件自动生成的包含大量关键字的网页，这些网页可以自动定向到网站主页或指定页面。大量带有不同关键字的桥页，可以吸引搜索引擎的抓取，取得较好的搜索排名。因此，桥页实际就是包含关键字的垃圾页面，

对用户没有实用价值，只是骗取搜索引擎的排名。随着搜索引擎技术的升级，识别机制不断成熟，这些桥页必将受到搜索引擎的处罚。

SEO 人员制作桥页的出发点就是针对搜索引擎的喜好和关键字的搜索频率，通过一些比较极端的优化方法，使这些页面在短时间内取得较好排名，从而为目标页面引导流量。当搜索引擎和用户无法辨别桥页的内容优劣时，这种行为短时间可能会存在。但不管怎样，这是一种作弊行为，搜索引擎会根据多种因素综合判断，作弊者必将受到处罚。

6．内容农场

内容农场是指 SEO 人员使用特定软件制作大量的垃圾内容，以获取用户点击的作弊手段。其制作的内容通常都是当前网络上的热点话题或者包含热度比较高的关键字等，以吸引搜索引擎的注意力，获取用户点击，取得收益为目的。这些内容类似于原创，但没有太大价值，只是拼凑。各大搜索引擎不断升级算法，持续打击这种作弊行为。例如 Google 推出的"熊猫算法"，通过这个算法，Google 能够比较智能地识别出垃圾内容和高品质内容，使那些没价值的内容排名靠后。

9.2.2　链接作弊

外部链接是搜索引擎非常注重的一个排名因素。众多网站都积极地与外部网站建立链接关系，说明本网站提供了高质量的内容，受到大家的重视，因此搜索引擎也会认为该网站是重要的，会赋予更高的权重。常用的链接作弊手段主要有以下几种：垃圾链接、买卖链接、隐藏链接和链接农场。

1．垃圾链接

垃圾链接是指为了迎合搜索引擎对外部链接看重的特性，而对本网站所做的低质量链接。这些链接通常与网站内容不相关，或者所链接页面内容无实际价值，或者通过软件自动生成、采集页面链接等。这种做法只注重外部链接的数量，而忽视了其质量。大量低质量的链接不但不会增加搜索引擎的好感，反而会降低网站权重。

2．买卖链接

买卖链接是指网站通过买卖的方式获得链接的行为，是网站短期内获得排名上升的捷径。有些权重比较高的网站可以通过出售外部链接的方式获得收益。搜索引擎禁止买卖链接行为，一旦发现网站之间的买卖行为，不管是对买入站还是卖出站都会实施处罚。

网站买卖链接的作弊手段具备以下几个特点：卖出链接的网站存在众多友情链接，且以导出链接为主；卖出链接网站的友情链接不稳定，不断根据买方的付费情况变换，同样买方的友情链接也不稳定；买入链接网站权重与友情链接权重差距较大，且以导入链接为主；链接关联双方的网站内容可能存在较大差异等。搜索引擎会根据多个因素综合判断网站是否存在买卖链接行为。

3．隐藏链接

隐藏链接是指 SEO 人员为了增加某些网页的链接权重，会设置其他页面指向目标页面的链接，这些链接用户看不到，但可以被搜索引擎识别，进而引起搜索引擎对目标页面的重视。

4．链接农场

链接农场是指由大量网页交叉链接而构成的一个网状系统。该系统内的页面相互提供链接，以提高链接权重，从而提高页面的排名。这种系统内的页面仅是为了链接而链接，忽视了链接间的相关性，靠链接数量引起搜索引擎的重视。随着搜索引擎算法的升级，判断一个网页是否重要，除了看吸引外部链接的数量外，还需关注链接的质量和内容相关性。

如果某网站误与链接农场的网站产生关联，要及时向搜索引擎申诉(或者通过搜索引擎站长平台关闭该导入链接)，说明情况，取得搜索引擎的好感，否则将会被搜索引擎严厉处罚。

【知识拓展】处理垃圾链接作弊的措施

有些网站管理者发现，网站有时会被恶意增加了外部链接，而且往往这些链接都是垃圾链接，如果不能及时处理，就会影响到本网站的权重。因此，网站管理者要注意网站的日常维护，一旦发现，就要积极采取处理措施。下面介绍几种措施，供大家参考。

(1) 检查网站的漏洞。

网站管理者要检查网站服务器以及网站本身是否存在安全隐患，是否被黑客利用某些漏洞登录网站后台，向页面加入了恶意代码或者直接修改页面。这种行为俗称"挂马"。管理者要找到挂马的位置，清除垃圾链接，及时解决服务器和程序的安全隐患，并修补网站漏洞。

(2) 用"robots.txt"文件屏蔽目录。

"robots.txt"文件用于指定搜索引擎的蜘蛛程序抓取本网站内容的范围。管理者可以找到垃圾链接的路径特征，然后在"robots.txt"文件中通过语言命令屏蔽该目录。

(3) 向搜索引擎站长平台反馈。

网站管理者如实向搜索引擎站长平台反馈网站被挂垃圾链接的情况，请求搜索引擎给予公正的处理。管理者要尽可能详细地描述问题的来龙去脉，相信会取得搜索引擎的理解，并恢复排名。

(4) 更新网站内容。

搜索引擎喜欢有规律的行为和有价值的内容。网站管理者要持续几天，在固定的时间推送新的网站内容，并要保证这些内容是原创的、有价值。如果更新的内容能够被很多网站转载，很快就会受到搜索引擎的青睐。

9.2.3　镜像网站

从网站作弊的角度看，镜像网站(又称镜像站点)是指那些复制或抄袭其他网站内容的网站，欺骗搜索引擎对同样的内容进行多次抓取。镜像网站分为多种形式，主要表现为以下三种：

(1) 相同网站绑定多个域名。

镜像网站与目标网站在内容、结构等方面一模一样，其绑定了多个域名，存放在同一个或不同的服务器上。

(2) 相同网站不同模板绑定多个域名。

镜像网站与目标网站在内容上一模一样，但页面模板不同，风格多样化，分别绑定不同域名，存放在同一个或不同的服务器上。

(3) 数据采集型网站。

镜像网站的内容都是通过特定的软件程序采集而来，没有原创性，是其他网站内容的拼凑。

显而易见，镜像网站的存在增加了互联网上信息的重复度，增加了搜索引擎收录页面的工作量，降低了用户的搜索体验。搜索引擎通常会降低镜像网站的权重或者忽略其内容，如果是源网站的故意行为，还会降低源网站的权重。

网站被镜像后，网站的流量、关键字排名都会受到影响。很多网站管理者通过禁止网页正文被复制、禁止镜像站 IP 等行为预防或解决网站被镜像问题，但难以杜绝。各大搜索引擎也提供了多种解决措施。以百度为例，如果某网站被镜像，可以参考以下方法维权处理：

源网站管理者对于直接判定为镜像的网站，可以通过百度站长平台的反馈中心(http://zhanzhang.baidu.com/feedback)进行投诉；源网站管理者对于比较难判定的镜像网站，在准备相关文件、资料的前提下，可以向百度投诉(https://www.baidu.com/duty/right.html)，提供证明，百度法务部的相关人员会协助处理。其中，网站管理者所提供的证明尽可能全面且有说服力，包括且不限于网站备案证明、品牌营业证明等，以帮助百度的相关人员快速判断。

如果源网站管理者发现镜像网站出现死链接，或者在相关关键字下没有排名，则说明镜像网站已经被百度的反作弊算法识别并处理。

9.2.4　PR 劫持

PR 值又称网页级别，是谷歌评价网页重要程度的一个专用名称(不同搜索引擎有不同名称，如百度权重值、搜狗 PR 值、360 权重，虽然叫法不同，但代表的意义是相同的)。PR 值越高，说明页面越重要，越能受到搜索引擎的关注，搜索排名也就越靠前。因而，提高页面的 PR 值成为 SEO 人员优化网站的一项重要工作。其中，PR 劫持就是一种短期内迅速提升页面 PR 值的作弊方法。

1．实现 PR 劫持的方法

PR 劫持是指 SEO 人员通过作弊手段使网站获得较高 PR 值的行为。通常实现 PR 劫持的方法主要有以下两种。

(1) 利用跳转。

通常搜索引擎在处理 301 重定向和 302 重定向时，会收录转向后的目标地址。如果目标地址的 PR 值较高，那么转向前 PR 值较低的地址经此处理就显示较高的 PR 值，从而提高搜索排名。比如，某网站 A 的 PR 值较低，如果对 A 做 301 跳转处理到新浪网，那么网站 A 就可以获得和新浪网同样的 PR 值。搜索引擎更新网站 PR 值会有一个时间段，当网站 A 获得较高的 PR 值后，可以取消跳转，那么这个 PR 值就可以持续到下次更新。

还有一种跳转行为只针对搜索引擎设置，普通用户看到的都是正常的网站。网站通过特定程序能够检测到搜索引擎程序，针对搜索引擎程序设定 301 或 302 转向，使其抓取 PR 值较高的网站。

(2) 入侵服务器。

SEO 人员通过黑客技术，进入到 PR 值较高网站的服务器，在服务器上绑定自己网站的域名，就可能使自己的网站获得较高的 PR 值。

2. 判断网站是否被 PR 劫持的方法

通常，判断一个网站是否被 PR 劫持的方法主要有以下两种。

(1) 使用专门工具检测。

有很多第三方平台提供了 PR 劫持的查询工具。但 2017 年以后，谷歌关闭了查询 PR 值的接口，目前通过第三方平台无法查询到 PR 值，以及判断是否被劫持。

(2) 查看网页快照。

如果 Google 快照中的网站和用户点击进入的网站不是同一个网站，那么快照中的网站就极有可能是 PR 劫持的目标网站。但是，如果某网站劫持目标网站结束后，搜索引擎再次收录该网站，则无法判断其是否曾有过 PR 劫持行为。所以，该方法受时间限制，适用于 PR 劫持行为发生的初期。

9.3　防止搜索违规常见算法

每一个搜索引擎都有防止搜索违规算法。这些算法虽然命名不同，但其基本运行原理大致相同。在此，我们主要介绍百度搜索引擎和谷歌搜索引擎常用的反作弊算法。

9.3.1　百度绿萝算法

2013 年 2 月 19 日，百度上线了搜索引擎反作弊算法——绿萝算法 1.0。该算法主要针对超级链接中介、买卖链接等作弊行为设定。通过绿萝算法使得网站发布外部链接、网站间的交换链接等行为更合理，在一定程度上"净化"了网络环境。不久之后，百度又推出了绿萝算法的升级版本——绿萝算法 2.0。

1. 绿萝算法 1.0

绿萝算法 1.0 主要针对链接中介、出卖链接和购买链接行为进行识别与处罚。

1) 链接中介

网站设置导出链接的初衷是便于推荐优质内容，体现了网站对导出链接的认可和重视，因而搜索引擎会赋予导入链接多且价值高的网站更高的权重。有些人为了谋取利益，提供导出链接中介的服务，侵犯了用户和网站的权益，同时干扰搜索引擎对网站的正常评价。对于这种导出链接的中介行为必须予以打击。

2) 出卖链接

网站出卖链接的目的是为了盈利。搜索引擎对于用优质原创内容吸引用户付费、引入优质广告商等真正体现网站价值的行为是认可和推荐的。如果网站以此通过各种方式产生出卖链接的行为，或者通过采集网络内容以出卖链接为主要业务等行为，对这类网站必须予以打击。

3）购买链接

网站购买链接的目的是为了提高权重。搜索引擎对于提供优质原创内容、具有良好的用户体验的网站是认可和推荐的。如果网站管理者的精力不在提升网站质量上，而是通过购买链接行为实现排名上升、欺骗搜索引擎和用户，则对这类网站必须予以打击。

2．绿萝算法 2.0

此前，百度一直通过各种方式过滤清理推广性软文垃圾外链，并对目标网站进行处罚，但效果不明显。绿萝算法 2.0 重点针对发布软文的新闻网站，主要升级了对推广性软文作弊行为的识别与处罚。该算法加大了过滤软文外链的力度，加大了对软文交易平台、软文发布站以及软文受益站的处罚力度：

(1) 百度直接屏蔽软文交易平台。

(2) 百度对软文发布站视具体情况分别处理。比如，对情节不严重者，实施降权处理；对利用子域名发布软文者，屏蔽子域名，并将之清理出百度新闻源；对创建大量子域名发布软文者，将直接屏蔽主域名。

(3) 百度对软文受益站视具体情况分别处理。比如，某网站存在少量软文外链，将过滤该外链，并观察其后续发展；对存在大量软文外链者，则直接降权或屏蔽。

3．绿萝算法的原理

百度并未通过官方途径公布绿萝算法的原理。根据从业人员经验总结，从体现网站真实价值的角度出发，绿萝算法针对外链质量的判断可能会遵循以下原则：

1）网站内容的相关性

如果网站 A 和网站 B 之间的站点内容没有相关性，或者两者虽然具备一定的相关性，但内容质量方面差异很大，那么它们之间存在的外链将被赋予更低的权重。

2）网站内容的原创性与更新频率

如果两个网站间原创内容的质量、数量和更新频率均存在较大差异，那么它们之间存在的外链将被赋予更低的权重。

3）网站的历史表现

如果一个网站具有存在时间长、质量稳定、违规情况少等特点，另一个网站却具有存在时间短、质量不稳定、违规频率高等特点，那么它们之间存在的外链将被赋予更低的权重。

4）网站的权重值

如果两个网站间的总体权重值存在较大落差，那么它们之间存在的外链将被赋予更低的权重。

5）网站异样

若网站的表现不正常，且超出一定的范围，比如某网站大量输出外链、外链指向的网站频繁变换等，此时会被搜索引擎判定为违规。

总之，百度绿萝算法是搜索引擎在与大量违规行为斗争的基础上形成的合理算法。其推出的目的是切实维护广大有价值网站的利益和用户的体验，防止违规网站扰乱正常的网络秩序。

9.3.2　百度石榴算法

2013 年 5 月，百度网页搜索反作弊团队推出了打击低质量网站的升级版算法——石榴算法。百度内部称，石榴算法是低质量网站页面的终结者。该算法前期重点治理含有大量降低用户浏览体验的恶劣广告的页面，尤其是大量低质弹窗广告、混淆页面主体内容的垃圾广告页面。大量低质量的广告，严重影响了用户的浏览体验。用户如果无意点击广告，还可能会使电脑遭受病毒的困扰，或者在用户不知晓的情况下，强制安装插件等。显然，搜索引擎会给予这样的网站更低的权重。

石榴算法的推出，使得那些低质量广告少、无弹窗广告的优质内容页面搜索排名上升，那些带有作弊行为或用户浏览体验差的页面搜索排名大幅下降；同时，也增强了用户和高品质网站对搜索引擎的信心和好感。但是，这并不意味着百度不允许网站页面上的广告行为。百度站长平台官方给出的意见是：希望站长能够从用户角度考虑，在不影响用户体验的前提下合理放置广告，赢得用户的长期青睐才是一个网站发展壮大的基础。

9.3.3　百度原创星火计划

为了体现优质原创资源的价值，提高互联网资源的整体质量，更好地提升用户浏览体验，2013 年，百度原创星火计划项目应运而生。

百度原创星火计划项目是百度为打造绿色搜索生态，构筑良好的原创环境，切实体现高品质原创内容价值，使高品质原创者得到合理回报的产品，主要解决有价值原创内容的搜索排名问题。该项目从两个方面入手：一是，从技术层面通过特定算法加大对高品质原创内容的识别和搜索展现；二是，通过百度站长平台邀请优质原创网站共同参与此项目。另外，网站管理者也可以通过邮件的方式向百度站长平台推荐自己的网站，百度会对网站进行综合评估。

百度认定优质页面的内容主要遵循以下两点规则：网站首创、内容和形式都具有独特个性的资源；该资源具有社会共识价值，符合国家相关规定。显然，抄袭模仿、转载、简单二次加工等内容均不在优质原创之列。如果网站管理者认为其优质原创资源没有得到合理体现，可以向百度站长平台反馈，百度会积极处理。

百度原创星火计划项目分为一期和二期两部分。一期项目包括以下内容：侧重于新闻资讯类内容；保护原创转载，解决原创内容被转载的利益受损问题；在满足用户需求的前提下，对于高品质原创内容在搜索结果中优先展示；搜索结果展示中明确标记"原创"，以吸引用户点击进入页面等。二期项目包括以下内容：继续扩大项目的覆盖范围；在网络信息的各垂直领域内，邀请优质的原创网站加入该项目；升级原创星火计划的算法，进一步提升优质原创内容的搜索排名展示等。

9.3.4　谷歌熊猫算法

熊猫算法是谷歌(Google)公司于 2011 年推出的一种反垃圾网站的搜索引擎算法，旨在降低低质量内容的网站排名，同时也是 Google 的网页级别评判标准之一。如果某网站的用户点击流量、页面内容、外链情况等指标，其中一项或者几项的质量比较高，那么这个网站就具备一定的价值，就会被搜索引擎重视。当然，如果网站的某项指标被搜索引擎判定为作弊，即使其他指标都不错，也会被搜索引擎处罚。

网站如果要避免受到熊猫算法的处罚，至少要从以下几个方面入手：

1．网站内容

网站内容要切实能够给用户带来价值，让用户有意愿点击。如果网站内容在某个领域内成为权威，会受到搜索引擎的重视。即使犯了某些错误，也可能在一定程度上避开熊猫算法的处罚。当然，"权威"来自不断的积累。

2．网站外链

搜索引擎对外部链接的重视程度，占比虽然在逐渐减少，但外部链接的数量和质量在一定程度上说明了网站的重要性。比如，具有高质量的重要网站不愿意链接低质量内容的网站，而低质量内容的网站更希望链接那些知名度高的网站，以提升自己的重要性。

3．用户体验度

用户体验度是搜索引擎确定网站质量重要的指标之一。搜索引擎无法从感性的角度判断用户对某个网站的认可度和喜欢度，但可以通过一定的算法从多个角度进行量化判断。例如，用户从多角度对网站评价都很高，同一个用户经常光临该网站，在网站的停留时间长等因素都是可以通过技术手段实现量化数据的收集与分析。如果大量的数据都表明该网站的用户体验度高，那么这个结果便具有很强的可信度。当然，搜索引擎还会通过算法识别并处罚那些假用户体验度高的行为。

9.3.5　谷歌企鹅算法

企鹅算法是谷歌公司于 2012 年推出的一种反作弊搜索引擎算法。该算法主要针对那些通过非法 SEO 手段提高搜索排名的网站，鼓励白帽 SEO 技术，并对垃圾信息网站进行降权或清理。所谓非法 SEO 手段，主要是指过度优化行为。比如，SEO 人员过度优化某关键字的排名。所谓垃圾信息网站，主要是指发布垃圾信息的网站，以及存在垃圾信息的网站。比如，某网站通过群发软件，发布大量的外部链接信息；或者某网站存在大量从网上复制的内容等。

使用黑帽 SEO 技术的网站，以获取更多流量和更高的搜索排名为目的。这些技术利用搜索引擎算法的漏洞，取得非正常的排名，不利于用户体验，不利于公平竞争，不利于搜索引擎的权威性和价值体现。企鹅算法主要是针对各种黑帽行为形成的反作弊技术。通过企鹅算法，搜索引擎可以提高质量优良、用户体验度高的网站的排名，降低迎合搜索引擎喜好但没有实际价值网站的排名。这也有利于形成一个良性的互联网发展环境，提升用户对搜索引擎的好感和信心，同时，对 SEO 人员也起到从业导向的作用。

网站如果要避免受到企鹅算法的处罚，至少要从以下几个方面入手：

(1) 避免过度优化。

正常的 SEO 优化手段能够提升用户体验和搜索引擎友好性，是搜索引擎所提倡的行为。SEO 人员一旦操作不当就极有可能造成过度优化。关于 SEO 优化手段的适度问题，难以用明确的标准去衡量。多数情况下，需要根据从业者的经验、搜索引擎的官方声明、从业者对用户体验的把握等诸多方面的因素综合而定。比如，SEO 人员难以衡量关键字密度具体在什么范围内是合法的或非法的。但是，像关键字堆砌的做法，则属于过度优化。

(2) 避免垃圾信息。

SEO 人员对于垃圾信息的判断既要站在搜索引擎的角度又要站在用户的角度，不能从常规意义上的"垃圾"去理解。比如，大量从其他网站上复制的信息，对用户来讲，可能不是垃圾信息，但对搜索引擎来讲，就极有可能当成"垃圾"对待。再比如，如果信息的价值很高，但是与网站内容的相关性很差，那么搜索引擎也极有可能判定为"垃圾"。

(3) 避免不一致性。

不一致性是指用户看到的网站内容与搜索引擎读取的内容不相同。有些 SEO 人员采用欺骗搜索引擎的做法，搜索引擎读取到的信息符合其喜好，取得了好的搜索排名，但用户看到的是其他内容。

9.4 应对算法改变的方法

从某种程度上讲，SEO 优化手法与搜索引擎算法之间是矛与盾的关系。那么，作为 SEO 优化人员应该如何应对搜索引擎算法的改变呢？首先，我们先分析搜索引擎为什么改变算法，然后再从知彼和知己两个方面介绍应对方法。

9.4.1 算法改变原因

搜索引擎算法的改变通常有两种原因：一是基本算法的改变；二是基本算法的修补。众多的 SEO 人员都想通过技术手段，使自己优化的网站脱颖而出。为了能够满足用户的需求，维护网络的公平秩序，体现搜索引擎的价值，搜索引擎就要通过一定的技术手段与非法的 SEO 行为作斗争。任何一个搜索引擎推出一套算法都不是一项简单的工程。每一套算法都有其特定条件下的使命，当外部条件发生变化时，它就需要不断地升级。随之而来的就是基本算法的改变。

一套基本算法在运行过程中能够解决很多问题，但不能解决所有问题，因此需要搜索引擎技术人员不断地去优化和修补算法的漏洞，直到提出一套新的算法。而新的算法仍然是不完美的，需要技术人员继续根据现实条件进行升级、修补，如此循环。

总之，搜索引擎改变算法的目的就是保护优质网站，打击低质网站，提升用户的浏览体验。

9.4.2　应对方法

当搜索引擎算法改变后，网站的排名规则也会随之变化，这需要 SEO 人员能够尽早发现，并能及时调整优化思路。SEO 人员应对算法改变时要做到知彼知已。

1．知彼

所谓知彼，是指 SEO 人员要站在用户和搜索引擎的角度，对用户行为和搜索引擎的喜好有充分的认识和理解。

1) 对用户的认识和理解

SEO 人员对用户的认识和理解可以采用"换位思考"的方法，从用户的角度去思考需要网站提供的服务。如果 SEO 人员不以用户的体验为前提，追求短期的排名和效益，最终必将被用户抛弃。

2) 对搜索引擎的认识和理解

对用户的认识和理解并不意味着 SEO 人员就一定要完全满足用户的需求。例如，用户更喜欢看一些动画、图片之类的信息，但搜索引擎更喜欢文字类的信息。网站中如果置入了太多的动画和图片，将引起搜索引擎的反感，这就要求 SEO 人员还要充分认识和理解搜索引擎的喜好。另外，搜索引擎也存在一定的"自私"行为。以在百度搜索引擎搜索"青岛英谷教育"为例，公司首页排在第一位，后两位的内容是来自搜索引擎自身的产品：百度百科和百度贴吧，如图 9-6 所示。

```
┌─────────────────────────────────────────────────────────┐
│  青岛英谷教育                                    📷    百度一下  │
└─────────────────────────────────────────────────────────┘

网页    新闻    贴吧    知道    音乐    图片    视频    地图    文库    更多»

百度为您找到相关结果约5,810个                              ▽搜索工具
```

英谷教育

英谷教育全力打造"121"工程，与山东省内13所高校"校企合作"，共同建设13大热门专业。 建设了"121"荟英谷在线教育平台、荟英谷创客空间，线上线下全方位服务...
www.121ugrow.com/ ▾ - 百度快照 - 评价

青岛英谷教育科技股份有限公司 百度百科

青岛英谷教育科技股份有限公司成立于2012年，是国家"十一五"关于"我国高校应用型人才培养"国家课题的创新和实践者，也是山东省和青岛市重点扶持的高新技术企业。...
https://baike.baidu.com/item/青... ▾ V₃ - 百度快照

青岛英谷教育成功拿地 新基地即将开建【校企合作吧】 百度贴吧

青岛英谷教育成功拿地. 2016年12月,英谷教育成功拿下崂山区松山后社区一宗科教地块。2017年,全新的产学合作协同育人及创新创...
tieba.baidu.com/p/4978... ▾ V₃ - 百度快照

图 9-6　搜索引擎自身产品排名靠前

综合众多 SEO 优化人员的工作经验，表 9-2 中总结了搜索引擎对网站好恶的部分判断标准，供读者参考。

表9-2 搜索引擎对网站好恶的部分判断标准

搜索引擎喜好的网站	搜索引擎厌恶的网站
内容对用户有实际价值	内容华而不实
信息量丰富，文字表达到位	信息量少，文字表达含糊不清，重点不突出
内容具备有价值的原创性或独特性	内容以大量复制为主，或经过简单的二次加工
不特意去迎合搜索引擎的喜好	充分迎合搜索引擎的喜好
网站内部页面间内容不重复，重点突出	内部页面间内容重复或部分重复，无重点
服务器速度快且稳定，安全性好	服务器速度慢，不稳定，安全性差
网站含有极少广告，或者广告不影响用户体验	网站含多种类型广告，影响用户的浏览体验
网站没有病毒程序	网站含有病毒程序
网站链接合理、有效、稳定	网站内部链接、外部链接混乱，经常变换
网站结构合理，层次清晰，层次数量合理	网站结构混乱，层次不清，层次数量过多
网站具有较好的兼容性，能适应多种浏览器	网站兼容性差，不能支持多种浏览器
网站内容经常更新且有规律	网站内容长期不更新，或无规律更新
网站内容聚焦于某个专业领域，且具有权威性	网站内容多种多样，在领域内没有权威
网站存续时间长，日常维护好	网站存续时间短，疏于维护
网站存续期间很少或没有违规现象	网站存续期间经常出现违规现象

2．知己

所谓知己，是指 SEO 人员站在搜索引擎优化的角度要对自身、行业、网站等方面有充分的认识和理解。

1) 对自身的认识

SEO 人员对自身的认识主要是指技术水平，如自身具备的优化经验、承担优化任务的强度、对 SEO 认识和理解的程度、产生的优化效果等。这些都需要 SEO 人员有"自知之明"。在此基础上，SEO 人员才可能制定合适的优化策略。

2) 对行业的认识

SEO 人员对行业的认识主要是了解优化网站所处的行业。在此基础上才能够正确地分析行业用户的需求。以优化某关键字为例，如果 SEO 人员对该行业没有充足的认识，将无法选择合适的关键字。

3) 对网站的认识

SEO 人员对网站的认识，主要是指对所优化网站结构、内容、链接、布局等方面要足够熟悉。随着互联网信息的迅速增长，网站数量越来越多，搜索引擎收录网站也越来越挑剔。搜索引擎对结构布局合理、易于"爬行"、方便用户浏览的网站，给予更高权重；内容专一、原创比率高、价值高的网站，给予更多的青睐。

总之，网站 SEO 人员需要从增加用户体验感和搜索引擎友好性的角度出发，采用正规的方法优化网站，才能让网站获得更多流量和更稳定的排名。

本 章 小 结

✦　SEO 作弊是指 SEO 人员为了提高页面在搜索引擎中的权重及内容相关性，使网站得到较高的搜索排名或相关数据的提升，而采取一些欺骗搜索引擎的手段来优化网站的行为。

✦　SEO 人员对网站进行搜索引擎优化作弊，一般通过两种方式：网站内部作弊和网站外部作弊。网站内部作弊是指 SEO 人员对网站内部的因素进行设计，以提高相关页面的权重和内容相关性的行为；网站外部作弊是指 SEO 人员对网站外部的因素进行设计，以提高相关页面的权重和内容相关性的行为。

✦　SEO 作弊处罚是指搜索引擎发现某网站存在有意或无意的违规情况，对网站进行相应处罚的一种行为。搜索引擎在处罚某网站时，通常不会提前告知网站管理人员。

✦　常见的搜索引擎作弊方法主要有以下四类：内容作弊、链接作弊、镜像网站和 PR 劫持。

✦　从某种程度上讲，SEO 优化手法与搜索引擎算法之间是矛与盾的关系，并且处于不断地发展与升级过程中。

✦　搜索引擎改变算法的目的就是保护优质网站，打击低质网站，提升用户的浏览体验。

本 章 练 习

一、填空题

1. 由 SEO 作弊的定义可知，SEO 人员对网站进行搜索引擎优化作弊，一般通过两种方式：_____和_____。

2. 常见的四种搜索引擎作弊方法有：_____、_____、_____和_____。

3. 搜索引擎改变算法的目的就是保护_____网站，打击_____网站，提升用户的浏览体验。

二、应用题

1. 使用 site 指令查询 360 网址导航(hao.360.cn)是否被百度收录，并说明原因。

2. 在百度搜索关键字"旅游"，在显示结果中，指出哪些网站可能存在关键字堆砌现象，并给出修改意见。

三、简述题

1. 简述百度原创星火计划的主要内容，并结合第 7 章内容优化相关知识，分析原创内容的重要性。

2. 判断一个网站是否被搜索引擎处罚，可以从哪些方面验证？

3. 搜索引擎喜欢的网站有哪些特征？

第 10 章 百度产品优化

本章目标

- 了解百度相关产品的特点
- 熟悉百度相关产品的使用方法
- 掌握百度相关产品优化的注意事项
- 掌握百度相关产品的排名规则
- 掌握利用百度相关产品优化网站的技巧

很多 SEO 人员通过优化企业网站，在获得百度搜索引擎青睐的同时，也会利用百度相关产品进行推广，从百度产品中获取浏览量和成交量。

10.1 百度产品

SEO 人员使用的百度相关产品主要有百度知道、百度口碑、百度经验、百度贴吧、百度百科、百度文库，这些产品主要具备以下特点：

(1) 参与性。百度产品是一个开放平台，用户可以在平台上各抒己见，自由讨论，进行充分的互动交流。另外，为了吸引更多用户参与，百度产品实行积分制，激励用户积极、持续、深入地使用。

(2) 优先性。百度搜索引擎非常重视百度产品的内容，给予百度产品很高的搜索权重，在搜索结果中，百度产品的内容会优先展现。

(3) 参考性。百度产品的很多内容都是由网友提供的，答案缺乏一定的权威性，仅能作为参考。特别是解答者，其对问题的理解仅是个人看法，百度不会对信息的真假做判断，不能确保是否准确。

(4) 软营销。通常情况下，大多数用户都排斥硬性地推广广告。但在百度产品中，可以适当植入一些营销元素，向潜在用户实施软营销，潜移默化地影响用户。同时也可以利用用户的兴趣进行沟通，通过更多的互动和分享，植入营销信息。但在植入过程中，SEO 人员要把握一定的尺度，过多植入会被拒绝收录。

因为百度研发的系列产品具有以上特点，并且在百度搜索结果中具有权重高、排名靠前的优势，所以利用百度产品进行推广是每个 SEO 人员必须掌握的方法。本章主要从百度产品的使用方法、优化注意事项以及排名规则三个方面进行介绍。

10.2 百度知道优化

百度知道是百度自主研发、基于搜索的互动式知识问答分享平台。很多人都有使用百度知道查询信息或者发起提问、解答问题的经历。注册了百度账号的用户可以在百度知道提出问题，网友可以在线提供问题的答案。搜索引擎把这些答案作为搜索结果提供给有类似疑问的用户。因此，用户既是百度知道内容的创造者，也是使用者。用户可以通过百度知道平台，达到分享知识的目的，实现搜索引擎的社区化。本节将从百度知道的使用方法、优化注意事项和排名规则三个方面进一步介绍该产品。

百度知道首页的部分界面如图 10-1 所示。

图 10-1 百度知道首页的部分界面

10.2.1　百度知道的使用方法

如果用户使用百度知道查询信息，则进入百度知道页面，在搜索框内输入关键字即可；如果用户使用百度知道提问或解答问题，则需要先注册百度账号(该账号可以登录百度任意一款产品)。用户凭百度账号登录后，就可以进行相关操作了。下面分别以提出问题和回答问题为例，介绍相关操作步骤。

1．提出问题

1) 我要提问

用户使用账号登录百度知道页面后，单击"我要提问"，在"问题说明"对话框中输入提问的内容，系统会自动显示"问题标签"。输入问题结束后，提问者可以根据需要对提出的问题设置相应的"提问服务"，如"短信提醒""答题悬赏""邀请行家答题"等。每选择一项服务，系统会扣除相应的财富值。问题设置成功后，单击"提交问题"即可，如图 10-2 所示。

图 10-2　百度知道提出问题页面

【知识拓展】百度知道财富值

百度知道财富值相当于用户在百度知道的钱包。用户的每一次高质量回答都可以获得对应的财富值。用户可以用财富值来悬赏、匿名提问、购买或者兑换百度商城的物品。财富值最普遍的用处就是用它来向专家和网友提问，用财富值增加悬赏，这样提出的问题就会得到更多人的关注，从而获得更多的解决方案。也就是说，用户的回答被采纳的越多，说明对百度知道的贡献越多，得到的财富值就越多。

当用户的财富值达到一定数量时，可以用来消费，也可以到百度知道商城兑换礼品和参加抽奖活动。另外，还有一种获得财富值的方式是系统奖励。当用户符合系统设定的要求的时候，就会给予一定的财富值奖励。

百度知道获取财富值的途径主要有以下几种：

(1) 新用户首次登录，财富值加 20；

(2) 回答被采纳为最佳答案，财富值加 20，并且得到提问者设置的悬赏分；

(3) 获得知道之星，财富值加 100；

(4) 回答被推荐，财富值加 20。

需要注意的是，百度百科、百度知道、百度文库的财富值获取方式和使用途径是不相同的，财富值不能通用。

2) 补充问题

用户提交问题后等待网友回答。如果对回答不满意或者没有网友回答，可以进行选择"补充问题""提高悬赏"或者"修改"标签等操作，让更多的网友关注问题，如图 10-3 所示。

图 10-3　百度知道补充问题页面

3) 采纳问题

有网友回答问题后，根据答案情况，提问者可以置之不理，等待更多网友回答；可以采纳为最佳答案，也可以进行追问。提问者可以免费追问 3 次，超过 3 次以上的追问，每次扣除 5 个财富值。每一次追问，系统会人工审核问题内容，需要提问者等待一段时间，如图 10-4 所示。

图 10-4　追问问题与采纳问题页面

2．回答问题

用户登录百度知道个人中心，选择"我的问答"，在"等我答"栏目下寻找适合自己作答的问题。用户也可以通过"设置兴趣"，接收系统智能推荐的与设置标签相关的未解决问题，如图 10-5 所示。

图 10-5　百度知道回答问题页面

如果用户需要查看已经回答的问题，可以到个人中心的"我的回答"进行查看。

10.2.2　百度知道优化注意事项

SEO 人员在进行百度知道优化时，需要注意以下事项。

(1) 内容不要带推广性质。

用户发布的图片、电话号码、链接等都需要经过百度的人工审核，如果内容带有广告推广性质，则无法通过。

(2) 内容不要带敏感字眼。

百度的审核系统设置了自动过滤功能，能够自动过滤敏感字眼，如果用户的问题或回答中包含这些信息，发布就会失败。

(3) 提问与回答行为异常。

有些人为了通过百度知道达到宣传自己的目的，采用非正常的提问与回答做法。为了公平起见，百度知道的算法系统会智能分析提问与回答，自动处理作弊行为。例如，用户在短时间内发布大量的提问，问题大同小异，这种行为就会被百度知道判定为作弊；用户注册了两个用户名，一个用来提问，另一个用来回答，这种自问自答的方式也会被百度知道判定为作弊；用户在短时间内的大量提问都采纳同一回答者的答案，也会被百度知道判定为作弊。

(4) 提问与回答的内容本身存在问题。

用户不管是提出问题还是回答问题，都要保证内容是有价值的，否则会被百度知道按作弊处理。例如，用户提问的字数过少，提问的内容天马行空、不知所云等，就会被百度知道判定为"垃圾"，予以删除；一些百度知道限定的企业招聘、个人求职等问题，也会被判定为违规，无法成功发布；用户回答的内容文不对题或者答案相似等，也无法成功发布。

(5) 百度知道也会犯错误。

百度知道虽然对提问和回答采用了系统与人工相结合的管理方式，但是不能保证不犯错误。当用户发现提问无法提交或答案被非法删除等异常情况，并且能够判定是合规时，要积极向百度知道投诉，争取自己的权益。

10.2.3　百度知道的排名规则

SEO 人员了解了百度知道的排名规则，可以有针对性地进行百度知道优化，取得明显的推广效果。百度知道并未通过官方途径明确排名的具体规则，这里综合业内人士的经验，大体列出了以下规则，供读者参考。

1．相关性

提问的标题与用户搜索的关键字匹配度越高，搜索结果中的排名可能越靠前。回答问题的答案及最佳答案的内容与关键字的匹配度越高，搜索结果中的排名可能越靠前。最佳答案的贡献者在该问题所属类目中被采纳的次数越多，贡献越多，该问题在搜索结果中的排名可能越靠前。提问者在问题所属类目中曾经作为回答者被采纳为最佳答案的次数越多，那么他提出的问题在搜索结果中的排名可能越靠前。

2．等级与专业性

提问者的百度知道等级对问题搜索结果的排名影响较小，而回答者的等级对排名影响可能比较大，等级越高，排名越靠前。不管是提问者还是回答者，百度知道会判断其重要性和专业性，专业性越强，问题的排名可能越靠前。例如：某用户可能回答的问题数量比较多，等级较高，但是被采纳的次数很少，百度知道会认为其专业性差，那么该用户在提问与回答方面可能都不会得到较好的排名。

另外，用户回答的内容，如果引用了一些权威资料，可能会获得较好的搜索排名。例如，回答者引用某权威网站的链接作为佐证，引用了某知名学者的研究成果等。

3．好评数量

某问题或回答的好评数量越多，可能越能取得较好的搜索结果排名。因此，适当增加好评也是百度知道优化的一种有效方法，但要注意把握分寸，一旦被判定为作弊行为，就会适得其反。

4．关键字密度

提问和答案中要包含适当的关键字，同时关键字的密度要适当。在某个区间值内，提问及答案中的关键字密度越高，排名可能越靠前；当超过某个区间值时，可能被百度知道判定为作弊。

5．内部链接

在百度知道内部做链接，让提问者的问题尽量出现在其他相关问题中，出现的次数越多，搜索结果排名可能越靠前。

10.3　百度口碑优化

百度口碑是百度旗下一款商家与用户的互动产品，是以商家口碑为主题的

UGC(User Generated Content，用户生产内容)聚合互动平台，汇聚了来自真实网友、行业专家、法律顾问、媒体等对商家的评论内容，也有来自商家的反馈。用户可以通过该平台搜索商家的口碑，发表个人对商家的看法。用户还可以发表与商家交易过程中正面的或者负面的经历，并且行业专家、法律顾问等可以提供在线专业点评，传授用户维护权益的方法等。百度口碑的所有权、经营权、管理权均属百度公司。本节将从百度口碑的使用方法、优化注意事项和排名规则三个方面进一步介绍该产品。

百度口碑首页的部分界面如图 10-6 所示。

图 10-6　百度口碑首页的部分界面

10.3.1　百度口碑的使用方法

下面介绍两种用户进入百度口碑的方法。用户可以直接在浏览器中输入口碑的网址——https://koubei.baidu.com/进入百度口碑的主页，然后在搜索框内输入要搜索的信息。用户还可以通过百度搜索的方式，直接进入某网站的百度口碑。例如，在百度搜索引擎中搜索关键字"游戏下载"，在搜索结果中单击网页地址链接的"评价"按钮，或者点击搜索结果中的网址一列"百度快照"左侧的小箭头，然后选择"评价"，即可快速进入该网站的百度口碑界面，如图 10-7 所示。

图 10-7　百度口碑入口

　　用户进入网站的百度口碑页面后，可以查看别人对网站的评价，也可以单击右上角"我要点评"发表自己的评价，如图 10-8 所示。

图 10-8　网站百度口碑评价页面

　　用户可以选择"网民评价"，也可以选择"消费者曝光"对网站进行评价。"消费者曝光"评价是用户对商户商品、服务的亲身经历分享，通过百度口碑的审核后不可删除或修改，用户需自行承担一切因其个人言论行为导致的法律责任，如图 10-9 所示。

图 10-9　用户使用百度口碑对网站进行评价

10.3.2　百度口碑优化注意事项

　　SEO 人员在对网站进行百度口碑优化时，需要注意以下事项。

（1）百度口碑的内容。

百度口碑采用系统与人工结合的方式，定期审核相关内容，不符合规定的内容经过审核确认后，会从口碑页面删除，并根据删除原因扣除成长值。用户如果对处理结果有不同意见，可以进行在线申诉。

（2）百度口碑的好评率。

好评率是根据用户的评论、打分星级、评论人的等级等因素综合计算的数值。为了保证好评率的准确性，一个网站只有评论达到 8 条时才予以展示，评论低于 8 条时不披露好评率的数据。

（3）恶意评论处理。

为了净化产品环境，保证百度口碑内容的真实有效，百度口碑提供了"举报"功能。用户如果在百度口碑中发现了不符合规定的评论，则可在评论下方点击"举报"，将问题反馈给百度口碑。百度口碑有专业的运营团队进行审核，确认后将删除评论并扣除相应的成长值。

【知识拓展】百度口碑成长值

百度口碑成长值是一种数值，代表了用户对百度口碑的贡献。用户的成长值越高，等级越高，在百度口碑中就享有更高的地位，具备更高的权威性，也会获得更多人的信任和尊重。百度口碑提供了用户获取成长值的方法，如图 10-10 所示。

如何获取成长值？

用户操作	成长值奖励	备注	每日上限
发表消费者曝光	100/150/200/250	根据消费者曝光内容的质量，活动100/150/200/250奖励	无上限
发表普通评价	5	发表普通评价	150
发表沙发评价	10	发表的评价是网站的前5条评价	150
发表灌水无效评价	-10	发表灌水无效评价（何为灌水无效评价？）	无上限
发表作弊评价	-30	发表作弊评价（何为作弊评价？）	无上限
发表违规回复	-10	发表违规回复内容（何为违规回复？）	无上限
网站信息纠错	5	对网站信息纠错，经审核有效。	无上限
评价被顶	1	发表的评价被顶	20
连续签到N天	N	连续签到N天，成长值增加N	10
评价被加精	100	发表的评价内容被管理员加精	无上限

图 10-10　百度口碑用户获取成长值的方法

用户如果在百度口碑发表了不符合规定的评价，经口碑运营团队审核确认后，会删除该评价，并扣除相应成长值。成长值扣分到一定程度就会出现负分的情况。当用户的成长值为负时，就是在警告该用户不能再采取违规行为。当成长值低于 -200 时，口碑会禁止用户在口碑平台内除登录外的任何操作，包括发表、回复评价等。

(资料来源：https://koubei.baidu.com/help/faq)

10.3.3 百度口碑排名规则

SEO 人员在进行百度口碑优化时，需要注意以下排名规则。

1. 好评数量

百度口碑通过网民对商家的评价、印象等信息来衡量商家网站的用户体验度，从而辅助搜索引擎评判网站价值。因此，网民对商家的好评数量越多，商家网站的排名会越靠前。

2. 整体评价

百度口碑的主要功能是用户评价商家网站，除了点评功能外，还包括印象、支持和反对功能。点评功能和点评类网站相似，只是百度口碑点评的主体是网站。印象功能主要是简短地概述用户对网站的印象，如内容、网站结构、显示图片、网站用途等。用户通过对网站的整体印象，可以对网站整体打分，最低是 1 星，最高是 5 星。用户的打分越高，网站权重越高。

从另一个角度看，百度口碑参与到搜索引擎对商家网站的整体评价。百度口碑不是一个独立产品，百度口碑会与百度百科、百度知道、百度分享等产品进行对接、整合数据，参与到百度搜索引擎排名算法中。百度口碑因用户参与和体验的精准度高，对网站的排名起到的作用至关重要。

3. 专人管理

百度口碑由专门的团队去经营维护。不管是人为的刷好评、支持数等，还是竞争对手的恶意差评，超过一定的限度，都会有人工干预，不会破坏产品和搜索引擎算法的平衡。

10.4 百度经验优化

百度经验是百度旗下的一款生活、知识类的产品，是一个开放的平台。用户可以通过该产品查询问题的解决方法或分享自己的经验。

百度经验主要解决用户实际中"具体应该怎样做"的问题。百度经验是贡献者在实践中的经历和心得。互联网上的任何一个用户，都可以进入到百度经验查询相关问题。对于百度经验上已经存在的问题和答案，百度搜索引擎在搜索结果中会优先将这些呈现给用户。百度的注册用户也可以将自己的"经验"在平台上发布。

百度经验一般含有丰富的图片(如果必要)和简明的文字，通常和现实生活联系紧密，能帮助人们解决实际问题。百度经验通常包括简介、工具/原料、方法/步骤、注意事项、参考资料等部分，其中方法/步骤详细地描述了达到目的的操作过程，便于读者学习和模仿。

百度经验的提问主要集中在"怎样做""怎么办""怎样"等问题。本节将从百度经验的使用方法、优化注意事项和排名规则三个方面进一步介绍该产品。

百度经验首页的部分内容如图 10-11 所示。

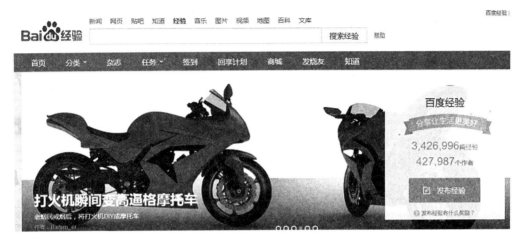

图 10-11　百度经验首页的部分内容

10.4.1　百度经验的使用方法

用户使用百度经验主要有两种方法：发布百度经验和回享计划。

1. 发布百度经验

用户发布百度经验时，需要先在百度经验首页登录百度账号（网址为 http://jingyan.baidu.com）。在页面右侧单击"发布经验"，然后根据页面提示，在相应位置准确填写经验的标题、分类、简介、工具/原料、方法/步骤、注意事项等内容，如图 10-12 所示。

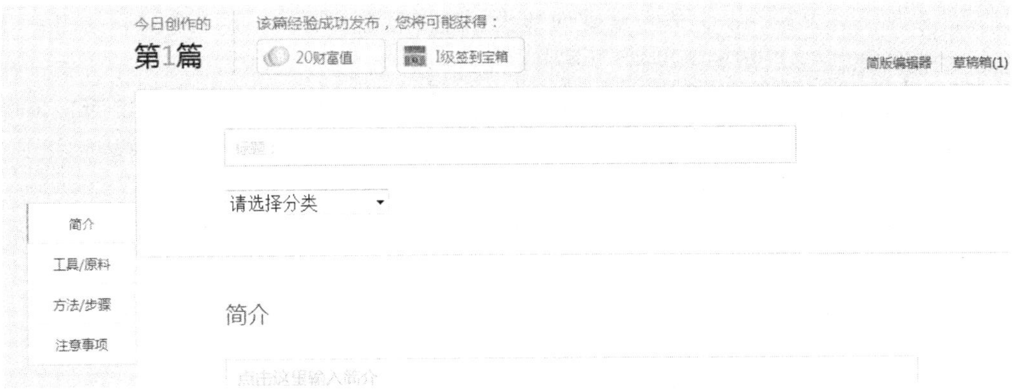

图 10-12　百度经验完善信息页面

完成填写后单击页面底部的"发布经验"按钮，等待审核即可。用户发布百度经验的流程如图 10-13 所示。

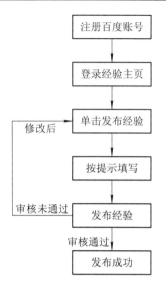

图 10-13　发布百度经验的流程图

【知识拓展】百度经验未通过审核的原因

用户提交的百度经验未通过审核，可能存在以下多种原因。用户需要根据实际情况仔细核对修改，以符合百度经验的要求。

(1) 经验标题不规范。

以下情况均属于经验标题不规范：标题含有网址，以字母或数字组成的串加上一个"."(点号)，并且以国际域名商列出的后缀为结束标志；表达模糊，不符合逻辑；涉及删除原则的经验标题。此时，用户可以采用修改经验标题，去除不规范用词的方式解决。

(2) 含有广告内容。

以下情况均属于含有广告内容：在经验的正文(不含参考资料)中含有 URL 链接，在参考资料中给出与内容不相关网站的链接，或自我宣传性质的网站链接超出 1 条；在经验(包含正文和参考资料)中出现电话号码、手机号或 QQ 号等联系方式；在经验中出现广告内容；出现以广告为目的的带 LOGO 的图片。此时，用户可以采用将正文中的 URL 链接放在参考资料，删除联系方式或是广告内容的方式解决。

(3) 内容不适合作为经验。

以下情况属于内容不适合作为经验：经验的内容和标题不相关；经验的内容无助于解决实际问题，或是经验内容消极、违背伦理道德。此时，用户可以采用修改经验标题、调整经验内容的方式解决。

(4) 缺乏可操作性，需补充必要的文字或图片。

以下情况属于缺乏可操作性：经验内容缺少描述方法/步骤的文字，没有描述达到目的的操作过程；经验缺少关键方法/步骤的配图；经验的配图与描述文字不相关；经验缺乏概述部分；经验过于简单，内容不够丰富。此时，用户可以采用添加经验概述、步骤或是相关配图，丰富充实经验内容的方式解决。

（5）格式不便于阅读，需要排版。

以下情况属于经验格式排版上的问题：没有分步骤进行叙述；有分步骤叙述但是没有使用编辑器中的有序或是无序列表格式；图片和步骤文字不匹配；图片缺少简要的文字说明；经验排版不美观，不便于阅读。此时，用户可以采用调整经验排版，尽量选择使用有序编号，方便其他用户浏览的方式解决。

（6）含有不适当内容。

以下情况属于经验含有不适当内容：含有色情、暴力、恐怖、不文明内容；不适合作为经验或含有广告的经验反复提交；含有违反国家法律法规的内容；含有人身攻击内容；含有违背伦理道德的内容；具有恶意、无聊和灌水性质；正文中出现明显广告性质的文字或 URL。

（7）已存在内容相同的经验。

提交经验与已发布的经验内容相同，将不允许发布。

（资料来源：http://help.baidu.com/question?prod_en=jingyan&class=309）

2．回享计划

回享计划是由百度经验推出的现金回报项目。用户通过自主报名或百度经验主动招募，审核成为百度经验的回享用户。回享用户分为签约作者、资深作者、特约作者三种类型。回享用户的每一篇成功发布的原创经验都将获得现金回报，每篇合格原创经验发布后 1 年内，每天的有效流量将折算为现金。不同类型的作者，分成比例不同。签约作者：千次 3 元；资深作者：千次 4 元；特约作者：千次 5 元。百度经验回享计划的部分说明如图 10-14 所示。

图 10-14　百度经验回享计划说明

10.4.2　百度经验优化注意事项

SEO 人员在进行百度经验优化时，需要特别注意以下事项。

（1）标题简短明了。

百度经验标题要简短，符合百度经验逻辑，不要为了关键字的排名，把标题写得太复杂。

（2）操作步骤详细具体。

内容中的步骤要具体，不能少于三个步骤，否则不能通过审核。因为用户想要了解具体的操作步骤，所以要考虑到用户的体验性。

(3) 添加外链得当。

链接不能放在经验的首页和步骤中，否则不能通过审核。如想增加网站的外部链接，可将链接添加到参考资料部分。

(4) 经验内容相关。

经验内容要和所优化网站的主题具有相关性，否则可能无法通过审核。经验内容和网站主题相关性强，也可以有效地防止用户举报。另外，要从用户体验的角度提高经验文本内容的可读性、可借鉴性、可学习性。

(5) 提问格式规范。

SEO 人员要围绕提问格式力求用最精练的目标词，比如"怎么样才能做好……？""……怎么办？"等，因为这样的句型符合百度经验的编写逻辑，在经验搜索中会得到较高的权重而使排名靠前。

(6) 内容图文并茂。

SEO 人员在编写经验的时候要做到图文并茂，最好置于简介部分。这样，经验在搜索栏显示的是图片格式，有图片的经验通过率较高，而且用户的体验感也好。搜索引擎将会更重视图文并茂的内容。

(7) 熟悉百度经验未通过的原因。

SEO 人员要重视百度官方给出的经验未通过原因和处理方式，尽量避免出现此问题。如果认为已经改善了所有问题，审核还是不通过，则可以尝试多次提交。因为每次审核内容的人员可能不同。

10.4.3 百度经验的排名规则

根据众多 SEO 从业人员的实践经验，整理了以下几项关于百度经验的排名规则，供读者参考。

1. 标题相关性

百度经验的提问主要集中在"怎样做""怎么办""怎样"等问题，因而提问的标题要围绕这些字眼展开。另外，标题内容要与所优化网站内容相关，相关性越强，越能增加浏览和点击的机会。

2. 经验内容

经验的步骤要完整、详细、逻辑性强、语言简练、原创性强，用户看到经验内容后确实能对其解决问题有所帮助。经验的内容要紧紧围绕标题的主旨。如果内容中引用了权威网站或人物等的观点，并且在参考文献中标注了来源，则更有利于经验的排名。

3. 点击量

百度经验中文章的排名需要参考经验的自然点击量。自然点击量高的经验，在同类中的排名就会靠前。如果采用作弊手段获得较高的点击量，则一旦被百度经验发现，将予以严惩。

4. 发布时间

在同类经验中发布时间较早的经验，并且质量也不错，那么在同类经验中的排名就会靠前；如果在同类经验中发布时间较晚，但是质量非常高，那么在同类经验中的排名也会靠前。

5. 作者级别

经验作者的级别越高，经验越容易通过。同等条件下，在同类经验中经验排名越靠前。

10.5　百度贴吧优化

百度贴吧又称贴吧，是百度旗下的一款以兴趣为主题的互动产品，是基于关键字的主题交流中文社区，是以兴趣为主题聚集志同道合者的在线交流平台。

百度贴吧依靠搜索引擎聚集相同爱好的网友交流思想、展示自我、结交知音，通过把握用户需求、输入的关键字，自动生成讨论区，使用户能立即参与交流，发布自己感兴趣的话题信息和想法。

百度贴吧的目录涵盖社会、地区、生活、教育、娱乐明星、游戏、体育、企业等方面，用户可以通过该产品就某一个主题进行分享、讨论等交流，它为人们提供一个表达和交流思想的自由网络空间。

本节将从百度贴吧的使用方法、优化注意事项及排名规则三个方面进一步介绍该产品。

百度贴吧的首页部分内容如图 10-15 所示。

图 10-15　百度贴吧的首页部分内容

10.5.1　百度贴吧的使用方法

用户使用百度贴吧主要分为创建贴吧、申请吧主、发表帖文、发表评论等几种操作。下面重点介绍创建贴吧、申请吧主和发表帖文三种操作。

1. 创建贴吧

用户在创建贴吧时，首先要检测该贴吧是否已经被他人创建。如果已经创建，则不能重复创建。检测方法如下：打开百度贴吧首页(https://tieba.baidu.com/)，在搜索栏中输入想要创建的贴吧名称，然后点击搜索栏上的"进入贴吧"按钮。如果搜索结果页显示已有贴吧，则无法创建。如果显示没有该贴吧，则单击"创建贴吧"按钮，在弹出的页面中输入贴吧的名称以及验证码，按页面提示创建贴吧。用户根据网站提示完成贴吧创建后，会进入人工审核阶段，只有通过审核的贴吧才可以正常应用。以创建"青岛 SEO 学习交流"贴吧为例，创建页面如图 10-16 所示。

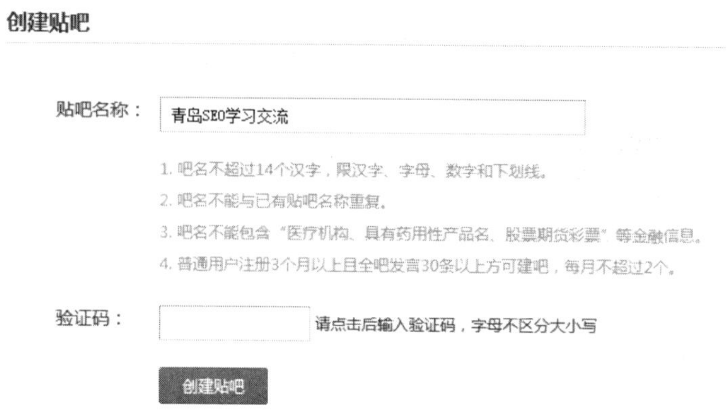

创建贴吧

贴吧名称： 青岛SEO学习交流

1. 吧名不超过14个汉字，限汉字、字母、数字和下划线。

2. 吧名不能与已有贴吧名称重复。

3. 吧名不能包含"医疗机构、具有药用性产品名、股票期货彩票"等金融信息。

4. 普通用户注册3个月以上且全吧发言30条以上方可建吧，每月不超过2个。

验证码： 请点击后输入验证码，字母不区分大小写

创建贴吧

图 10-16 创建贴吧完善信息页面

用户创建贴吧时需要注意以下事项：贴吧的名字不能与已有的吧名相冲突；不能创建不和谐的吧名；吧名不能过长，而且吧名仅限汉字、字母、数字和下划线。

2．申请吧主

申请者可以直接点击主题贴吧右侧的"申请本吧吧主"。如果贴吧已经有吧主，则需要经原吧主同意，如果原吧主不同意，则不能通过申请；如果贴吧没有吧主，则可直接申请。

申请者申请吧主需要在贴吧有贡献，经常到贴吧发帖、顶帖。申请者的表述要诚恳，重点强调自己的优势，说明自己的管理经验与在线时长等信息。申请者如果申请失败，可以多次申请。申请吧主的基本信息如图 10-17 所示。

第一步：阅读并同意吧主协议   第二步：基本信息填写   第三步：确认提交申请

吧务基本信息

申请ID yhd287

* 真实姓名

* 身份证号

* 联系地址   省/市 ▼   地区/市 ▼

* HI/QQ/MSN   QQ ▼

手机号 135*****90 已绑定，更换绑定

申请感言

图 10-17 申请吧主的完善信息页面

3．发表帖文

贴吧的注册用户可以发表新帖或者评论。当用户要在某主题贴吧发表帖文时，可以在主题贴吧的底部"发表新贴"处，按要求写上题目和内容，完成后，单击"发表"按钮即可，如图 10-18 所示。

图 10-18　发表帖文完善信息页面

【知识拓展】贴吧处罚规则

百度公司在《贴吧协议》中明确了贴吧的处罚规则，现摘录下来，供 SEO 人员参考。

百度公司郑重提醒用户，若出现下列情况任意一种或几种，将承担包括被关闭全部或者部分权限、被暂停或被删除其账号的后果，情节严重的，还将承担相应的法律责任。

(1) 使用不雅或不恰当 ID 和昵称；

(2) 发表含有猥亵、色情、人身攻击和反政府言论等非法或侵权言论的；

(3) 从事非法商业活动；

(4) 模仿贴吧管理人员 ID 或者他人 ID，用以假冒管理人员或破坏管理人员形象；

(5) 使用发帖机等非法软件进行爆吧、违规发帖的行为；

(6) 侵犯他人知识产权或其他合法权益的；

(7) 其他百度公司认为不恰当的情况。

凡文章出现以下情况之一的，百度贴吧管理人员有权不提前通知作者直接删除，并依照有关规定作相应处罚。情节严重者，百度贴吧管理人员有权对其做出关闭部分权限、暂停直至删除其账号。

(1) 发表含有贴吧协议中禁止发布、传播内容的文章；

(2) 发表不符合版面主题，或者无内容的灌水文章；

(3) 同一文章多次出现的；

(4) 违反贴吧协议的规定，发布广告的；

(5) 文章内容或个人签名会包含有严重影响用户浏览的内容或格式的；

(6) 其他百度贴吧认为不恰当的情况。

（资料来源：https://zhidao.baidu.com/question/82077461.html）

10.5.2　百度贴吧优化注意事项

SEO 人员在进行百度贴吧优化时，需要注意以下事项。

1）贴吧选择

百度贴吧的数量很多，而且人气差异也很大，因此挑选好贴吧是推广的基础。选择好的贴吧要注意以下几点：

（1）合理利用内容。挑选的贴吧必须跟所优化网站的内容相关联，且内容是贴吧用户需要的。

（2）合理利用热点。利用热点话题或事件新建贴吧，能够吸引一些流量。

（3）合理利用链接。有些贴吧中的帖子可以包含链接，通过链接推广网站。但也要注意有些管理比较严的贴吧不能发链接。

2）标题选择

帖子的标题要包含适当的关键字，设计有吸引力，吸引吧友点击。但也要避免哗众取宠、低俗等标题，避免引起吧友的反感或者屏蔽贴吧。

3）回复置顶

为了让更多的吧友看到发布的帖子，需要让帖子在贴吧的顶部位置展示，获取更多的流量。当发布的帖子沉下去后，SEO 人员要通过合适的方式，对发布的帖子进行答复或跟帖，让其持续保持在贴吧的顶部位置。

4）设置跳转链接

百度贴吧可以包含适当的链接，但百度知道却很难实现。SEO 人员可以通过做链接跳转，使贴吧的链接出现在百度知道里。SEO 人员在百度知道中输入百度贴吧的链接，一般情况下是能够通过的。通过二次跳转来获取定向稳定的自然流量的做法可能会面临一定的风险。

5）发帖技巧

SEO 人员在同一个百度贴吧推广的帖子数不要太多，1～3 个比较适合。另外，SEO 人员不要开帖就发广告和链接。热门贴吧的吧主很敬业，不会让带广告的帖子停留很长时间。对违规用户，吧主有权力封锁此用户。

10.5.3　百度贴吧的排名规则

百度贴吧的内容排名主要遵循吧主置顶和最后回复时间的规则。

1. 吧主置顶

吧主可以将贴吧中的某个帖子设置到该贴吧的最上面，提高帖子的曝光率。

2. 最后回复时间

某个贴吧中除了吧主置顶的帖子外，其余帖子是按时间排序的。帖子的发表时间越近，帖子越靠前；回复时间越近，帖子越靠前。所以，为了让帖子有更多人关注，需要定期回复，定期发布新内容。

10.6　百度百科优化

百度百科是百度旗下的一款产品，是一部内容开放、自由的网络百科全书，旨在创造一个涵盖各领域知识的中文信息收集平台。

百度百科强调用户的参与和奉献精神，充分调动互联网用户的力量，汇聚上亿用户的头脑智慧，积极进行交流和分享。互联网上的用户可以很方便地通过百科查询信息。

百度百科的内容涵盖社会、人物、自然、生活、娱乐、科技、体育、文化等诸多方面，是人们获取信息的一个重要途径。

本节将从百度百科的使用方法、优化注意事项等角度进一步介绍该产品。

百度百科的首页部分内容如图 10-19 所示。

图 10-19　百度百科首页的部分内容

10.6.1　百度百科的使用方法

用户使用百度百科主要分为创建词条和编辑词条两种操作。

1．创建词条

百度的注册用户在创建词条时，通常遵循下列步骤：

(1) 打开百度百科(http://baike.baidu.com)，在页面右侧单击"创建词条"，如图 10-20 所示。

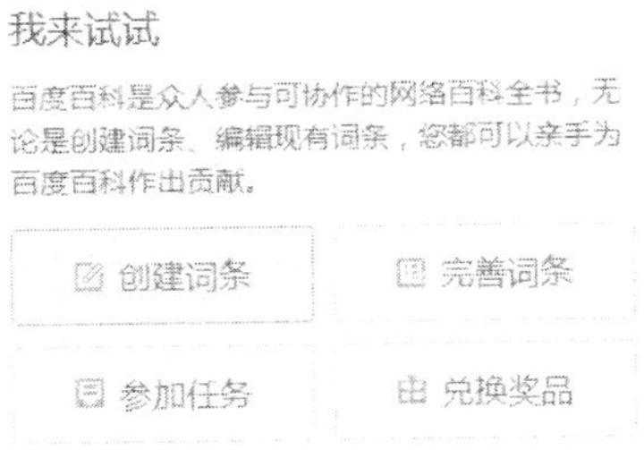

图 10-20　创建词条页面

(2) 输入所创建词条的名称，如图 10-21 所示。

词条名：| |

如何创建词条？

百度百科规范的词条名应该是一个专有名词，使用正式的全称或最常用的名称。

✓ 鱼香肉丝、鲁迅、中国石油化工集团公司

✗ 如何烹制鱼香肉丝、周树人、中石化

如果一个词条拥有两个或更多的称呼（如"北京大学"和"北大"），百度百科户收录一个标准名称的词条（北京大学），请不要创建一个内容相同的新词条（北大），而是报告同义词。

创建词条

图 10-21　输入创建词条名称截图

(3) 如果词条已经被创建，则页面会跳转到创建词条的编辑页面。如果词条没有创建，则进入新词条的编辑页面。用户按页面要求将词条的概述、基本信息、正文、参考资料编辑完整即可，如图 10-22 所示。

概述

+ 添加概述图

基本信息栏

图 10-22　编辑词条页面

2．编辑词条

用户进入某词条的页面，在词条名的右侧有一个蓝色"编辑"链接按钮，用户可以点击此按钮编辑词条。另外还有一种词条显示锁定状态，不可编辑。这类词条一般内容存在争议，或者为了保持内容的严谨性和完整性，只有百科认可的专业人士才能编辑，如图 10-23 所示。

电子商务（使用电子工具从事商务活动）🔒锁定

本词条由"科普中国"百科科学词条编写与应用工作项目 审核。

应用型人才　✎ 编辑

本词条缺少信息栏，补充相关内容使词条更完整，还能快速升级，赶紧来编辑吧！

图 10-23　锁定与编辑按钮页面

用户点击"编辑"之后，会进入编辑器页面，如图 10-24 所示。

图 10-24　编辑器页面部分内容

在编辑页面，用户可以对内容进行增加、删除、修改等操作，其中编辑页顶部有各类功能，如字体、标题设置，添加参考资料、图片、表格、地图等。用户还可以添加一些模块，如代码模块、公式模块等，也可以对一些内容添加内链，以链接到该内链所指向的词条上展开阅读。

用户内容编辑完毕后，可以点击编辑页右上角的"提交"或者"预览"按钮。用户点击"预览"，会显示词条审核通过之后的内容页；点击"提交"后需要填写修改的原因，之后再次点击"提交"，待系统审核。通常，未通过审核的修改，百科会给出原因，用户可以有针对性地再次修改，二次提交审核。

【知识拓展】词条未通过审核的原因

根据百度百科官方资料显示，用户创建的词条未通过审核的原因大致有以下几种：

(1) 用户创建的词条不符合百科的收录标准。

比如词条内容不合法，词条缺少参考资料或参考资料不可靠等，都会造成审核不通过。

(2) 用户创建的词条名称不规范。

比如，如果一个人的名字是"张三"，那么词条名就应该是"张三"，而不是"歌手张三""张三教授"等；再如，公司名称是 ABC 服饰有限公司，那么词条名就应该是"ABC 服饰有限公司"，而不是"ABC"或者"ABC 服饰"等。更详细的介绍可以参考网页 http://tieba.baidu.com/p/3818101930。

(3) 用户创建的词条有效信息不足。

用户没有描述清楚这个词条的主题。比如，写一个电视剧的词条，只写剧情简介，却没有电视剧的拍摄时间、导演、演员、播放信息等；再如，写一个公司的词条，只写公司产品，却没有公司主营业务、公司历史、重要事件等。更详细的介绍可以参考网页 http://tieba.baidu.com/p/3818105291。

10.6.2　百度百科优化注意事项

SEO 人员在对产品进行百度百科优化时，需要注意以下事项。

(1) 适当的广告内容。

SEO 人员要通过百科词条达到宣传的目的，自然而然想要在词条里面添加广告内容，但是切记不能"灌水"。广告内容一定要采用植入的方式,非常地隐晦才可以,否则百科审核会不通过。另外,没有意义或者没有可读性的内容,也很容易被百科退回。

(2) 适当添加外链。

用户添加百度百科的外链需要掌握一定技巧。比如,百度账号的级别越高,添加外链成功的可能性越高;外链内容与词条内容的相关性越强,添加外链成功的可能性越高;原词条内容修改的更完善,更有说服力,添加外链成功的可能性越高等。

(3) 避免账号被封杀。

百度一旦封杀了用户的账号,和该账号有关的词条可能都会受到牵连。因此,用户要注意分散风险,不要集中使用一个账号;另外,按照百科的要求进行编辑,才是最有效的手段。

(4) 寻找原词条的不足。

用户仔细研究要新建或修改的词条,从用户体验的角度出发,找出不足,对症修改,并且很自然地植入广告内容,这样百科审核的通过率要高一些。

10.7　百度文库优化

百度文库是百度旗下的一款在线分享文档的产品。文档由百度用户上传,需要经过百度的审核才能发布,百度自身不编辑或修改用户上传的文档内容。互联网上的用户可以很方便地通过文库阅读资料,查询信息。

百度文库中的文档包括教学资料、考试题库、公文写作、法律文件等多个领域的资料。百度文库支持多种文件格式,如.doc(.docx)、.ppt(.pptx)、.xls(.xlsx)、.pot、.pps、.vsd、.pdf、.txt 等。

百度的注册用户可以下载文库中的文档,有些是免费的,有些需要"下载券"。百度用户上传文档可以得到一定的积分,下载标注需要"下载券"的文档则需要消耗积分。另外,百度文库还提供了"加入文库 VIP 获得下载特权"的功能,可以很方便地下载一些收费文档。

本节将从百度文库的使用方法、优化注意事项等角度进一步介绍该产品。

百度文库首页的部分内容如图 10-25 所示。

图 10-25　百度文库首页的部分内容

10.7.1　百度文库的使用方法

用户使用百度文库主要分为上传文档和下载文档两种操作。

1. 上传文档

用户进入百度文库的主页，登录百度账号后，单击"上传我的文档"按钮，进入到上传文档的页面，如图 10-26 所示。

图 10-26　上传文档页面截图

用户再次单击"上传我的文档"按钮，根据弹出的界面，直接在本地电脑选择所上传的文档即可；然后，进入到上传文档的第二步"完善信息"页面，根据页面提示，填写相应的信息；最后单击"确认上传"按钮，如图 10-27 所示。用户上传文档成功后，等待百度文库审核，文档审核通过后，即可得到百度的财富值奖励。

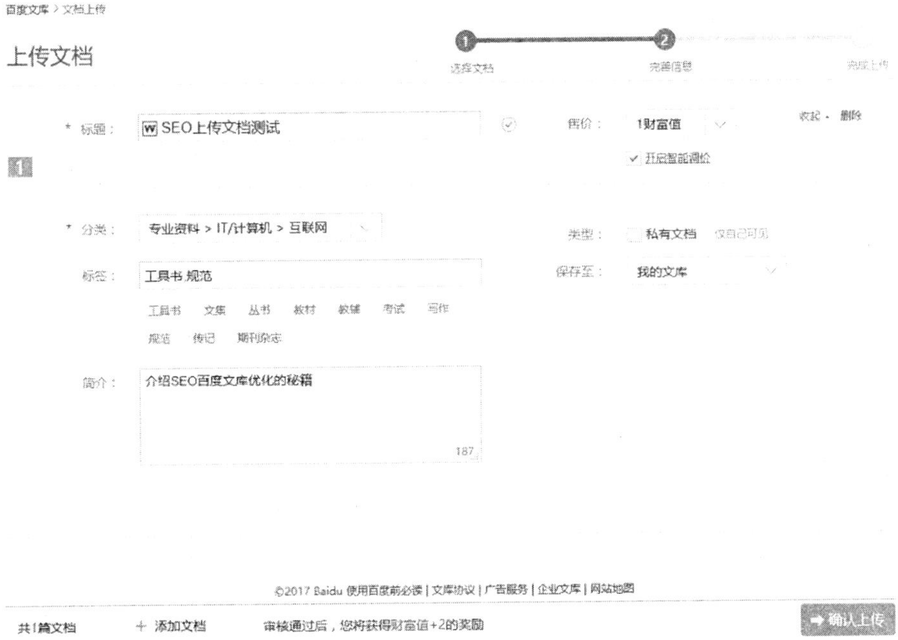

图 10-27　上传文档完善信息页面

2. 下载文档

当用户在文库中发现比较合适的文档要存到本地电脑时，可以登录百度账号下载文档。在文档结束的底部或屏幕下方，都有"下载"按钮，用户可以按提示操作，如图10-28 所示。

图 10-28 下载文档的提示界面

当文档是免费的，或者用户的下载券多于下载文档所需的值时，用户可以直接将文档保存在本地电脑的相应位置；当用户的下载券少于下载文档所需的值时，百度文库系统会提示不能正常下载，如图 10-29 所示。

搜索引擎优化技巧（40.1K）

所需下载券：2

您持有：0下载券，财富值不足，无法兑换下载券

VIP免下载券下载

完成下载客户端任务赚取下载券

因本次下载而产生的财富将由百度文库以一定方式转交版权人

图 10-29 不能下载文档的提示界面

【知识拓展】文档提交不成功的可能原因

根据百度文库官方资料显示，用户向百度文库提交文档不成功的可能原因有以下几种：

(1) 侵权文档。

未经权利人或权利人的合法代理人授权，用户上传的侵犯他人著作权在内的知识产权及其他合法权利的文档。常见侵权文档类型包括：用户上传的侵犯包括他人的著作权在内的知识产权及其他合法权利的文档；未经著作权人同意擅自对他人的作品进行改编、翻译、注释、整理等，可能侵犯他人的著作权。

(2) 广告文档和视频。

以盈利为目的利用百度文库对产品、机构、服务等进行推广。文档和视频的任何位置(包括文档标题、简介、文档等)，都不允许出现任何有推广或宣传目的的内容，如电话号码、电子邮箱地址、即时通讯工具号码等具体联系信息以及广告宣传语等，其中被警告多次而仍然添加广告内容的用户会被判定为广告用户，将接受封号处罚。

(3) 低质文档。

文档的排版杂乱、模糊、可读性低，影响阅读。常见低质类型包括：文档内容不

完整、内容重复；排版存在明显问题，大量空白、乱码，严重干扰阅读；直接复制百度其他产品内容，如百科、知道、贴吧等。

(4) 低质视频。

出现过多乱码、黑屏、花屏、空白等错误现象，影响正常浏览。常见低质类型包括：视频分辨率低，过于模糊，影响阅读；视频时长过短(少于 30 秒)；视频画面、声音、字幕不同步等。

(5) 文档或视频的标题、简介不合规范。

常见错误包括：标题笼统或与内容无关；标题、简介中含有推广信息等。

当然，法律禁止的内容也无法提交。如果用户对文库的处理有异议，可以前往文库投诉中心进行反馈。

(资料来源：https://wenku.baidu.com/portal/browse/help#help/2)

10.7.2　百度文库优化注意事项

SEO 人员在进行百度文库优化时，需要关注以下事项。

(1) 标题。

文档的标题要包含适当的关键字，标题要尽量符合大众搜索的用词习惯，并且关键字与文档内容是密切相关的。避免标题中出现有广告嫌疑的字眼。

(2) 关键字。

文档内容中要出现合适密度的关键字，并且分布均匀。用户可以通过百度指数等工具确定与产品相关的关键字热度和长尾关键字。

(3) 内容。

文档的内容最好原创，排版格式规整，归属分类准确，符合大众的阅读习惯。在内容中植入广告要不留痕迹。

(4) 评价。

文档的质量星级越高，阅读量越多，下载次数越多，越有利于推广。

本 章 小 结

✧　因为百度产品在百度搜索结果中的权重高、排名靠前，所以利用百度产品做推广是每个 SEO 人员必须掌握的方法。

✧　用户既是百度知道内容的创造者，也是使用者。用户可以通过百度知道平台，达到分享知识的目的，实现搜索引擎的社区化。

✧　百度知道排名规则如下：提问的标题与用户搜索的关键字匹配度越高，搜索结果中的排名可能越靠前；提问者的百度知道等级对问题搜索结果的排名影响一般，而回答者的等级对排名影响可能比较大，等级越高，排名越靠前；某问题或回答的好评数量越多，可能越能取得较好的搜索结果排名。

✧　百度口碑是通过网民对商家的评价、印象等信息来衡量商家网站的用户体验度，从而辅助搜索引擎评判网站价值。因此，网民对商家的好评数量越多，网站权重越高，网站的排名越靠前。

✧ 百度经验的提问主要集中在"怎样做""怎么办""怎样"等问题，因而提问的标题要围绕这些字眼展开。标题内容与所优化网站内容的相关性越强，越能增加浏览和点击的机会。

✧ 百度贴吧中除了吧主置顶的帖子外，其余帖子是以时间顺序排序的。帖子的发表时间越近，帖子越靠前；回复时间越近，帖子越靠前。所以，为了让帖子被更多人关注，需要定期回复，定期发布新内容。

✧ 百度百科是一部内容开放、自由的网络百科全书，旨在创造一个涵盖各领域知识的中文信息收集平台。百度百科强调用户的参与和奉献精神，充分调动互联网用户的力量，汇聚上亿用户的头脑智慧，积极交流和分享。互联网上的用户可以很方便地通过百科查询信息。

✧ 百度文库是百度发布的供网友在线分享文档的平台。百度文库的文档由百度用户上传，需要经过百度的审核才能发布，百度自身不编辑或修改用户上传的文档内容。互联网上的用户可以很方便地通过文库阅读资料，查询信息。

本 章 练 习

一、填空题

1. 百度知道的排名规则主要包括_____、提问者等级与专业性、好评数量、_____、内部链接。

2. 百度经验的排名规则主要包括_____、经验内容、_____、发布时间、_____。

3. 百度贴吧的排名规则主要包括_____和_____。

二、应用题

1. 使用百度知道在网上提问，发布"中国 GDP 过万亿的城市有哪些？"的问题，并追问"其中哪个省份过万亿的城市最多"，经过一段时间，网友回答后，采纳一个最佳答案。

2. 使用百度经验，发布一条"怎样开通 QQ 群聊机器人"操作过程的经验，并在过程中留下自己的 QQ 号。

3. 申请自己所在大学百度贴吧吧主身份。

4. 使用百度百科，创建"应用型人才"的词条。如果已经创建，则对该词条进行编辑，提交编辑内容后，查看审核结果。

5. 通过上传百度文档的方式，获得百度文库财富值和下载券。

三、简述题

1. 百度知道的排名规则有哪些？

2. 如何利用百度口碑提高企业的知名度？

3. 如何利用百度相关产品，如百度知道、百度贴吧、百度经验、百度文库等优化企业网站。

实践篇

实践 1　网站域名、空间与备案

 实践指导

【实践背景】

域名是一个网站的入口，也是用户和搜索引擎访问网站的必经之路。域名具有唯一性，用户必须向特定机构申请注册才能获得。域名由两个或两个以上的词构成，中间由点号分隔开，如：www.121hyg.com。

网站空间用来存放网站的文件和资料，包括文字、文档、数据库、图片等。网站建成之后，要购买或搭建网站空间才能发布内容。一个网站能否更好地吸引用户的访问和搜索引擎的抓取，与其网站空间的选择有必然的关系。

根据中国法律法规，在中国大陆范围内经营互联网信息服务的企业要实行许可制度，网站所有者必须向国家有关部门备案才能提供互联网相关服务，未取得许可或者未履行备案手续的，不得从事互联网信息服务，否则属于违法行为。因此，网站要在中国大陆境内的网站空间服务器上运行，网站备案是必须履行的基本手续。对于国外的网站或者网站空间服务器在国外的，需要遵守他国法律制度，大部分国家不需要进行网站备案。网站备案就是要通过网络内容服务商(如中国电信、中国移动、中国联通等)，向通信管理部门申请，并获得网络内容服务商证书，即 ICP 证。

现在有一家从事在线教育业务的 A 公司，主营职业培训项目。公司目标客户定位于刚刚进入职场的大学生和从业 5 年内的职场人士，专注于个人职场技能提升领域。公司开发的课程主要包括职业规划、沟通技能、职场礼仪、Office 办公软件、PS 软件等。目前 A 公司处于筹备期。公司行政经理安排你进行公司网站域名的筛选和注册工作，并且选择合适的网站空间，完成网站备案工作。

【实践内容】

(1) 分析、选择并注册域名。

(2) 选择合适的网站空间。

(3) 完成网站备案。

【实践要求】

(1) 从多个角度综合考虑，最终筛选出合适的域名，并注册成功。

(2) 综合比较选择网站空间的几个要素，最终选择适合本公司的网站空间。

(3) 掌握网站在工信部网站备案或 ISP 代备案的方法，最终完成网站备案。

【任务详解】

(1) 域名的长度、名称、结构、时间等方面的因素决定了网站的相关性，是网站优化的基础工作。在用户体验方面，域名如果太长，不方便记忆，输入时也比较麻烦，短的域名更有利于网站推广和方便用户记忆。在搜索引擎友好性方面，搜索引擎更喜欢抓取长度较短的域名。首先要定位好网站的主题，根据网站的主题选择与之相关的域名，一个让用户看到域名就能联想到网站性质的域名就是好域名，它可以直观地反映网站所在行业。

A 公司可以发动全体人员提出若干域名，然后再根据域名的规则、优化注意事项等条件，筛选出比较合适的，最终确定一个。根据注册流程准备相关资料，直到申请成功。学生需要掌握查询域名的方法，并在万网上试着根据网页提示，操作域名注册的各个步骤。假设，A 公司最终选择了 zaixianbangshou.com 的域名(从用户体验及搜索引擎友好性角度看，此域名过长，不建议作为正式域名使用)。学生可以先在万网上查询该域名，根据结果选择"加入清单"，再按照网站提示逐步完善信息，最终完成注册，如图 S1-1 所示。

图 S1-1　查询域名状态部分截图

另外，还可以考虑注册与本域名关联性比较强的域名，这样可以有效保护公司的权益。从图中可以看出，在查询域名的时候，查询网站会建议"同时注册以下多个后缀，更有利于您的品牌保护"。

(2) 网站空间的指标包括空间大小和类型、访问速度、同 IP 站点数量和质量、是否支持常用 SEO 技术等。

① 空间的大小和类型。空间并不是越大越好，太大会造成浪费，太小则不利于使用，根据网站的实际情况，以够用为原则。对于类型方面，一般来说，虚拟主机和合租机性价比较高。对于大型企业，出于业务和安全等因素的考虑，需要定制网站空间，可以考虑使用主机托管的形式。

② 访问速度。访问速度主要由两个方面的因素决定：一是空间带宽；二是空间运营商互通问题。空间带宽是决定网页打开速度的一个重要因素，一般企业网站 10M 带宽就足够用了。现在国内很多不同 ISP 之间的访问都有很大问题，电信、联通、网通、教育网目前无法全部直接互通，所以在选择空间的时候最好是选择能够提供多线的空间，最常见的是双线和三线空间。

③ 同 IP 站点的数量和质量。很多空间都是几十人甚至几百人共用的，因此必须要注意同一个空间内网站的数量。网站数量越少越好。不管是从带宽还是从空间资源方面考虑，网站数目都不宜过多。

④ 是否支持常用 SEO 技术。如果不支持常用的 SEO 技术，空间就无法给用户提供更好的浏览体验以及有效吸引搜索引擎抓取网站的内容。比如，网站空间对 404 页面设置、URL 重写等功能的支持都是非常重要的功能。

(3) 网站备案。网站备案是一个网站运行的前置手续。公司备案需要准备以下资料：

① 企业营业执照(组织机构代码证)副本。

② 企业法人代表的身份证，复印件需要正反两面。

③ 网站负责人的身份证，复印件需要正反两面。

④ 域名证书。域名证书上的域名所有人和企业名称要保证一致，域名证书可通过域名服务商获得。

⑤ 备案信息登记表一份并盖公章。

⑥ 真实性核验单两份，网站负责人处盖章。

⑦ 安全责任书一份并盖公章。

⑧ 专用背景照片，照片背景由网站空间服务商提供，一般采用邮寄方式。

理论篇部分提供了三种在线备案方式，学生可以分别练习一下。

【实践作业】

学生根据实践企业的具体情况，查询相关资料，列出不少于 5 个域名。

实践 2　关键字优化

 实践指导

【实践背景】

对于用户来说，关键字是用户在搜索引擎中输入的、能够最大程度概括用户所查找信息内容的字或词。对于搜索引擎来说，关键字应该是网页的核心和主要内容，网页的内容也可以归纳总结为一个或多个关键字。关键字是用户查找信息的基础，也是搜索引擎优化的基础，搜索引擎优化的大部分工作是围绕用户输入的关键字进行的。

本实践以青岛英谷教育科技股份有限公司的网站为例，练习关键字的优化。青岛英谷教育科技股份有限公司成立于 2012 年，伴随国家"十一五"关于"我国高校应用型人才培养"的国家课题应运而生，是山东省和青岛市重点扶持的高新技术企业，总部位于山东省青岛市。公司官方网址为 www.121ugrow.com。

青岛英谷教育科技股份有限公司先后与多所高校建立了战略合作关系，根据企业需求，强化高校实践教学能力，通过课程改革、企业实训实习、创新创业创客等服务，全方位服务学生、高校、企业和政府，共同打造高素质创新型人才。公司全力打造的"121"工程，采用 1 年基础课、2 年"专业技能课程改革课"和 1 年项目实训加企业实习的方式，创建了线上、线下相结合的全渠道培养模式。

学生可以进入到英谷公司的官方网站，了解更多的信息，然后根据实践内容和实践要求，完成关键字优化项目。

【实践内容】

(1) 使用百度指数工具，查询目标关键字的搜索指数，并分析搜索结果。
(2) 选择某一目标关键字，计算该关键字在指定页面的密度。
(3) 根据某一目标关键字，列出与之相关的三个辅关键字。
(4) 选择某一目标关键字，规划其在指定页面该如何布局。

【实践要求】

(1) 熟练使用百度指数工具。
(2) 掌握通过关键字密度判断页面相关性的方法。
(3) 掌握确定辅关键字的原则和方法。
(4) 掌握合理布局关键字的方法。
(5) 掌握根据指定网站进行关键字优化的流程。

【任务详解】

(1) 确定关键字。

学生根据对英谷教育公司的了解，可以先提炼出一些与该公司业务相关的关键字，比如校企合作、教育培训、大学生培养、应用型人才、121 工程、O2O 教育、实践教学、课程改革等。学生尽可能多地总结与英谷教育相关的关键字，然后使用百度指数工具，查询相关关键字的搜索指数。

以使用百度指数工具搜索关键字"校企合作"和"教育培训"为例，搜索结果如图 S2-1 所示。

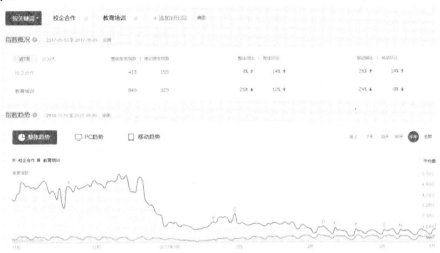

图 S2-1 使用百度搜索指数搜索关键字

从图 S2-1 中可以看出"教育培训"的搜索指数要远大于"校企合作"，但是"校企合作"的搜索指数呈上升趋势，尤其在移动端更为明显。

学生可以根据理论篇中介绍的百度指数搜索若干方法，然后结合关键字搜索指数的分析应用理论，最终确定合适的关键字。

(2) 查询关键字密度。

关键字密度由关键字词频和页面总词汇量两个方面决定。关键字词频是关键字在页面出现的次数。而页面总词汇量主要由搜索引擎分词原则来决定。由于各搜索引擎的分词原则不同，因此相同的页面会出现不同的页面总词汇量。

假设选择关键字"应用型人才"作为主要优化的关键字，选择英谷教育网站的公司简介作为优化页面，首先查看"应用型人才"在该页面中出现的次数，查询发现出现了 5 次，部分截图如图 S2-2 所示。

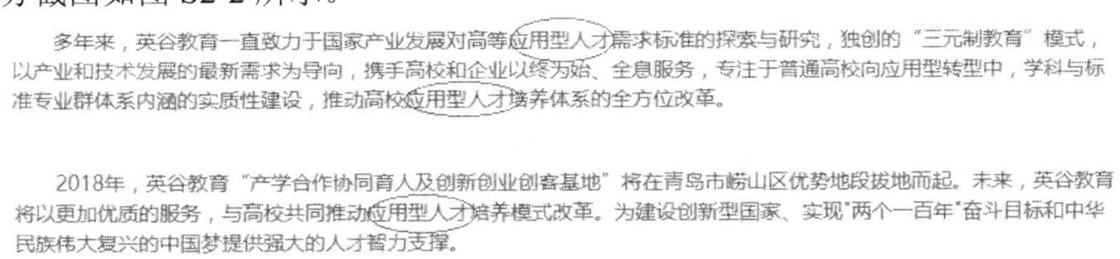

多年来，英谷教育一直致力于国家产业发展对高等应用型人才需求标准的探索与研究，独创的"三元制教育"模式，以产业和技术发展的最新需求为导向，携手高校和企业以终为始、全息服务，专注于普通高校向应用型转型中，学科与标准专业群体系内涵的实质性建设，推动高校应用型人才培养体系的全方位改革。

2018年，英谷教育"产学合作协同育人及创新创业创客基地"将在青岛市崂山区优势地段拔地而起。未来，英谷教育将以更加优质的服务，与高校共同推动应用型人才培养模式改革。为建设创新型国家、实现"两个一百年"奋斗目标和中华民族伟大复兴的中国梦提供强大的人才智力支撑。

图 S2-2 页面中关键字出现的次数

其次，利用站长工具中关键字密度查询工具，输入关键字和对应的网页地址，得出该关键字的密度值，如图 S2-3 所示。

图 S2-3　关键字的密度值

(3) 关键字的合理布局能够对网站优化产生巨大的影响。关键字应分布在页面头部和正文中。页面头部包括标题、描述和关键字三个标签，正文内容主要以锚文本体现。为了直观了解英谷教育简介页面的布局和关键字分布(黑点位置表示关键字出现的位置)，我们可以列出如图 S2-4 所示的框架图。

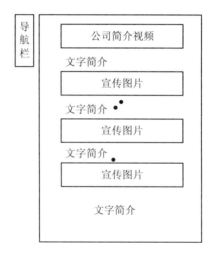

图 S2-4　英谷教育简介页面的布局和关键字分布

学生可以根据所学知识，对该页面的关键字布局提出自己的建议。

在此，我们仅简单分析以上三个问题，其他关键字优化的内容，学生可根据自己的理解和英谷教育网站的具体情况，提出优化方案。

【实践作业】

根据自己对英谷公司网站关键字的分析，尝试形成一份关键字优化方案。方案避免泛泛而谈，要有针对性地提出具体解决措施。

实践 3　网页结构优化

 实践指导

【实践背景】

　　网页结构指网页内容的布局。合理的网页结构有利于提升页面的用户体验与增强搜索引擎的友好性。一方面，优质的网页结构，可以促使用户停留更多时间；另一方面，符合搜索引擎抓取信息习惯的网页，可以更好地得到搜索引擎的青睐。

　　亚马逊中国(www.z.cn)与京东(www.jd.com)是常见的网络零售商平台，它们的网站首页在结构方面各有特色。亚马逊是全球性电子商务公司，属于综合网购平台，销售图书音像、数码家电、母婴百货、钟表首饰、服饰箱包、鞋靴、运动户外等 32 大类、上千万种产品，支持货到付款、上门退换货服务，为消费者提供了便利、快捷的网购体验。京东是中国地区自营式电商企业，同样属于综合网上购物商城，销售上万种商品，囊括家电、手机、电脑、母婴、服装等 13 大品类。

【实践内容】

　　(1) 对比分析亚马逊和京东网站首页的结构。

　　(2) 根据两个电商网站的首页结构情况，分析对用户购物体验的影响。

　　(3) 设计一个结构合理的页面。

【实践要求】

　　(1) 找出亚马逊和京东在网站首页结构方面 5 个显著不同点，并分析它们对消费者购物体验的影响。

　　(2) 从页面结构的角度，总结影响用户购物体验的要素(不少于 8 条)。

　　(3) 分别总结设计优质网页结构和网站结构应该遵循的主要原则(皆不少于 5 条细则)。

　　(4) 根据总结的经验，按作业要求完成一个网站首页的设计。

【任务详解】

　　(1) 网页的组成元素。从页面结构的角度来看，网页主要由首页、导航栏、栏目、正文内容四个元素组成。通常情况下，网页结构的创建与内容的布局也是围绕这四个元素展开的。

233

（2）页面重要区域分布规律。搜索引擎对页面每个区域的重视程度是不一样的，同样的内容出现在页面的不同区域，所起的作用差别很大。

从用户体验的角度出发，用户在浏览页面时，一般是自上而下、自左而右进行，而搜索引擎在分析页面 HTML 源代码时，也依从自上而下的原则。页面中各个区域重要性关系是：左上>右上>左>右>左下>右下。由此可见，关键字出现的位置不同，在提高页面相关性方面起到的作用也不同。

根据对页面结构和区域分布的理解，可以分析亚马逊和京东首页的页面结构。其首页如图 S3-1 所示。

(a) 亚马逊网站首页

(b) 京东网站首页

图 S3-1　亚马逊和京东网站首页部分内容

图 S3-1 是我们分别打开亚马逊网站和京东网站在首页看到的画面。从页面结构的角度看，两者都把品类的导航栏放在了左侧，区别在于页面的右侧。亚马逊没有利用右侧的空间做一些栏目的导入，而是直接把版面留给了商品展示；京东的右侧则包含了很多的信息，如促销、公告、各种服务的导航等。学生可以根据所学知识，进一步分析异同。

（3）在网页中安排信息的时候，一般要注意以下几点：关键位置留给关键信息；页面内容不宜过多、不宜分散；页面风格保持一致，颜色不要超过三种；导航性质的栏目或信息要放在显而易见的位置；而链接区、公司联系信息、网站地图等一般出现在页面的最下方。

【实践作业】

通过学习网页结构优化的基础知识，结合本实践的演练，请对英谷教育公司网站(www.121ugrow.com)的网页结构提出建议，并设计一个自己认为更合理的网站首页。

实践 4　网页内容优化

 实践指导

【实践背景】

　　网页内容是指网站每一个页面包含的内容。在搜索引擎优化时，有"内容为王"的说法，合理的网页结构和页面内容，有利于提升页面的用户体验与增加搜索引擎的友好性。网页内容是吸引用户的重要因素，即使网站行业属性相同，两个网站的浏览量也会大相径庭，甚至会出现同一个网站在改版前后浏览量发生巨大变化的情况。

　　本次实践以勒索病毒事件为背景，完成一篇与勒索病毒事件相关的网页内容优化文章。勒索病毒简介如下：

　　2017 年 5 月 12 日，全球突发比特币病毒(勒索病毒)疯狂袭击公共和商业机构的事件。英国各地超过 40 家医院遭到大范围网络黑客攻击，国家医疗服务系统(NHS)陷入一片混乱。中国多个高校校园网也集体沦陷。全球有接近 74 个国家受到严重攻击，而且随着时间的推移，受病毒影响的国家和用户数量不断攀升。

　　勒索病毒是一种新型电脑病毒，主要以邮件、程序木马、网页挂马的形式传播。电脑受到感染后，勒索软件通常会将用户系统上所有的文档、邮件、数据库、源代码、图片、压缩文件等多种文件进行某种形式的加密操作，使之不可用；或者通过修改系统配置文件，干扰用户正常使用系统，使系统的可用性降低。当用户要打开文档时，勒索软件会向用户发出勒索通知，向指定账户汇款后才能获得解密文件的密码，或者恢复系统的正常运行。

【实践内容】

　　(1) 通过百度搜索引擎，搜索关键字"勒索病毒"，查看搜索结果的展现，总结规律。

　　(2) 在搜索结果中，除百度自己的产品外，点击首页有排名的网站，分析网页的正文内容。

　　(3) 编写一篇优化比较好的页面内容，并适当嵌入与"软件人才"相关的产品信息、品牌信息或其他信息。

【实践要求】

　　(1) 在百度搜索引擎中查询关键字，并根据展现的结果总结规律。特别注意百度自己产品的关键字排名，分析这些产品内容的价值。

　　(2) 根据自己在百度搜索关键字展现的结果，忽略广告推广的排名和百度自己的产品的排名，着重关注剩余搜索结果在第一页的自然排名；分析自然排名页面内容的特点，同时注意网站的特点与关键字内容之间的关联性；进一步对比分析百度产品关键字与自然排名网站关键字的异同。

(3) 总结出好的网页内容应该遵循的主要原则(不少于 8 条细则)。

【任务详解】

(1) 2017 年 5 月 15 日(周一)，是新的一周的第一个工作日，也是网络用户防御该病毒的集中期。我们尝试在百度搜索引擎中输入关键字"勒索病毒"，点击"百度一下"，得到的搜索结果每次都不一样，这取决于百度的算法。我们尝试排除了参考意义不大的百度产品，比如百度百科、百度贴吧，最终选择了新浪和网易的链接，进入页面，查看相关信息。链接地址分别是 http://tech.sina.com.cn/roll/2017-05-13/doc-ifyfecvz1205787. shtml 和 http://news.163.com/17/0513/18/CKB98C050001875O.html。

(2) 一个网站存在的价值就是提供用户想要的信息，并且帮助他们快捷地搜寻自己想要的内容。

在搜索引擎友好性方面，页面的正文内容主要涉及两个方面：一是要在正文的四个特定的位置实施优化关键字词，俗称"四处一词"；二是增加搜索引擎比较重视的原创内容，对于转载或镜像的内容，搜索引擎一般不予抓取或少抓取。

本实践以截取新浪网"勒索病毒"网页内容为例，如图 S4-1 所示，进行分析。

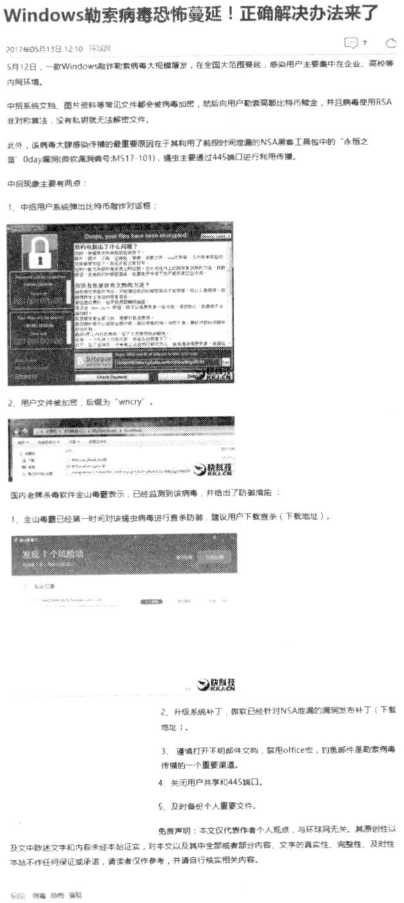

图 S4-1 新浪网"勒索病毒"网页内容

从图 S4-1 中可以明显地发现以下信息：正文标题含有关键字"勒索病毒"，标题中含有解决办法，字体以大号字体加粗显示；正文内容中含有关键字，并用简短语言表明了病毒的范围、表现、来源等信息；采用图文结合的形式描述病毒的具体情况；采用图文的形式给出了具体的解决措施。整篇文章的特点就是简明扼要，图文并茂，说明情况，给出解决方法，用户体验良好。但是，很明显新浪网的这篇文章转载自环球网，非新浪网的原创内容，而且本文仅在标题和文章第一段的开头部分出现了关键字"勒索病毒"，与理论篇中介绍的优化知识存在一定的出入。请大家根据自己的理解，利用课余时间在网上搜索相关信息，以进行更深入的分析。

根据前面提到的网易链接，学生自己分析其正文内容，然后与新浪网的文章做比较，总结出自己体会比较深刻的知识点。

(3) 学生根据理解编写一篇自己原创的正文内容与关键字"勒索病毒"相关的文章，用上理论篇中介绍的知识点。写正文的目的是通过文章宣传自己的产品、品牌或其他信息。在实践中，嵌入"软件人才"的相关信息，学生要考虑如何在文章中既能比较自然地体现出该关键字，又能避免广告嫌疑，不至于引起阅读者的反感。

将所写内容发布在百度的相关产品上；在核心内容不变的情况下，分别发布在百度的不同产品上，看看效果如何。

【实践作业】

结合"勒索病毒"事件，完成一篇"软件人才"关键字优化的文章，内容与英谷教育相关，字数 200～500 字，并在百度产品或其他媒介发布这篇文章，注意查看阅读量。

实践 5 链接优化

 实践指导

【实践背景】

在搜索引擎优化过程中，我们通常会比较关注链接优化，因为链接难以掌握，但却是提高页面权重的重要因素。链接反映页面间的信任关系，如果某个页面中存在的链接指向了另外一个页面，则表示这个页面对被链接的页面是信任的，相当于给被链接的页面投了一票。得到票数越多，表明链接页面越重要。这就是链接的投票机制。搜索引擎将根据页面导入链接的数量来计算页面的链接权重，并通过权重值的高低决定网页排名的顺序。

但是，这并不意味着链接越多越好。链接的价值跟链接的质量、链接的稳定性都有关系。短期内增加大量的链接可能还会引起搜索引擎的反感。因此，SEO 人员除了要掌握增加外部链接的方法，还要随时了解搜索引擎判断链接价值的原则。

【实践内容】

(1) 增加外部链接的方法。

(2) 分析增加外部链接失败的原因。

(3) 观察链接数量和质量的变化，以及它们对网站流量的影响。

【实践要求】

(1) 熟练掌握增加外部链接的方式。

(2) 采用某种方式增加外部链接失败时，要寻找失败的原因，并及时解决。

(3) 在一定时间段内，通过观察链接数量及其质量的变化，记录网站流量的变化情况，并分析出变化的原因。

【任务详解】

1．页面继承

链接在源页面中出现的位置在一定程度上会影响目标页面的权重值，因此相对重要的目标页面链接应该放在源页面较为重要的区域上，这样目标页面才能得到更多的权重。

2．链接的评估指标

除了链接的权重值外，链接的快照时间、导出链接数量和主题相关性也是评价链接重要性的主要指标。学生在使用不同方法增加外部链接的同时，也要注意这几个指标的影响。以主题相关性为例，如果链接到与本网页内容不相关的页面上，搜索引擎就会降低此链接的重要性。

3．增加外部链接的方法

1）提交分类目录

提交分类目录是指通过人工方法把具有一定价值的网站资源按照主题进行整理和组织，然后放到相应的目录下，从而形成网站的目录体系。由于分类目录是人工编辑而成的，因此又称之为人工分类目录。搜索引擎很重视这种分类目录，它有效体现出了网站的价值。对于中文网站优化，主要做好以下四个人工分类目录即可：百度网址之家(www.hao123.com)、360 网址之家(hao.360.cn)、搜狗网址之家(123.sogou.com)、人工分类目录(www.dmoz.com)。

以英谷教育的网址 www.121ugrow.com 为例来详细说明如何向百度网址之家提交分类目录。在 www.hao123.com 主页的最下端找到"关于本站"，点击后，在进入的页面"平台介绍"导航栏中选择"收录申请"项。根据网站的提示，填写信息，提交网址。收录申请提交信息页面如图 S5-1 所示。

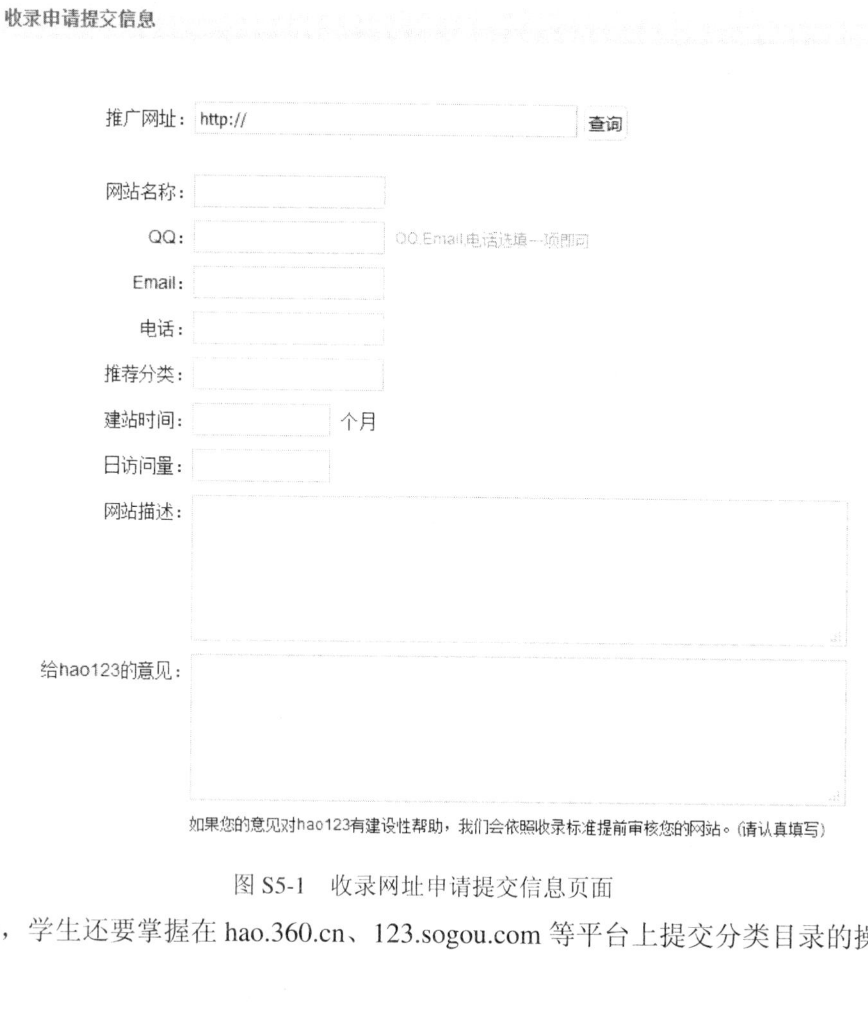

图 S5-1　收录网址申请提交信息页面

另外，学生还要掌握在 hao.360.cn、123.sogou.com 等平台上提交分类目录的操作。

2) 交换友情链接

百度相当重视友情链接的质量。交换友情链接需要注意网站的相关性、网站的质量和导出链接的数量。另外，要注意对方网站是否使用了 Nofollow 标签。在此，以在 QQ 群中交换友情链接为例，介绍相关内容。学生可以登录 QQ，在"查找"选项中选择"找群"，然后输入关键字"友情链接"，如图 S5-2 所示。在搜索结果中选择合适的 QQ 群申请进入，根据具体情况，交换合适的链接即可。

图 S5-2　搜索友情链接 QQ 群

3) 购买链接

购买链接是指从第三方网站中购买文本链接指向特定页面的行为。购买链接相当于人为干预搜索结果，少量的购买链接会增加网站被搜索引擎抓取的机会。但是，一个网站如果大量购买外部链接，可能会被搜索引擎降权。爱链网(www.520link.com)就是一个常用的购买链接的网站。学生可以根据网站的提示操作购买链接，步骤如图 S5-3 所示。

买链接须知

第一步：注册买家账号 http://www.520link.com/Register

第二步：选购您需要的网站

第三步：充值

第四步：购买链接

第五步：等待上链接，加上的链接会进入已生效订单，3天不加的链接会自动取消订单,费用会返到您账户,您可以在选购其他站点或者留着链接续费使用

图 S5-3　爱链网购买链接的步骤

4) 利用百度产品发布链接

百度产品主要包括百度百科、百度知道、百度经验、百度贴吧等。学生可以尝试在不同的百度产品平台发布一条链接，看能否发布成功，或者自主查询资料解决发布不成

功的问题，并总结能够发布成功的方法。

【实践作业】

(1) 将所在单位或学校的网站提交到以下四个分类目录：百度网址之家(www.hao123.com)、360 网址之家(hao.360.cn)、搜狗网址之家(123.sogou.com)、人工分类目录(www.dmoz.com)。

(2) 与好友互相交换友情链接。

(3) 在爱链网上购买一个链接和交换一个链接。

实践 6　竞争对手分析

实践指导

【实践背景】

在市场竞争中，需要掌握竞争对手的动态，知道自己的优势和劣势，才能掌握主动权。本实践主要是分析竞争对手的网站，以便为优化自己的网站提供参考。

【实践内容】

使用百度站长工具，查看竞争对手网站 SEO 的相关信息，如 Alexa 排名、外链数量、关键字密度、百度权重值、域名年龄、快照时间、百度收录数量；通过分析这些信息，制定自己网站优化的方向。

【实践要求】

(1) 能够使用 Excel 表格统计、整理数据。

(2) 通过数据分析，能够总结出网站的优化思路。

【任务详解】

(1) 假定自己网站优化的关键字为"电脑培训"，在百度中搜索"电脑培训"，把自然排名前 20 名网站的网址列在表格中。

(2) 使用站长工具中的 SEO 综合查询，逐个查询自然排名前 20 名网站的信息，如图 S6-1 所示。

图 S6-1　SEO 综合查询工具

(3) 将前 20 名网站的 Alexa 排名、外链数量、关键字密度、百度权重值、域名年龄、快照时间、百度收录数量等内容统计出来并添加到表格中，如图 S6-2 所示。

排名序号	网址	Alexa排名	外链数量	关键字密度	百度权重值	域名年龄	快照时间	百度收录数量
1								
2								
3								
4								
5								
6								
7								
8								
9								
10								
11								
12								
13								
14								
15								
16								
17								
18								
19								
20								

图 S6-2　竞争对手网站 SEO 信息统计表格

(4) 分析 Excel 表格中竞争对手的数据，总结自己网站的优化思路。

【实践作业】

如某网站优化的关键字是"出国旅游"，在百度中搜索"出国旅游"，从 Alexa 排名、外链接数、关键字密度、百度权重值、域名年龄、快照时间、百度收录数量等方面，试分析前 20 名网站的排名规律，并制定某出国旅游网站的优化思路。

实践 7　SEO 基本理论应用

 实践指导

【实践背景】

通过前期的学习，我们掌握了搜索引擎和 SEO 的基本知识，对 SEO 形成了基础的知识架构。根据下面提供的背景资料，尝试对所学 SEO 知识进行实际应用。

A 公司是生产豌豆蛋白粉的企业，已有 8 年的生产经验。豌豆蛋白粉是采用先进工艺从豌豆中提取的蛋白质，含有人体所有必需的氨基酸，属于较优质的蛋白质。豌豆蛋白粉具有提高免疫力、调节肠胃、补充氨基酸的功能，可以促进病人术后恢复，帮助纤体瘦身，促进胶原蛋白合成。

A 公司原来以出口加工为主，现在准备开拓国内市场。公司的销售经理分析市场后，认为非常有必要开拓网上市场，扩大公司和产品的知名度。于是，销售经理分配给你一项任务：建立公司的内销网站，要求准客户能快速、方便地进入到网站了解产品的相关信息；为有购买意向的客户提供良好的服务，并促成交易。

【实践内容】

根据所学知识，针对 A 公司的实际情况设计一份 SEO 方案。

【实践要求】

(1) 能够列出需要实施的 SEO 项目。

(2) 能够针对 SEO 项目提出框架性的优化方案。

【任务详解】

没有接触过 SEO 知识的人，或者不具备此类人才的公司，通常的做法是寻找一家此类业务的服务公司来实现自己网站的优化需求。我们通过对本书的学习，已经基本掌握了 SEO 知识，可以尝试从 SEO 的角度来分析解决问题，从开始建站到后期维护，时刻思考流程中的各个环节。

1. 网站建设

A 公司的内销网站从建设开始，需要围绕 SEO 的思路进行。作为任务的主要执行者，需与建站人员充分沟通，形成整体方案，这与普通的套用模板建站不同。作为一名掌握 SEO 技术的人员，要从一开始就注重网站结构、页面规划、域名、服务器等众多因素的优化，留意搜索引擎的倾向。

2. 关键字

由于 A 公司一直注重国外市场的开拓和生产加工，对国内市场以及国内电子商务的准备稍显薄弱。另外，公司的产品也具有一定的特殊性，产品关键字的推广就显得尤为重要。根据所学内容，结合其他相关资料，找出恰当的关键字，制定推广方案。

3. 网站内容

网站内容建设需要从两点来考虑：一是建站初期的内容规划、设计；二是后期的内容维护更新策略。从内容的价值、新颖性、更新频率、呈现方式等几个方面综合考虑。

4. 链接

理论篇中重点介绍了链接优化的内容，除了要掌握这些知识外，还要从公司的实际情况出发，选择合适的链接优化方法，包括各页面间的链接关系，公司网站或页面地址链接外部网站或页面地址的选择问题等。

5. 营销策略分析

SEO 知识不是独立存在的，它与整体营销策略、市场战略相关。也就是说，在制定 SEO 方案时，需要站在整个销售、营销策略的高度，与公司其他职能部门配合，才能使方案更具有可行性。

上面仅列出了五点内容，每点又涉及不同的优化点。本实践是对所学知识的综合性应用，可以在此基础上进一步挖掘优化点，过程中需要注意系统性和条理性，尽可能使设计的方案合理、可行。

【实践作业】

查询理论篇和网络上的相关资料，制定一份 A 公司网站的 SEO 整体优化方案，分别从网站建设、关键字、网站内容、链接、营销策略方面进行详细说明。

实践 8　百度知道与贴吧优化

 实践指导

实践 8.1　百度知道优化

【实践背景】

百度知道是百度自主研发、基于搜索的互动式知识问答分享平台。用户可以根据自身的需求，有针对性地提出问题，对问题了解的网友可以在线提供答案；这些答案又将作为搜索结果提供给其他有类似疑问的用户。用户既是百度知道内容的使用者，同时又是百度知道内容的创造者，通过用户的互动，达到分享知识的目的。

百度知道是百度自己的产品，因此在百度的搜索结果中，百度知道的排名较为靠前，用户点击率高，也就意味着能给网站带来大量外部流量。利用百度知道进行网站推广，对网站权重的提高有很好的效果。

【实践内容】

如何成为 SEO 高手。

【实践要求】

(1) 掌握百度知道的使用方法。

(2) 了解百度知道发布失败的原因。

(3) 掌握百度知道的排名规则。

【任务详解】

1. 百度知道操作步骤

使用百度知道有几个环节：提出问题、描述问题、补充问题、设置悬赏、推荐答案、追问问题、提高悬赏等。以提出问题、描述问题为例进行操作，步骤如下：

(1) 用户登录百度账号，进入百度知道的首页，单击"我要提问"按钮，如图 S8-1 所示。

图 S8-1 百度知道部分首页

(2) 用户在提问页面根据提示填写相关内容。这里，我们填写"如何成为 SEO 高手"，如图 S8-2 所示。

图 S8-2 填写问题说明等相关信息

(3) 信息填写完毕后单击"提交问题"按钮，成功发布问题界面如图 S8-3 所示。

图 S8-3 成功发布问题

用户在提问中，如果选择一些附加服务，则需要付出对应的财富值。另外，还有补充问题、设置悬赏、推荐答案、追问问题、提高悬赏等几种操作，学生可以在此基础上，根据所学知识和百度的提示，逐一练习操作。

2．问题发布不成功的原因

用户的问题发布不成功的原因有很多，如同一时间提问次数过多、问题中包含敏感字被系统过滤、问题中留有联系方式等。我们可以尝试一下把问题改为"如何通过向 QQ 号……学习成为 SEO 高手"，看看能否发布成功。

3．百度知道的排名规则

理论篇中讲解了几种百度知道的排名规则。通过查看百度知道中已有"如何成为 SEO 高手"问题的排名，分析其规律。接着应用这些规律去优化自己的问题和答案。我们以百度知道中已经存在的该问题的前三个搜索结果为例来做分析，如图 S8-4 所示。

如何成为SEO高手

答：任何东西都是需要基础的，所以最好是打好基础，基本知识都一样，最重的是要有实践性的操作，最好边学边做，这样会很快的提升自己。你可以在，百度搜索下，~~████████████~~，这么教程是很好的入门教程。

2015-08-09　回答者:知道网友　2个回答

SEO如何学习才能成为一个seo高手

答：如何成为一个seo高手，这个问题觉得问的很好，一直很羡慕那些seo高手们，但是我更想成为一个真正的seo高手，觉得自己离高手水平还相差很远，就像那句话说的那样，看的越多，学的越多，越是发现自己会的越少，所以我还一直在努力着，奋斗着 目标...

2015-09-10　回答者: Yes，I know　5个回答　👍1

怎样成为一名seo高手啊

问：求高手指教，最近公司在招这方面的人才，高手们留下点痕迹吧。
答：seo高手啊

2014-05-20　回答者:知道网友　5个回答

图 S8-4　搜索已有问题排名

学生分别打开上述三个问题，分析出排名靠前以及成功植入广告的原因。

【实践作业】

(1) 给某生产葡萄酒的厂家做一个百度知道优化方案。

(2) 发布 10 个百度知道内容。要求内容与葡萄酒厂有一定的关联性，并采纳一个最佳的回答。

实践 8.2　百度贴吧优化

【实践背景】

百度贴吧是以兴趣为主题聚集志同道合者的互动平台。它依靠搜索引擎精准地聚集有相同爱好的网友交流思想、展示自我、结交知音，通过把握用户需求、用户输入的关键字，自动生成讨论区，使用户能立即参与交流，发布自己感兴趣的话题信息和想法。百度贴吧实际是一个社交化平台，具有针对性强、黏性高和互动性强等特点和优势。本实践主要介绍百度贴吧的优化方法。

【实践内容】

每天学点 SEO。

【实践要求】

(1) 掌握百度贴吧的使用方法。

(2) 掌握百度贴吧的优化技巧。

(3) 能够通过百度贴吧进行品牌宣传或给网站引流。

【任务详解】

1．百度贴吧操作步骤

百度贴吧的操作分为：创建贴吧、申请吧主、发帖、回帖、帖子置顶等。以创建贴吧、申请吧主为例进行操作，步骤如下：

(1) 用户登录百度账号，进入百度贴吧的首页，在搜索框输入"每天学点 SEO"，单击"进入贴吧"按钮，如图 S8-5 所示。

图 S8-5　搜索贴吧的部分页面

(2) 百度贴吧会以"每天学点 SEO"为关键字自动搜索是否已经存在该吧。搜索结果显示该吧尚未创建，贴吧自动跳转向了与此主题相关的其他贴吧。由于百度的自动跳转并不符合我们的目标，此时可以单击"创建每天学点 SEO 吧"按钮，如图 S8-6 所示。

图 S8-6　搜索贴吧名结果的提示信息

(3) 进入到创建贴吧页面，根据系统提示信息填写相关内容，如图 S8-7 所示。要注意百度提示的注意事项，比如贴吧的名字不能与已有的吧名相冲突，不和谐的吧名无法创建等。如果用户不符合创建贴吧的条件，系统还会继续给出提示。

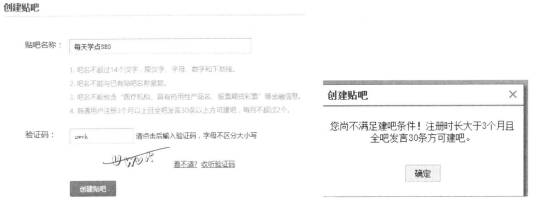

图 S8-7　无法创建贴吧的原因之一

另外，还有申请吧主、发帖、回帖、帖子置顶等几种操作，学生可以在此基础上，根据所学知识和百度的提示，逐一练习操作。

2．百度贴吧优化技巧

1) 注册长尾词的贴吧

长尾词的贴吧很难引人注意，很容易注册成功。注册后在贴吧里发些有实质性的内容，最好是原创内容，字数要稍微多一点，然后使用其他账号跟贴讨论。一般情况下，竞争不是很激烈的长尾词，都能够通过百度贴吧做到百度首页。通过百度搜索，以贴吧为跳转，也能给网站带来自然搜索流量。

2) 选择好贴吧

百度贴吧的数量多，而且人气差异也很大，所以挑选好贴吧，是贴吧推广的一个基础。选择好的贴吧要注意以下几点：

(1) 内容要关联。挑选的贴吧必须跟网站的内容相关联，且内容是贴吧用户需要的。

(2) 利用热点话题或事件吸引一些流量。

(3) 贴吧的帖子可以发链接。通过链接推广网站，不过要注意贴吧对于链接的管理要求。

3) 顶帖(帖子置顶)

要让更多的用户看到发布的帖子，需要让帖子在贴吧的顶部位置展示，当发布的帖子沉下去后，可以对此帖进行答复或顶帖，让其持续在贴吧的顶部位置。

4) 通过百度知道做链接跳转

在百度知道里留下外链有一定难度，但基于百度对于自身产品先天的支持，我们可以在百度知道里置放百度贴吧的链接(自己发布的链接)，一般情况下可以通过二次跳转来获取定向稳定的自然流量。

3．发帖注意事项

1) 重复贴

同样的帖子不允许在贴吧重复发，如有必要发在多个贴吧，需对帖子的标题和内容进行适当修改。

2) 帖子的数量

在同一个百度贴吧推广的帖子数不要太多，1～3 个最合适。

3) 发广告与链接

尽量不要开帖就发广告和链接。热门贴吧的吧主很敬业，不会让带广告的帖子保存很长时间。

4) 封锁 IP 和 ID

对违规用户，吧主每次最多封锁此用户 IP 地址 24 小时、用户名(俗称"ID")10 天，没有权力封网址。吧主所封的 IP 和 ID 仅局限于所管辖的贴吧。只有百度管理员才有权力对用户账号进行永久封存。

【实践作业】

(1) 通过贴吧发布的信息线索找到自己所在学校贴吧的吧主，并建立联系。

(2) 为某生产"儿童手机"的厂家设计一个贴吧引流方案。

参 考 文 献

[1] 百度营销研究院. 百度推广[M]. 北京：电子工业出版社，2013.

[2] 昝辉. SEO 实战密码[M]. 北京：电子工业出版社，2015.

[3] 吴泽欣. SEO 教程[M]. 北京：人民邮电出版社，2014.

[4] ENGE E，SPENCER S, STRICCHIOLA J, et al. SEO 的艺术[M]. 姚军，等译. 北京：机械工业出版社，2013.

[5] ENGE E，SPENCER S，STRICCHIOLA J. SEO 的艺术[M]. 南京：东南大学出版社，2017.

[6] 潘坚，李迅. 百度 SEO 一本通[M]. 北京：电子工业出版社，2015.

[7] 张新星. SEO 全网优化指南[M]. 北京：电子工业出版社，2017.

[8] 痞子瑞. SEO 深度解析：全面挖掘搜索引擎优化的核心秘密[M]. 2 版. 北京：电子工业出版社，2016.

[9] 张新星. 跟我学 SEO 从入门到精通[M]. 北京：电子工业出版社，2016.

[10] 胡奇峰. SEO 搜索引擎优化[M]. 广州：广东经济出版社，2015.

[11] 元创. SEO 实战：核心技术、优化策略、流量提升[M]. 北京：人民邮电出版社，2017.

[12] KENT P. 搜索引擎优化(SEO)方法与技巧[M]. 北京：人民邮电出版社，2014.

[13] 杨帆. SEO 攻略[M]. 北京：人民邮电出版社，2017.

[14] 尹高洁. SEO 能帮你赚到钱[M]. 北京：清华大学出版社，2017.

[15] 陈益材，王楗楠. SEO 网站营销推广全程实例[M]. 2 版. 北京：清华大学出版社，2015.

[16] 高峰. SEO 兵书：搜索引擎优化手册[M]. 北京：电子工业出版社，2012.

[17] 黎雨. 网络营销之 SEO 无敌宝典[M]. 北京：清华大学出版社，2014.

[18] 金楠. SEO 搜索引擎实战详解[M]. 北京：清华大学出版社，2014.

[19] 刘玉萍. SEO 网站营销[M]. 北京：清华大学出版社，2015.

[20] 丁士锋. SEO 实战宝典[M]. 北京：人民邮电出版社，2015.